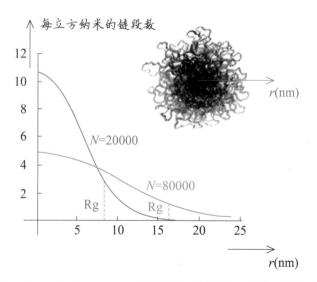

图 2.11　对于 $N=20000$ 和 $N=80000$ 个重复单元的两条聚乙烯链,线团中高分子链段的浓度作为线团径向坐标 r 的函数(见正文第 38 页)。在这两种情况下,大部分链段位于线团中心,这两种链中更短的链更是如此。在径向方向上远离该中心处,链段密度按照高斯分布下降。虚线表示两个线团的回转半径。右上方的素描图示意说明径向链段密度分布剖面

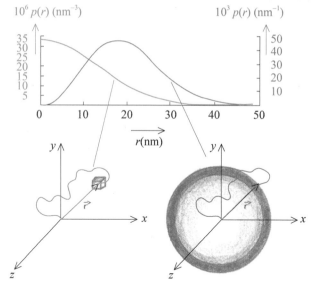

图 2.12　由 $N=20000$ 个重复单元组成的理想聚乙烯线团的末端距分布(见正文第 42 页)。绿色曲线是三维无规行走统计处理的结果[式(2.26)]。在这里,最可能的轨迹,或末端距的向量 $(\vec{r})$ 是零。这对应于如果第一个链端位于原点,则在空间中精确地在特定的小体积元素中找到第二个链端的可能性,如左下角草图所示。蓝色曲线通过与球面表面积相乘[式(2.27)]消去所有的方向依赖关系,从而反映了末端距的向量长度的分布,而不关心它们指向哪个方向。这对应于在一个半径为 $|\vec{r}|$ 的球形轨道上找到第二链端的可能性,第一个链端再次位于原点,如右下角草图所示[请注意,绿色的 $p(r)$ 实际上是类型 $p(\vec{r})$,而蓝色的 $p(r)$ 实际上是类型 $p(|\vec{r}|)$。为了在同一个简单 r 轴上共同表示,它们在两个纵坐标上都以简化形式表示为 $p(r)$。然而,从不同的物理单位来看,它们的数学差异是显而易见的]

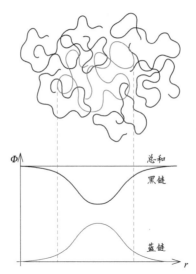

图 3.4　在高分子熔体中，一条标识链为蓝色，组成环境的各链为黑色，标识链的排除体积相互作用受到环境链的交叠链段的屏蔽（见正文第 58 页）。示意图源自 P. G. de Gennes：*Scaling Concepts in Polymer Physics*，Cornell University Press，1979

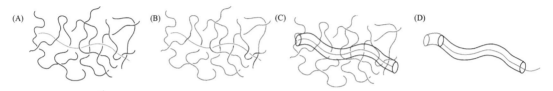

图 5.32　对于一条高分子链，它处于许多相互缠结其他链的一个体系中，有一种复杂的多体环境，管道概念对此加以简化（见正文第 164 页）。（A）我们考虑一条测试链，这里用蓝色标示，它在某种程度上可以与它所嵌入并缠结的背景区分开来。（B）为了简化我们的观点，可只考虑测试链的直接环境。（C）测试链周围基体的链段可以模拟为一根约束的固体管道，它限制了测试链的运动，令其只能沿管道的轮廓进行。（D）随着时间的推移，测试链可以通过曲线运动蠕动出这个约束管道，这称为蛇行。注意：由于周围的基体仍然存在，测试链会"发现"自己被夹在一根新的管道里（这里没有显示）。测试链通过周围基体的整体扩散可以被视为从一个管道到另一个管道的一系列步骤，其中每个步骤都是通过沿管道轮廓的曲线蠕动而发生。示意图源自 W. W. Graessley：Entangled linear, branched and network polymer systems-Molecular theories，*Adv. Polym. Sci.* 1982，47（Synthesis and Degradation Rheology and Extrusion），67-117

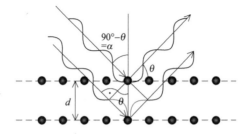

图 6.1　在晶格常数为 d 的晶体层上，中子束或 X 射线束的**布拉格衍射**（见正文第 173 页）。在下层晶格平面散射的波前部分与在上层晶格平面散射部分相比，必定要运行得更远才能到达探测器。额外运行距离在彩图中以蓝色突出表示，根据几何关系，其值为 $2d\sin\theta$。注意，由于光疏介质与光密介质界面处的反射，波的相位在反射点处偏移 $180°$

现代高分子科学名著译丛

高分子
物理化学

基本概念导引二十三讲

原著第二版

（德）塞巴斯蒂安·赛费特
（Sebastian Seiffert） 著

杜宗良 杜晓声 王海波 王 双 等译
吴大诚 李瑞霞 陈 谊 校

**Physical
Chemistry
of
Polymers**

A
Conceptual
Introduction

化学工业出版社
·北 京·

内 容 简 介

本书系统介绍高分子物理化学的基本概念。高分子化学的目标是对微观链结构明确的高分子进行化学合成，高分子工程学的目标是创造高分子材料优良的宏观性质（尤其是力学性质）和功能，而高分子物理化学正是联系二者的一座桥梁。本书对此提供了统一的物理化学框架，处理的主要视角是单链统计学、多链相互作用和链动力学，特别着重介绍结构与性质之间的关联。书中详尽讨论单链重整化的 Kuhn 模型、良溶剂中线团构象的 Flory 模型、高分子动力学的 Rouse 模型和 Zimm 模型、高分子热力学的 Flory-Huggins 平均场理论、Kuhn-Grün-Guth-Mark 橡胶弹性理论、Doi-Edwards 的管道模型以及 de Gennes 的标度和蛇行理论。本书特点是：采用简单模型、图表和草图来解释复杂的实验事实。

本书是高分子材料与工程等材料类专业的本科生和研究生教材，也可供化学、化工、物理学和生物等专业的本科高年级学生、研究生、教师和相关的研发人员参考。

Physical Chemistry of Polymers: A Conceptual Introduction, 2nd edition, by Sebastian Seiffert
ISBN 978-3-11-071327-5
Copyright © 2023 Walter de Gruyter GmbH, Berlin/Boston. All rights reserved.
Authorized translation from the English language edition published by Walter de Gruyter GmbH.
本书中文简体字版由 Walter de Gruyter GmbH 授权化学工业出版社独家出版发行。
北京市版权局著作权合同登记号：01-2024-4284

图书在版编目（CIP）数据

高分子物理化学：基本概念导引二十三讲／（德）
塞巴斯蒂安·赛费特著；杜宗良等译. -- 北京：化学
工业出版社，2024. 9. --（现代高分子科学名著译丛）.
ISBN 978-7-122-46276-3

Ⅰ. O63
中国国家版本馆 CIP 数据核字第 2024COP045 号

责任编辑：傅四周 　　　　　　　　　文字编辑：刘洋洋
责任校对：李雨晴 　　　　　　　　　装帧设计：尹琳琳

出版发行：化学工业出版社（北京市东城区青年湖南街 13 号　邮政编码 100011）
印　　　装：中煤（北京）印务有限公司
787mm×1092mm　1/16　印张 16¾　彩插 1　字数 392 千字　2025 年 1 月北京第 1 版第 1 次印刷

购书咨询：010-64518888 　　　　　　　售后服务：010-64518899
网　　址：http://www.cip.com.cn
凡购买本书，如有缺损质量问题，本社销售中心负责调换。

定　　价：99.00 元 　　　　　　　　　　　　　　　版权所有　违者必究

作者简介

塞巴斯蒂安·赛费特（Sebastian Seiffert） 2004 年毕业于德国克劳斯塔尔工业大学 (Clausthal University of Technology)，获化学硕士学位，2007 年获该校化学博士学位；2008 年任该校讲师，2009—2010 年任美国哈佛大学博士后研究员（师从 Weitz 教授），2014 年起任德国柏林自由大学教授。兼任 *Macromol Rapid Comm*，*Macromol Chem Phys*，*J Polym Sci* 等期刊编委。获奖 4 项，包括德意志科学和德国化学会 Ars Legendi "化学领域的杰出教学奖" 等。

译者简介

杜宗良 1984年6月本科毕业于天津纺织工学院（现天津工业大学）纺织化学工程系染整工程专业，获工学学士学位；1995年6月研究生毕业于四川联合大学（现四川大学）纺织学院化学纤维专业，获工学硕士学位；1999年6月毕业于四川大学纺织学院材料学专业，获工学博士学位。硕士和博士研究生学习阶段均师从吴大诚教授。博士研究生毕业后进入四川大学纺织工学院（现轻工科学与工程学院）纺织研究所从事高分子材料的教学与科研工作。现任轻工科学与工程学院教授、博士生导师、教授委员会副主任、学术委员会委员和纺织研究所所长。主要从事先进涂料、功能高分子材料和功能纺织品等的研究。主持国家自然科学基金和企业委托项目等20多项，发表学术论文150余篇，出版专著和教材5部、译著2种，并有18件发明专利获授权，获省部级科技进步二等奖3项、三等奖3项。部分成果在多家企业转化应用。

校者简介

吴大诚 1964年本科毕业于成都工学院高分子化工系，1968年研究生毕业于中国科学院化学研究所（师从钱人元教授）。在中国科学院化学研究所工作之后，吴大诚教授自1974年以来在成都工学院、成都科技大学、四川大学从事高分子科学与工程的教学和研究，曾任成都科技大学高分子材料系主任和纺织工学院院长、四川大学轻纺食品学院院长等职务。1979—1981年间，曾赴美国斯坦福大学化学系，在Paul Flory教授指导下进行研究工作。他的研究涉及高分子物理学、高分子工程和弹性纤维的开发等。他已经发表了300多篇研究论文，出版了多部专著。曾获国家科学技术进步二等奖（1985年）等奖项。

中译本校者序

化学系的学生通常害怕物理化学考试；同样，高分子科学与工程系的学生学习高分子物理化学和高分子物理学面对复杂公式也常常头疼，想读一些大师的著作深感艰难。专家们可以详细罗列物理化学与物理学异同的细节，但是，从 21 世纪物理学与化学可以统称为物质科学（physical sciences）这一趋势来看，区分这些细节意义不大。

经典高分子物理学（包含高分子物理化学）主要由物理化学家 Flory、Kuhn、Huggins、Stockmayer 等从 20 世纪 30 年代开始创立；同一时期，物理学家 Debye、Kirkwood、Kramers 等也有所贡献。从 20 世纪 60 年代开始，凝聚态物理学理论家 de Gennes 和 Edwards 等进入这个领域，开创了现代高分子物理学的新时代，这就是 1991 年以后流行的所谓的软物质科学（术语"软物质"在科学中的首次出现是 de Gennes 在 1991 年所做诺贝尔物理学奖演讲的题名）。此领域早期的成就已经总结于 Flory 的两本著作中，近期的成就已经总结于 de Gennes 的三本著作中，这些著作均有中译本，这方便了中文读者的阅读。

然而，对于初学者，想读懂这些经典著作面临极大的挑战，世界各地的教授们不断尝试，已经编写出百余种高分子科学教材，毫无倦意，其中许多相当精彩。从 2019 年开始的全球新冠肺炎疫情流行的特殊时期之中，学术工作也并没有停滞，德国柏林自由大学（FU Berlin）的 Sebastian Seiffert 教授又创作了一本优秀的《高分子物理化学》教科书。此书体例新颖、内容全面、篇幅适当、讲解清晰。原书第一版发行于 2020 年春季，仅隔三年就出版补充修订的第二版，可见受到师生们喜爱的程度之深。德意志科学和德国化学会有一项以 Ars Legendi 命名的奖项，为"化学领域的杰出教学奖"，Seiffert 教授成为 2023 年度此奖的得主，足以体现同行对本书的高度认可。四川大学纺织研究所所长杜宗良教授的团队及时翻译了此书，为我国青年学子筑好一座桥梁，以利于进一步有效攻读上述经典名著。本人十分高兴为读者推荐此书。

与世界各地一样，在我国，化学界和物理学界都有科学家从事这一领域的研究，他们分别称之为高分子物理学或软凝聚态物理学，由于专业背景不同，有些重要名词的中文译名不完全一致，因此在这个中译本里我们做了适当说明，并请读者参考书末名词索引的中英文对照，以免误解。

在高分子物理学中，有些较新的或旧的英文术语甚至在我国同一学界中文译名也不同，例如本书中，blob 译为链滴，globule 译为链球，reptation 译为蛇行，semi-dilute 译为亚浓，macroconformation 译为大尺寸构象，gauche 译为左右式，configuration 按化学界惯例仍译为构型（物理学界一般译为位形），等等，亟待取得共识。另外按中国物理学会和中国化学会新公布的审定名词，旧译最可几分布改为最概然分布，维里系数改为位力系数，应力松弛改为应力弛豫，等等，也望资深读者理解。此外，hydrodynamic radius 这一术语公布名词定为"流体力学半径"，但流体动力学是力学与热力学的交叉学科，不能完全并入流体力学，否则无需 hydrodynamics 这门子学科，因而本书仍译为"流体动力学半径"，以免读者将此中文术语英译时出现失误。

受杜宗良教授和化学工业出版社的委托，李瑞霞教授、陈谊讲师和本人一道完成了此书中译版的审校，其间我们邀请四川大学原服装工程系主任古大治教授绘制封面插图，他是在科学和艺术两个领域都有很高造诣的资深学者，这幅按 Flory 经典著作中表示的 Kuhn 模型创作的示意图，我估计可能会得到大众（甚至包括原作者）的欣赏，中文读者学习完全书后，再来仔细品味，一定会有一种全新的感觉；后来我们再改进为激光全息图设计，以便更清楚表示前封面主图的所谓 Kuhn 链模型，它由 120 个小球所代表的结构单元线形排列成为一条模型链，从不同的观察角度可以看到 10 条虚线所代表的 10 条 Kuhn 链段，展示了高分子链所含结构单元的拓扑关系和无规线团构象，其视觉效果是传统印刷方式所不能实现的，有助于读者深入直观地理解一条 Kuhn 链；封底设计采用原位四图像加密防伪技术，在手机灯光下可以轻松地看到防伪标识。这些技术采用了解孝林教授领衔的国家重点研发计划课题"光敏聚合物光学加密工艺关键技术及防伪应用示范"的重要成果，这是继 1984 年美国《国家地理》杂志首次采用全息图作为杂志封面后的重要突破，体现了科学与艺术、防伪技术的高度融合，开创了我国图书印刷行业使用全息图封面设计的先河，具有里程碑意义。

感谢化学工业出版社尹琳琳主任、傅四周编辑，华中科技大学解孝林教授、彭海炎教授，武汉华工图像技术开发有限公司鲁琴总经理、牟靖文副总经理、葛宏伟首席科学家、张静经理、刘畅副经理等专家学者的专业支持与精诚协作。此外，复旦大学和厦门大学许元泽教授在百忙中校正了第 5 章的部分译文；原著作者 Seiffert 教授专门为这个中文版写了友好的前言，谨此一并致谢。

吴大诚

2024 年 1 月 1 日于四川大学纺工楼

中文版前言

高分子科学在中国很强，它实际上是在那里（以及其他地方）开创的。数千年前人们就开始使用并对天然高分子基材料进行改性，比如中国的丝绸。今天，我们的世界面临着新的挑战，例如人为的全球变暖及其灾难性后果。同样，这取决于像中国这样的强国来开拓解决方案。其中一部分方案与高分子科学和高分子基材料概念有关，并基于这些概念。然而，要发展这些，需要深入了解高分子分子结构、超分子相互作用和大分子动力学如何转化为宏观性质。这正是这本教科书的目标，即在化学提供的高分子结构和物理学决定的高分子性质之间建造一座桥梁。

这座桥梁一旦建成，桥面可以在双向的任何一个方向上通过：使我们能够了解某种有益性质来源于何种结构特征；反之，能够预测什么结构将提供有意义的性质（及其功能）。这项工作中的一个挑战是，乍一看，高分子物理化学的概念和处理方法对学生来说似乎是相当新和未知的。因此，这本书的另一个目标是让读者熟悉这些方法，并证明它们实际上并不新鲜，而是与基础物理化学中已知的概念非常相关。尽管这听起来很好，但还有一个方面是需要的，即学生在学习过程中的积极参与。这是本书的第三个意图。它旨在成为混合学习课程的基础，即一种由自学阶段（知识获取）、数字反馈单元（知识固定）和互动课堂单元（知识巩固和转移）组成的教学模式。

我非常希望所有这些都能在中国的高分子科学课程中得到采纳和应用。为此，我对目前的中文翻译感到非常高兴。

当我在 2004—2007 年做博士研究时，我和一位中国博士后（他现在是中国科学院的研究员）共用一间办公室。我们成了好朋友，我打算每天学一个中文单词。几天后我就停了下来，因为中文这门语言让我不知所措。我很高兴有专家能同时说这两种语言，并热衷于翻译这本书。我非常感谢四川大学吴大诚、杜宗良和李瑞霞教授等学者承担这项任务。

塞巴斯蒂安·赛费特
德国柏林自由大学教授
2023.12.24
（陈谊　译）

英文原版第二版前言

正如第一版前言所述，本书目的是融合高分子化学和物理学，同时也要融合高分子显著的特殊性和无处不在的普适性。为了实现这一目标，本书旨在构建一座桥梁，将高分子结构和动力学与其最终性质联系起来；由此也在大分子科学和工程之间构筑了一座桥梁。已经有共识，这座桥梁就是高分子物理化学这门学科。也有人说，在该背景下遇到的一个主要挑战是，高分子物理化学中的概念对学生来说通常显得较为新颖且陌生。因此，本书的使命是：将必须深入理解的概念（经历许多考察将其置于物理化学的基本概念之中）与坚实的数学表达形式融合起来。

所有上述论点对目前的第二版仍然适用。然而，还有一个方面需要补充：就在本书第一版问世的时候，世界陷入了一段新冠疫情流行的时期，致使我们的头脑、社会和大学发生变化。也同样致使教学形式必须变化，把我们推入了数字时代。事实上在此之前我们已经走向数字时代的旅途：在 15 世纪，Gutenberg 在德国 Mainz 发明了铅活字印刷术，迎来了人类历史上的第二次媒体革命（之前的第一次是口语向书面语言的过渡，之后的第三次是电子大众传媒的出现）。今天，世界正处于第四次媒体革命：数字化和网络化。然而，直到最近，大学（几乎）还只采用一种可追溯到前 Gutenberg 时代的教学方式授课：当面讲授。2020 年 COVID-19 病原体的大暴发，就在本书第一版出版的时候，最终将学界推入 21 世纪，并确立了数字教学形式。这本教科书为高分子物理化学这门学科的这种形式奠定了基础。这是混合式学习课程的基础，即此种教学模式由自学阶段（知识习得）、数字反馈单元（知识固定）和互动课堂单元（知识应用）组成。

为达成此目标，本书分为 23 讲，每讲主题突出、模块化适用的课程单元，可以设想每讲需 90 分钟。这个数字标志着在本书第一版的 18 讲的基础上新增加了 5 讲，在高分子物理学一般概念上增加了一些特定的以材料为中心的具体内容。这样一来，本书第二版就可以完全用于每周 2×90 分钟的 12 周课程（这相当于德国体系中的 4 个 SWS）。另外，它也可以用于两个独立的、连续的课程，每周只有 1×90 分钟（相当于德国体系中的 2 个 SWS），一个涵盖 1~9 讲，另一个包括 10~23 讲（如果时间太紧，可以删去第 19 讲）。

每讲的教学内容大约有 10~20 页，每讲大约需 90 分钟的时间自学完成。每讲最后都有一组选择题形式的概念性问题。讲师可以将其中一些问答题纳入电子学习平台，以便学生在阅读完讲义单元后能立即解答这些问题。许多电子学习平台甚至允许在各自的答案选项中添加现场反馈文本，这些文本能够立即告诉学生所选择的答案选项是正确还是错误，并解释原因。本书的作者很乐意根据要求为讲师提供这种答案文本，以帮助他们解答这里的问题。许多电子学习平台上可以很容易地生成答案统计，从答案的数据统计中，讲师可以看到，该主题的哪些方面学生群体已经很好地理解，哪些方面还没有理解，这样一来，就可以相应地调整后续的课堂教学。此外，在这个听课单元中，还可以进一步使用这些多项选择题，以进一步深化这些材料。这可能最好是通过同学相互指导法来实现：在这种方法中，一个概念性的选择题被投影在教室里，学生们首先在听众反应系统（"点击系统"，例如基于智能手机的系统）的帮助下单独回答问题。这些响应统计数据也会由讲师实时播放，为学生提供所选答案在整个群体中的实时统计数据和匿名反馈。之后，让学生们与周围的同学两到三人为一组相互交流，任务是说服他们相信自己起初选择的答案。

几分钟后第二轮投送选择题要求作答，这次选择正确结果的人几乎总是占绝大多数，原因很简单，因为那些一开始就选择正确答案的人有更好的论据，他们能够理解并消除犯错同学在理解上的偏差——甚至比任何任课老师都好。这样一来学生在深化知识方面发挥了积极作用，激发了灵感，并在多个层面上互动加入了学习过程中。而讲师只是扮演一个主持人的角色。因此，该方法实现了其发明者 Eric Mazur 教授（哈佛大学）的核心主张之一，即："优质讲授就是要帮助学生学懂"。

尽管这种教学方法起初看起来很有吸引力，但其成功与否还取决于所提问题的质量，尤其是所给答案选项的质量。如果正确答案一目了然，那么这种方法充其量只是一种娱乐，而不是特别具有指导意义。相比之下，如果一个答案选项代表"最常见的误解"，即学生最常见和最典型的误解，那么这个误解就可加以专门解决和消除。本书正是针对这一需求而编写的。针对上述三个阶段（自学、电子学习反馈和面对面的复习巩固单元），本书旨在提供经过深思熟虑和精心准备的备用教材。

在此要感谢教育学硕士 Julia Windhausen，她在 2021 年是 Mainz 大学作者团队的硕士生，在此期间与作者共同开发了大部分上述的选择题。Wolfgang Schärtl 博士在这项工作中提供了进一步的帮助，他是作者团队中的一名大学讲师，还与作者共同编写了 De Gruyter 出版社的其他物理化学教科书。

于 **Mainz**
2023 年春
（陈谊 译）

英文原版第一版前言

　　高分子科学是需要同时充分掌握化学和物理学两方面知识的一门学科，其原因是：化学决定每种高分子的特殊性，但此关键背后还有另一关键，即物理学决定所有高分子性质的普适性。两者的融合为高分子的大量应用奠定了基础。不过，在这种情况下，用户（市场上的客户）通常并不关心材料本身，而只关心材料所提供的功能。因此，材料设计师（无论是在工业界还是学术界）需要开发具有所需功能的材料，而客户则并不真正关心材料的美感，而是只关注其实用价值。因此，材料设计师有责任将所需功能（即客户的需求）转化为材料可度量的物理参数，然后进一步将这些参数转化为化学结构（的设计）。这种转化只有在对高分子的结构-性质关系有深入理解的基础上才能完成。这就是本书的目标。本书旨在将高分子的结构（由化学提供）与其性质（由物理学体现）用一座桥梁联系起来，此桥一旦建好，就可以双向通行：从而使我们能够理解，某种有益性质来自哪些结构特征；或者相反，预测什么样的结构会提供我们感兴趣的性质（和随之而来的功能）。

　　乍一看，对于学生而言，高分子物理化学中的概念和处理方法似乎相当新颖且并不熟知，在努力学习过程中是一种挑战。由此，本书的另一个目标是使读者熟悉这些方法，并证明它们实际上并不是新的，而是与初等物理化学中已知的概念相关。所以，在本书中许多内容涉及经典物理化学的知识，整个重点通常更多地关注概念的普适性，而不是特殊性的具体细节。因此，本书中的所有插图体例都是讲座的示意图。内容分为 6 章，从高分子物理化学的基本原理到结构-性质的真实关系，包括对二者表征实验方法的简单介绍。在这 6 章的基本结构之上，本书还有一个次要结构，将内容划分为 18 讲，每讲可供 90 分钟的讲座。本书作者把这些内容分为两门连续的课程：本科生的"高分子物理化学 1"（第 1～9 讲）和研究生的"高分子物理化学 2"（第 10～18 讲）。通常一个学期为 12 周，这样的划分不仅可以有充裕的时间覆盖各自的内容，而且还可以保留一些灵活性，以安排深入问答题以及实践考试等补充的课时。或者，在 14 周（如德国冬季学期的情况）的长学期中，如果留出四节课，就可以完全覆盖全部内容；例如，如果不需要强调高分子体系的分析表征，可以略过第 9、12、17 和 18 讲；或者，如果不需要深入研究流变学等问题，略过第 12、15 和 16 讲（再加一讲）。

　　本书第一版刊行于 2020 年，是 Staudinger 发表开创性论文的令人鼓舞的一百周年。基于我们这门学科的这个百年大庆，本书旨在将高分子的化学和物理学结合起来，让学生尽早地理解和掌握。

于 Mainz

2020 春

（陈谊、雷玲玲、杜晓声、杜宗良　译）

目　录

讲题

文献基础

牛顿曾经说过，他的工作之所以杰出，是因为他能够"站在巨人的肩上"（摘自牛顿 1676 年 2 月 5 日致胡克的信；现存于宾夕法尼亚历史学会）。同样地，这本教科书基于以下开创性的现有教材：

M. Rubinstein，R. H. Colby：*Polymer Physics*，Oxford University Press，New York 2003

H. G. Elias：*Makromoleküle*，Wiley-VCH，Weinheim 1999 and 2001

B. Tieke：*Makromolekulare Chemie*，Wiley-VCH，Weinheim 1997

B. Vollmert：*Grundriss der Makromolekularen Chemie*，Springer，Berlin Heidelberg 1962

J. S. Higgins，H. C. Benoît：*Polymers and Neutron Scattering*，Clarendon Press，Oxford，1994

其中，Rubinstein 和 Colby 的著作对本书撰写特别有启发。在作者看来，这两位同事在他们那本开创性的著作中采用物理学体例的方法（正如其书名所示），目标是针对研究生（正如其封底所述），这与欧洲教育体制中博士研究生水平的读者相对应。作为对此的补充，本教材提供了一个以物理化学为中心的观点，同时针对研究生和本科生，这对应于欧洲教育体制中攻读学士和硕士级别的学生。

本书是基于作者在 Mainz 大学的"高分子物理化学"系列讲座中所使用的课程讲义。这份讲义的撰写得到了 Willi Schmolke 的协助，他是 2018 年和 2019 年作者在 Mainz 大学实验室的博士生；在此对为本书初稿撰写提供协助的 Willi 表示特别感谢，同时也感谢讲师 Wolfgang Schärtl 博士对书稿的校对。另有一位也叫"Willi"的人，即教授 Wilhelm Oppermann 博士，他是作者本人敬重的导师，在 2003—2008 年期间作者追随他在克劳斯塔尔工业大学攻读高分子科学，使作者具备了更深层次的基础。

第 1 章

高分子物理化学简介

　　作为我们艰苦努力学习的起点，本书的第一讲将向你介绍高分子科学领域的基本术语、基础知识及其历史发展。你将学习：高分子实际上是什么，为什么这些大分子很有趣，还有与处理由小分子构建的经典材料相比，在处理高分子中有哪些根本的差异。

1.1　本书目标

　　高分子物理化学的主要目标是理解高分子结构与性质之间的关系。一旦达到这种理解，分子参数就可以与聚合物基材的宏观性质理性地联系起来。如图 1.1 所示，这种联系将高分子化学和高分子工程的领域连接起来，从而使高分子材料能够通过合理设计来定制。尽管这些领域在一开始似乎相距甚远、彼此相互分离（如图 1.1 中无法逾越的水体），但高分子物理化学这门学科像一座桥梁将它们连接起来（最终，通过深入研究，我们意识到它们实际从根本上是连接在一起的）。

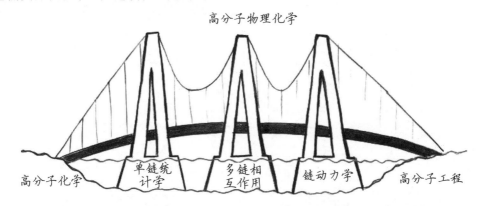

图 1.1　高分子物理化学构建了高分子化学和高分子工程之间的桥梁。前者侧重于高分子链分子尺寸的主体结构，而后者则侧重于高分子材料的宏观性质。这种连接允许有目的地设计聚合物基的物质以获得定制材料。为了建造这座桥梁，需要三大支柱：单链统计学、多链相互作用和链动力学。这些支柱是本书的第 2 章、第 3 章和第 4 章的重点。在此基础上最终所建桥梁是第 5 章的重点，其中特别关注了高分子最重要的一类性质，即它们的力学性质

　　为了实现这个目标，在学习过程中，我们需要了解软凝聚态物理化学中的一些基本方法；也要了解为什么高分子是这种软物质的主要实例。首先，我们需要讨论每种高分子链的多体本性，还有链可以采取的各种不同局部微构象。这需要我们将注意力集中于所有这些单独状态的平均值，我们通过适当的统计处理和平均场建模获得这些结果。其次，由于考虑到高分子链构象统计学的直接结果，我们将看到几乎所有高分子性质都以标度律的形式相互耦合。因此，在本书中，标度讨论将是一种频繁使用的手段。通过这种处理方式，我们将认识到，高分子既表现出**特殊性**，也表现出**普适性**。例如，高分子链的尺寸和质量之间的关系遵循幂律比例，与我们所看的具体为何种高分子无关，这是由物理学设定的普适性。然而，比例系数取决于特定高分子，这是由化学设定的特殊性。作为进一步的例子，请注意，所有的高分子都有某一玻璃化转变温度，即 T_g，在这个温度下，它们在加

热时从坚硬的玻璃态变成柔软的皮革一样的状态（反之亦然）。

它们之所以如此，是因为所有高分子都遵循普适的物理学❶。然而，每种高分子精确的 T_g 值是由其特定链化学结构所确定。

1.2 术语定义

macromolecule（大分子）一词源自希腊语中通常意义上的两个词：macro（大）和 molecule（分子）❷。因此，这个术语指的是又大又重的分子，其尺寸 r 约在 $10\sim100$nm 之间，摩尔质量 M 为 $10^4\sim10^7$g·mol^{-1}，如图 1.2 所示。从这个意义上讲，polymer（聚合，高分子）一词来源于希腊语中的 poly 和 meros，意思分别是"许多"和"部分"，指的是由许多重复单元的序列构成的链状分子。这些单元被命名为单体，通常以共价键方式连接❸。因此，大分子一词一般指任何种类的巨大分子，而聚合物一词则特指那些由单体单元的重复序列构成的分子。因此，**每种聚合物都是一种大分子，但不是每种大分子都是一种聚合物**。

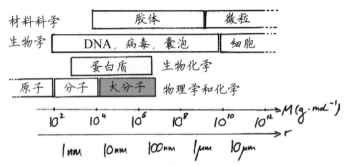

图 1.2　各种原子和分子结构的摩尔质量 M 和尺寸 r 的范围

按照这种情况，如蛋白质和 DNA（脱氧核糖核酸）等被称为生物聚合物（biopolymer）就有点令人怀疑了❹。一方面，人们可以认为它们由重复的单元序列组成，

---

❶　玻璃化转变实际上并不仅仅是高分子会出现的现象，基本上所有物质都可能出现。在经典化学中，当我们冷却液体时，通常会看到它通过结晶而发生固化。然而，如果冷却速度很快，分子没有足够的时间在定义明确的晶格位置上排列自己，于是我们只能观察到分子动力学的冻结，结果形成玻璃——这是一种无定形结构（如像流体），但又失去了平动的动力学（如像固体）。在高分子（以及胶体）中，这种类型的固化经常（我们实际上甚至可以说"总是"）发生，因为高分子和胶体的巨大尺寸，尤其是高分子的链状连通性需要相当长的时间才能经历结晶。在高分子中，排列在晶体晶格上的不是整个链本身，而是链内的单体链段单元，这需要单体相互连接得高度规则（甚至还要有适当的立构规整度）才能实现，这需要很长的时间才能做到。这两个条件通常都无法达到，因此在冷却时，与高分子的结晶化相比，它们形成玻璃状的固化实际上发生更为频繁。这种玻璃状的固化（也称"玻化"）的发生点取决于单体链段沿链的旋转是否容易，因为这是单体单元排列入晶格的主要过程。而单体链段的旋转容易程度则取决于主要单体的局域结构，例如主链上的侧基的大小与沿主链其他侧基的相互作用。这就确定了每种高分子的玻璃化转变温度的化学特殊性，而高分子中普遍发生玻璃化转变现象在物理学上是普适的。

❷　注意：分子这个术语实际上来自拉丁文的 molecula，意思是"小质量"；因此，大分子这个词将意味着"大的小质量"，这有点自相矛盾。

❸　一种相当新的自组装物质类别是超分子聚合物，其基础是非共价连接的一些链。

❹　按照本书的译名术语，主要译为生物大分子，就不会产生这种命名的怀疑——译校者注。

这些单元在蛋白质中是肽，而在 DNA 中则是核苷酸，因此将它们称为聚合物是有道理的。另一方面，尽管这些肽或核苷酸会重复出现，但它们不是 20 种天然氨基酸或者四种不同的核碱基中的某一种单调序列，而是在链上有各种不同的序列。于是，这种论点可能会质疑对这些物质以聚合物称呼是否适当。然而，这只是无关紧要的讨论。按照这种思路，即使是无规共聚物，实际上已被公认为是高分子，也不应该如此命名。因此，我们避免了这种争论。相反，我们指出，由于蛋白质和 DNA 能够在它们的基本单体序列中储存信息，这又是它们高度特定的功能和功能性的基础，它们不仅仅是物质和生命之间的纽带，而且是化学和生物学之间的纽带。

国际纯粹与应用化学联合会（IUPAC）对聚合物分子定义如下：相对分子质量很高的分子，其结构主要包括从相对分子质量低的分子在实际上或概念上衍生的多重重复单元。在许多情况下，……，增加或减少一个或几个单元对分子性质的影响是可以忽略不计的。

当讨论图 1.3 中简单烃类的实例时可以看出，这个定义不仅适用于分子性质，也适用于宏观性质。从甲烷开始，通过添加—CH_2—重复单元得到各种烷烃和聚烯烃的一个系列。前 17 次添加亚甲基，沸点 T_{bp} 急剧升高；但到后来，进一步添加会导致固体化合物在高温下分解，而不是沸腾。在最初的大约 100 次添加中，熔点 T_{mp} 也呈现上升趋势。但是，随后情况发生了变化。进一步添加不再改变熔点，反而已经达到一个平台，表示达到了聚合物的区域。在此区域中，添加或去除单个或几个—CH_2—重复单元对材料的性质（如 T_{mp}）几乎没有影响，这个 N 值高区域材料呈现为硬质固体的外观，而不是 N 值低区域的那类油状的甚至挥发性的液体状态。

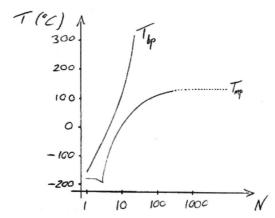

图 1.3　具有 N 个亚甲基（—CH_2—）单元的烷烃和聚烯烃的沸点 T_{bp} 和熔点 T_{mp}。虽然沸点随着 N 的增加而升高，最终从 $N=17$ 开始沸点不存在（因为 N 超过 17 之后，如此高的温度会先导致分子破裂，而不是使其沸腾），熔点首先随 N 的增加而升高，但最终趋于稳定的平台。在这个平台期内，—CH_2—单元不会明显改变 T_{mp}。图片重绘自 H. G. Elias：*Makromoleküle*，*Bd. 1-Chemische Struktur und Synthesen*（6. Ed.），Wiley-VCH，1999

从上述概念，我们可以得出结论，高分子是由重复单元序列组成的大分子；这些单元有时称为单体单元，有时称为结构单元。请注意这些术语之间的区别：术语单体单元通常是指制备高分子的化学物质，或更准确地说，是指沿主链的化学排列，实际单体在聚合时转化为该化学排列，而术语结构单元是指沿链的最小可能的重复单元。通常这二者是相同的，但有时并非如此。例如，再次回来讨论一下聚乙烯。在这个高分子中，单体是乙烯，$H_2C\!=\!CH_2$，在聚合时变成—CH_2—CH_2—的单体单元，而最小的重复单元（即结构单元）只是亚甲基基团，即—CH_2—。同样，在聚酰胺 $\left[\!HN\!-\!(CH_2)_x\!-\!NH\!-\!CO\!-\right.$ $(CH_2)_y\!-\!CO\!\left.\right]_n$ 中，结构单元为—HN—$(CH_2)_x$—NH—CO—$(CH_2)_y$—CO—，而单体单元是—HN—$(CH_2)_x$—NH—和—CO—$(CH_2)_y$—CO—，分别由二胺和二酸聚合时生成。

通过上述最后的例子，我们已经触及高分子的形成过程，它一般统称**聚合反应**。这个过程可以按很多种不同的方式发生，是自成独立体系的教材和讲座的论题。为便于我们讨论，让我们从概念上简单总结一下要点。一般来说，高分子是通过单体的连续反应来合成的。单体能连续反应这些分子都带有化学基团，可以形成相互连接，最典型的是双键，可以打开成为活性自由基，然后可以攻击其他单体分子上的其他双键，或成对的可相互连接的功能基团如亲核和亲电的基团，例如醇或胺与羧酸基团。这些不同种类的可聚合基团可以通过两种不同的途径聚合，正如下面的概念示意图所说明的那样，其中人象征着单体，以两种不同的生长方式形成链。

链式增长

逐步增长

在含有双键的单体的情况下，只有比例很小的部分单体可以被引发剂攻击（在我们的示意图中用带"Go"的小旗来标记），成为活性自由基。然后，这个被激活的自由基迅速攻击第二个单体，与它形成一个化学键，并将其活性自由基的性质转移给这个连接的伙伴，而这个伙伴又与第三个单体做同样的事情，以此类推。因此，这些单体迅速地相互连接，形成一条条链。这个机理被称作**链增长聚合反应**，并不是因为它的结果是一条高分子链，而是因为它以连锁反应（chain reaction，直译为链式反应）的形式发生，就像多米诺骨牌一样。它的主要实现方式是**自由基聚合反应**，正如刚才的过程描述中所指出的那样。在我们的示意图中，这一机理被描述为人们按照序列手拉手，而且总是人链中最后一个人伸手连接下一个人。

相比之下，在亲核加亲电的双官能单体的情况下，各种各样的单体彼此相互一步一步地加成：首先形成二聚体，然后是四聚体，再形成八聚体，以此类推，这被称为**逐步增长聚合反应**。其主要实现方式是通过**聚加成反应**；或者，如果单体连接发生需要去除小分子副产物（最典型的是水），则通过**缩聚反应**。在我们的示意图中，这种机理被刻画为人们依次在越来越大的群体中按照序列拉手。

对已经形成的高分子进行化学改性，例如在它们上面进一步连接官能团（例如用于分子结合的位点或使高分子附着在表面或生物组织上的位点），或者用染料或某些同位素（最重要的是氚）标记高分子，这可以在单体聚合之前，或者可以在聚合之后对高分子进行改性。在我们的示意图中，这样的改性好比我们给链中的某些人装备某种功能性腰带、背心、背包或者头灯，不管是在它们加入链之前还是之后；也可以意味着链上的某个或某些人可以通过某种方式与其他人格外区分开，例如穿着不同的衬衫。这样的改性也可能以空间中的三维互连形式出现，称之为**交联**。在我们的示意图中，这意味着两个不同链上的人会以某种方式连接在一起，从而连接这两条链。

因为高分子由许多单体单元（数百至数千个）组成，所以可以采用粗粒近似的视角来构思它们，不必在原子尺度上具体考虑它们局部的分子结构，而是简单地以曲线或卷曲线的形式对整个链加以绘制和构思，这也是我们在本教材中几乎都将采用的方式。

1.3 高分子的不规则性

高分子并不规则，其原因是在绝大多数聚合反应中，它们是通过统计过程得到的，即使基本的链增长反应步骤完美进行，也会导致固有的不均匀性。此外，如果链增长步骤进行不完美，每个"副产物"在其中形成，都将被并入链中并创建不规则的局部构成。因此，高分子显示出不同类型的不均匀性和不规则性。

1.3.1 链中单体连接的不均匀性

即使在一条链上，如果存在多种单体之间连接的方式，也会存在结构不规则性。这种不规则性的一种类型体现在非对称单体（如乙烯基化合物这一大类）之间连接方式的三种不同可能性上，即头-头、头-尾和尾-尾交错连接，如图 1.4 所示。

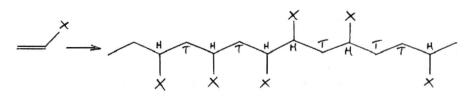

图 1.4 乙烯基化合物不对称单体的头-头、头-尾以及尾-尾相互连接

那种不对称单体连接沿链的不同立体化学结构，称为**立构规整性**，将会产生第二种不规则性，如图 1.5 所示。当高分子结晶时，这种性质具有高度的相关性，只有全同立构和间同立构链才能结晶。这是因为结晶需要原子或分子能够在晶格中规律地排列。然而，在高分子中，这很困难，因为分子（＝结构单元）以链的形式相互连接。只有当这种连接非

常规则时，结构单元才能形成规则的晶格。

全同立构

间同立构

无规立构

图 1.5　乙烯基高分子中不同的立构规整性

就二烯单体而言，存在更多的互连方式，如图 1.6 所示。

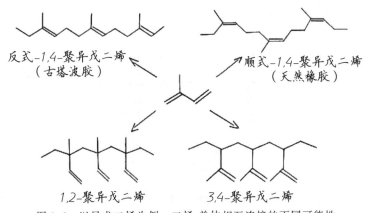

反式-1,4-聚异戊二烯
（古塔波胶）

顺式-1,4-聚异戊二烯
（天然橡胶）

1,2-聚异戊二烯　　　3,4-聚异戊二烯

图 1.6　以异戊二烯为例，二烯-单体相互连接的不同可能性

1.3.2　链的多分散性

除了沿每一条单分子链上单体连接的局部不规则性之外，在高分子体系中，有一种非常频繁出现的相关的不规则性，对于多链的集合体，其中链的长度、分子质量（单位：Da）或摩尔质量（单位：g·mol^{-1}）具有不均匀性，称为**多分散性**[5]。由于绝大多数聚合过程具有统计的本性，这些量出现某一种分布可能性相当明显。分布曲线的典型形状通常有两种常见的表示方式，如图 1.7 所示。

---

❺　严格来说，"polydispersity"（多分散性）这个词是一种重复形容的赘语。"disperse"已经指由多个不同元素组成的一种系列（这里是多种不同的链长或链质量，也可以表示为链摩尔质量或分子量），所以实际上没有必要使用前缀"poly"。

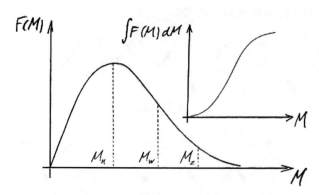

图 1.7　高分子样品中摩尔质量（单位：$g \cdot mol^{-1}$）或分子质量（单位：Da）分布的典型曲线作图，纵坐标是发生频率（通常是质量相对百分比）表示为 $F(M)$，横坐标是样品不同摩尔质量 M。右上方的插图是这种分布的另一种表示方式，图中横坐标是特定摩尔质量，纵坐标是按所有摩尔质量对 $F(M)$ 的积分

　　就实际应用目的而言，不必处理完整分布，而只需处理一些特征平均值，这种做法更加方便，通常可以满足需求。这些平均值包括**数均摩尔质量** M_n、**重均摩尔质量** M_w 和 **z 均摩尔质量** M_z，如图 1.7 中的虚线所示。这些平均值可以从分布函数所谓的"矩"计算出来，其一般定义如下：

$$\underset{\text{下标参数}}{\underset{\uparrow}{\overset{\text{阶}}{\overset{\downarrow}{\mu}}}}{}_g^{(k)}(\overset{\text{特征量}}{\overset{\downarrow}{M}}) = \frac{\sum_i g_i M_i^k}{\sum_i g_i M_i^0}$$

此处：$g = n, w$ 或 z

在统计学中，一种分布的矩可以描述其特征性质。一阶矩通常对应于算术平均，二阶矩对应于分布的宽度，三阶矩对应于其偏斜度。在上面所列的公式中，自变量（argument）的参数 g 为 n 表示使用数量分数，为 w 表示质量分数，为 z 表示 z 分数，用作计算右侧不同 M_i 的权重。

　　根据这个定义，我们得到了三种典型的平均摩尔质量，如下所示：

数均摩尔质量：

$$M_n = \frac{\mu_n^{(1)}(M)}{\mu_n^{(0)}(M)} = \frac{\sum_i N_i M_i}{\sum_i N_i} = \sum_i x_i M_i$$

式中 x_i 是分子 i 的摩尔分数。

重均摩尔质量：

$$M_w = \frac{\mu_w^{(1)}(M)}{\mu_w^{(0)}(M)} = \frac{\sum_i W_i M_i}{\sum_i W_i} = \frac{\sum_i N_i M_i^2}{\sum_i N_i M_i} = \frac{\mu_n^{(2)}(M)}{\mu_n^{(1)}(M)} = \sum_i w_i M_i$$

式中 w_i 是分子 i 的质量分数。

z 均摩尔质量：

$$M_z = \frac{\mu_z^{(1)}(M)}{\mu_z^{(0)}(M)} = \frac{\sum_i Z_i M_i}{\sum_i Z_i} = \frac{\sum_i W_i M_i^2}{\sum_i W_i M_i} = \frac{\mu_w^{(2)}(M)}{\mu_w^{(1)}(M)} = \frac{\sum_i N_i M_i^3}{\sum_i N_i M_i^2} = \frac{\mu_n^{(3)}(M)}{\mu_n^{(2)}(M)}$$

数均法对样品中的短链和长链一视同仁，通过计算它们在样品中的数量分数，简单地对其质量或摩尔质量进行平均。假若某种现象特别依赖于样品中分子的数量，其探测方法就是测定这种数均值的实验方法。首先想到那类方法的一个实例是探测依数性的方法，比如高分子溶液的渗透压。与此相反，重均法更强调样品中的长链，也就是更重的链，因为它不是通过计算它们在样品中的数量来求平均，而是计算它们对样品总质量的贡献。因此，样品中的重链在平均中贡献更大。探测这种平均值最典型的实验方法是静态光散射。而 z 均分子量更进一步强调了样品中的重链。探测这种平均值的标准技术是超速离心分析。

我们可以通过一个例子来说明三种类型的摩尔质量平均值的区别。考虑一个 100 条链组成的一个样本，包括 $10 \times 10^4 \text{g} \cdot \text{mol}^{-1}$、$50 \times 200000 \text{g} \cdot \text{mol}^{-1}$、$30 \times 500000 \text{g} \cdot \text{mol}^{-1}$ 和 $10 \times 1000000 \text{g} \cdot \text{mol}^{-1}$。根据上述公式，$M_n = 360000 \text{g} \cdot \text{mol}^{-1}$，$M_w = 545000 \text{g} \cdot \text{mol}^{-1}$ 和 $M_z = 722000 \text{g} \cdot \text{mol}^{-1}$。请注意，尽管它们都针对相同的这一个样本，但得到的平均值却大不相同。这是因为 M_n 平等看待轻链和重链，而 M_w（和 M_z 甚至更多）强调重链。根据我们上面所说的[6]，我们可以对 M_n 和 M_w 的值作如下说明。如果上述成分的多分散样品被分解成单体单元，然后重新连接这些单元，前提是现在给出与以前相同数量（100 条）的链，但具有单分散性，也就是一个无限窄的摩尔质量分布[7]，结果将是一个由 100 条 $360000 \text{g} \cdot \text{mol}^{-1}$ 的链组成的样本。该新样本将显示与原始多分散物样本相同的渗透性质。我们也可以用不同的方式进行重新连接，前提是不获得 100 条只获得 66 条新的单分散链。然后这些链的摩尔质量都是 $545000 \text{g} \cdot \text{mol}^{-1}$，这个新的单分散样本将显示与原来的多分散样本一样的光散射性质。

上述例子向我们证明，我们从同一样本中可以得到完全不同的平均值，这取决于我们对其中重链的重视程度。将链长的宽窄度（broadness）和摩尔质量分布直接表示为某一物理量，即**多分散指数**，定义为 PDI＝M_w/M_n，也可以表示这种现象。PDI 为 1 表示单分散样品，而大于 1 的 PDI 表示多分散样品[8]。在我们上面的例子中，PDI 为 1.51。通常，当采用不受控制的自由基链式增长聚合或逐步增长过程，如缩聚或聚加成反应来合成高分子时，所达到的 PDI 不小于 2，可以通过从这种聚合过程中获得的分布函数来计算，即 Schulz-Zimm 分布：

$$W(P) = \frac{(1-\alpha)^{K+1}}{K!} P^K \alpha^P \tag{1.1}$$

或由 $K=1$ 衍生出 Schulz-Flory 分布：

---

❻ 在上一脚注中，已经指出"多分散性的"的词实际上是重复形容术语，严格来说仅使用 Disperse "分散"这个词就足够了。

❼ "单分散"这个词实际上是自相矛盾的。如果一个分布无限地窄，那它就不再是分布了。因此，任何"分散"这样的词在这个意义上实际上是误导和不正确的。

❽ PDI 略高于 1（典型值为 1.1 以下）的样本，通常称为"窄分散"。

$$W(P) = P\alpha^P(1-\alpha)^2 \approx P\alpha^P \ln^2\alpha \qquad (1.2)$$

Günter V. Schulz（图 1.8）于 1905 年 10 月 4
日在当时属于俄罗斯帝国的 Lods 出生，在
1914 年迁居柏林。他在 Freiburg 和 Munich
读本科，与 Heinrich Wieland 和 Gustaf Mie
一起工作，然后回到柏林，在威廉皇帝物理化
学与电化学研究所攻读研究生，研究蛋白质胶
体溶液中溶剂平衡的热力学。正是经 Fritz
Haber 的指导，他于 1932 年获得物理化学博
士学位。他于 1936 年在 Freiburg 师从
Hermann Staudinger，在其指导下获得了教授
资格证书。然后从 1942 年起他在 Rostock 担
任副教授，1946 年被任命为 JGU Mainz 大学
的全职教授，并在二战废墟中建立了一个新的
物理化学研究所，后来一直领导该研究所直到
退休。于 1999 年 2 月 25 日在 Mainz 逝世。

图 1.8　Günter V. Schulz 的肖像。图片转载
自 *Macromol. Chem. Phys.* 2005，206（19），
1913—1914. 版权归 Wiley-VCH（2005）所有

在式(1.1) 和式(1.2) 中，$W(P)$ 表示样品中一定聚合度 P 的发生频率，其形式为其在
样品中的质量分数，即 $W(P) = m_P/m$。参数 α 在逐步增长过程中表示官能团（而不是单
体！）的转换率，或者在链式增长过程中表示相对于（链增长＋链终止＋链转移）所有概
率之和。参数 K 表示偶合程度，即有多少条单独生长的链最终形成一个大分子，在通过
歧化终止的情况下 $K=1$，在通过偶合终止的情况下 $K=2$。在 Schulz-Flory 分布中，$K=$
1，我们得到数均聚合度的值 $P_n = 1/(1-\alpha)$ 和重均聚合度的值 $P_W = (1+\alpha)/(1-\alpha)$，因
此 PDI $= P_W/P_n = 1+\alpha$，在逐步聚合过程中，如果反应转化率可以接近完全转化（$\alpha \to$
1），则 PDI 可以达到 2。相反，在链式增长反应中，我们得到的 PDI 会大于 2，其原因在
于：在这种情况下，在反应过程中，对于每一个瞬时转化程度我们都会得到一个 Schulz-
Flory 分布。这是因为在链增长反应的情况下，Schulz-Flory 公式中的参数 α 表示链增长
相对于（链增长＋链终止＋链转移）所有概率之和，因此它取决于在此过程中不断变化的
单体浓度。因此，最终的总体分布将是所有这些瞬时 Schulz-Flory 分布的叠加，加和将产
生出一种宽的分布，其 PDI 大于 2。通常，不受控制的自由基聚合 PDI $=3\cdots10$，而借助
于调制链转移剂，PDI 可以缩小到 2.5 左右。然而，PDI 小于 2 的更窄分布也只能通过真
正活性或准活性聚合反应过程获得。在活性阴离子聚合的最佳控制情况下，得到的分布函
数将是泊松（Poisson）分布：

$$W(P) = \frac{\bar{\nu}^{P-1} P \exp(-\bar{\nu})}{(P-1)!\,(\bar{\nu}+1)} \qquad (1.3)$$

在这个公式中，$\bar{\nu}$ 代表"动力学链长"，即在终止前一个活跃的正在增长的分子的聚合度；
通常 $\bar{\nu} = P_n$。

　　通过这个函数，我们得到的 PDI 为

$$\frac{\overline{P}_w}{\overline{P}_n} = 1 + \frac{\overline{\nu}}{(\overline{\nu}+1)^2} \tag{1.4}$$

这个比值随着 $\overline{\nu} = \overline{P}_n$ 的增加而趋近于 1。这是因为在阴离子活性聚合中，恒定数量的链会稳定地增长。如果这些链的长度持续变长，那么这些链长度的初始值会变得越来越不重要。作为一个类比，我们来讨论一下分别为 4 岁和 2 岁的两个孩子。在此阶段，其年龄的"PDI"是 1.11；但 70 年后，即他们分别 74 岁和 72 岁时，他们年龄的"PDI"只有 1.0002。然而，请注意，即使是高分子样品中如此狭窄的分布，其宽度也是有限的。例如，让我们来讨论一个具有平均聚合度为 $\overline{P}_n = 500$，而 $\overline{P}_w/\overline{P}_n = 1.04$ 的样品。其中仍有约 32% 的链的聚合度小于 400 或大于 600，即聚合度为 $\overline{P}_n = 500 \pm 100$ 的级分[9]只占 68%。

PDI 与分布宽度的一般度量有一定的关系，即与分布的统计方差 σ^2 的关系式为 $\sigma^2 = M_n^2(\text{PDI}-1)$。因此，PDI 产生了关于 σ/M_n（但不是关于 σ 本身）的信息。这意味着，如果两种样本有不同的 M_n，PDI 较高的那一样品它的 σ 可能并不一定更大！

1.3.2.1 Schulz-Flory 分布的推导

由于这种分布对高分子合成的链生长（即自由基）[10] 和逐步增长（即聚缩和聚加成反应）[11] 过程的基本重要性和普遍适用性，我们在这里应当推导出 Schulz-Flory 和 Schulz-Zimm 分布函数[12]，即式(1.1) 和 (1.2)。这个分析推导最初是由 Schulz 报道的，用于（自由基）链式增长聚合的情况。

最重要的是，Schulz 和 Flory 都在研究逐步增长聚缩的相似问题，Zimm 后来也做出了进一步的贡献，但 Schulz 在这方面的工作受到他导师 Staudinger 的阻碍，所以 Flory 完整的研究报告发表较早。这两种方法都基于评估链增长步骤发生的概率。

可以得出自由基聚合中链增长的概率（W_{growth}），由链增长的速率除以它与终止速率之和的比值，也等于某个官能团在逐步聚合过程中发生反应的概率 α，有

$$w_{\text{growth}} = \frac{v_{\text{growth}}}{v_{\text{growth}} + v_{\text{termination}}} = \alpha \tag{1.5}$$

相反，自由基聚合中链终止的概率（即 $W_{\text{termination}}$），是与某个官能团在逐步聚合过程中未发生反应的概率：

$$w_{\text{termination}} = \frac{v_{\text{termination}}}{v_{\text{growth}} + v_{\text{termination}}} = 1 - \alpha \tag{1.6}$$

从这两个公式中，我们可以推导出聚合度为 P 的分子链形成概率的表达式，令其为 w_P。为了形成那样的一条链，我们需要 P 次增长事件，其可能性用 w_{growth}^P 表示，我们需要一次终止事件，其可能性用 $w_{\text{termination}}$ 表示：

$$w_P = w_{\text{growth}}^P \cdot w_{\text{termination}} = \alpha^P(1-\alpha) = \frac{N_P}{N} \tag{1.7}$$

---

[9] 最后这半句话是译校者加的，以强调作者的原意：对于窄分布的高分子，其真实分布其实并不十分窄！

[10] G. V. Schulz, *Phys. Chem*, 1935, 30B (1), 379-398。

[11] P. J. Flory, *J. Am. Chem. Soc.*, 1936, 58 (10), 1877-1885; G. V. Schulz, *Phys. Chem*, 1938, 182A (1), 127-144。

[12] B. H. Zimm, *J. Chem. Phys.*, 1948, 16 (12), 1099-1116。

这个概率直接转化为样品中聚合度为 P 的链的数量分数（N_P/N），就像掷骰子的游戏中，多次掷骰子，出现某一确定点数的频率，与单独掷一次事件出现此点数的概率，二者直接是相同的。请注意，在高分子文献中，有时使用 α^{P-1} 代替式（1.7）中的 α^P。这是因为聚合反应的起点可以看作是 $R^* + M$，或看作 $R-M^* + M$，其中 R 是引发剂的残基，M 是单体，$*$ 表示某种活性组分，通常是自由基或离子。然而，由于 P 通常远远大于 1，我们可以说 $P \approx P-1$。

样品中大分子的总数 N 同样可以表示为反应过程中链终止的总数 $n(1-\alpha)$，因为每个这样的事件的发生都会形成一条分子链：

$$N = n(1-\alpha) \tag{1.8}$$

式中 n 表示所有反应步骤的总数。我们可能会将重点限制在 α 接近于 1，因为只有在该限制下，才会存在长链。在极限 $\alpha \approx 1$ 中，n 等于加成反应的次数 $n\alpha$：

$$n = n\alpha \tag{1.9}$$

由此，n 实际上与 N 个大分子中的单体单元数相同。这 N 个大分子的总质量 m 反过来可以用这些单体单元的数量乘以每个单元的质量表示：

$$m = n \cdot m_{\text{monomer}} \tag{1.10}$$

请注意，m 不是样品的总质量，而只是其中的 N 个大分子的质量，不包括残留的未反应的单体或其他成分。

类似地，所有聚合度为 P 的大分子的总质量由以下公式给出

$$m_P = N_P \cdot m_{\text{monomer}} \cdot P \tag{1.11}$$

有了这两个公式，再加上式（1.7）和（1.8），我们可以用聚合度 P 表示链的质量分数

$$\frac{m_P}{m} = \frac{N_P \cdot m_{\text{monomer}} \cdot P}{n \cdot m_{\text{monomer}}} = \frac{N_P \cdot P}{n} = P \cdot \alpha^P (1-\alpha)^2 \tag{1.12a}$$

这就是 **Schulz-Flory 分布**。在高分子文献中，也经常发现一种变体形式，如下式：

$$\frac{m_P}{m} = P \cdot \alpha^P \ln^2 \alpha \tag{1.12b}$$

这是因为 Schulz 的原始推导得出 $(m_P/m) = P \cdot \alpha^P (1/\sum P\alpha^P)$。分母中的总和是一种类型为 $\sum P\alpha^P = \alpha + 2\alpha^2 + 3\alpha^3 + 4\alpha^4 + \cdots$ 的级数。当 $\alpha < 1$，这个级数收敛为 $1/(1-\alpha)^2$，根据式（1.12a），或者，如果使用积分以连续的方式进行推导 $\int P\alpha^P dP$ 而不是求和 $\sum P\alpha^P$，我们得到 $1/\ln^2\alpha$ 而不是 $1/(1-\alpha)^2$[13]，从而得到式（1.12b）。

1.3.2.2　Schulz-Zimm 分布的推导

让我们现在来考察，在链终止是通过偶合实现的自由基聚合的情况下，那种分布是什么样子。两个大分子有 $P/2$ 种方式可以偶合并形成聚合度为 P 的链[14]：$1+(P-1)$；$2+(P-2)$；$3+(P-3)$；……；$P/2+P/2$。两个聚合度为 X 和 Y 的大分子自由基同时存

---

[13]　注意，$\ln\alpha = \ln[1-(1-\alpha)]$，可以展开为泰勒级数，第一项为 $-(1-\alpha)$，因此我们再次得到 $\ln^2\alpha \approx (1-\alpha)^2$。

[14]　这其实是高斯的数学课上的谜题，要求他计算从 1 到 100 所有数的总和。高斯用一巧妙的方法：$(100+1)+(99+2)+(98+3)+\cdots+(51+50)+(50+51)$ 计算，其结果是 50×101。一般来说，$\sum_{k=1}^{n} k = \dfrac{n(n+1)}{2}$。

在，从而满足相遇并偶合的前提，其概率为：

$$w_{X+Y} = 2 \cdot w_X w_Y \tag{1.13}$$

式（1.13）中的系数 2 说明了 $X+Y$ 和 $Y+X$ 这两种可能的组合。作为每一个这样的组合的结果，我们可以得到一个大分子，其聚合度为 $P=X+Y$。对该式进行移项，得到 $Y=P-X$，因此，通过式（1.7），我们可以将两个聚合度为 X 和 $Y=P-X$ 的大分子存在的可能性表述如下：

$$w_X = \alpha^X (1-\alpha) \tag{1.14a}$$

$$w_{P-X} = \alpha^{P-X} (1-\alpha) \tag{1.14b}$$

这可以代入式（1.13）中，得到

$$w_{X+(P-X)} = w_P = 2 \cdot \alpha^X (1-\alpha) \cdot \alpha^{P-X} (1-\alpha) = 2 \cdot \alpha^P (1-\alpha)^2 \tag{1.15}$$

当我们将此式乘以 $P/2$ 时，我们生成一个表达式，近似给出大自由基的数量分数，这些大自由基在结合时可以产生聚合度为 P 的链：

$$\frac{N_P}{N} = P \cdot \alpha^P (1-\alpha)^2 \tag{1.16}$$

请注意，在文献中，α^{P-2} 有时候被用来代替 α^P。

由此，我们直接得到聚合度为 P 的链数的表达式，该链数是由这些大自由基的重组产生的：

$$N_P = \frac{1}{2} \cdot N \cdot P \cdot \alpha^P (1-\alpha)^2 \tag{1.17}$$

后一式中的系数 1/2 是必要的，因为两个大自由基的重新结合只产生一条高分子链。

将式（1.8）代入上式，我们可以得到

$$N_P = \frac{1}{2} \cdot n \cdot P \cdot \alpha^P (1-\alpha)^3 \tag{1.18}$$

类似于式（1.12），我们可以推导出聚合度为 P 的分子链的质量分数表达式：

$$\frac{m_P}{m} = \frac{1}{2} \cdot P^2 \cdot \alpha^P (1-\alpha)^3 \tag{1.19}$$

一般来说：

$$W(P) = \frac{(1-\alpha)^{K+1}}{K!} P^K \cdot \alpha^P \tag{1.20}$$

式中 K 是偶合度。可以区分两种边界情况：如果 $K=1$，反应只通过歧化终止；而 $K=2$ 则主要通过偶合终止。

1.3.2.3 Schulz-Flory 和 Schulz-Zimm 分布的特征平均值

从式（1.7）中，在其变体中使用 α^{P-1} 而不是 α^P 的情况下，我们可以得出 $N_P = N \cdot \alpha^{P-1} (1-\alpha)$，由此我们可以进一步推导出数量平均聚合度 P_n：

$$P_n = \frac{\sum_{P=1}^{\infty} P \cdot N(P)}{\sum_{P=1}^{\infty} N(P)} = \frac{\sum_{P=1}^{\infty} P \cdot N \cdot \alpha^{P-1}(1-\alpha)}{\sum_{P=1}^{\infty} N \cdot \alpha^{P-1}(1-\alpha)} = \frac{\sum_{P=1}^{\infty} P \cdot \alpha^{P-1}(1-\alpha)}{\sum_{P=1}^{\infty} \alpha^{P-1}(1-\alpha)}$$

$$\tag{1.21a}$$

式中分数的分子是 $N(P)$ 的一阶矩，分母是 $N(P)$ 的零阶矩。

通过因式分解 $(1-\alpha)$，可以得到：

$$P_n = \frac{1-\alpha}{1-\alpha} \cdot \frac{1\alpha^0+2\alpha^1+3\alpha^2+4\alpha^3+\cdots}{\alpha^0+\alpha^1+\alpha^2+\alpha^3+\cdots} = \frac{\dfrac{1}{(1-\alpha)^2}}{\dfrac{1}{1-\alpha}} = \frac{1}{1-\alpha} \quad (1.21b)$$

类似地，从质量分数分布公式(1.12a) 来看，$m_P/m = P \cdot \alpha^{P-1} \cdot (1-\alpha)^2$，我们可以推导出重均聚合度，即 P_w：

$$P_w = \frac{\sum\limits_{P=1}^{\infty} P^2 \cdot N(P)}{\sum\limits_{P=1}^{\infty} P \cdot N(P)} = \frac{\sum\limits_{P=1}^{\infty} P^2 \cdot \alpha^{P-1}(1-\alpha)}{\sum\limits_{P-1}^{\infty} P \cdot \alpha^{P-1}(1-\alpha)} \quad (1.22a)$$

式中分数的分子是 $N(P)$ 的二阶矩，分母是 $N(P)$ 的一阶矩。

同样，我们可以把 $(1-\alpha)$ 的因式去掉，得到

$$P_w = \frac{1-\alpha}{1-\alpha} \cdot \frac{1\alpha^0+4\alpha^1+9\alpha^2+16\alpha^3+\cdots}{1\alpha^0+2\alpha^1+3\alpha^2+4\alpha^3+\cdots} = \frac{1+\alpha}{1-\alpha} \quad (1.22b)$$

PDI 是重均聚合度和数均聚合度的比率，于是可以导出

$$\frac{P_w}{P_n} = 1+\alpha \overset{\alpha \to 1}{\Rightarrow} 2$$

通过偶合终止链的推导，即 $K=2$，类似于后者，得出

$$P_n = \frac{2}{1-\alpha} \quad (1.23)$$

和

$$P_w = \frac{2+\alpha}{1-\alpha} \quad (1.24)$$

由此可见，当 $\alpha \to 1$ 的极限情况下 PDI 为 1.5。

$$\frac{P_w}{P_n} = \frac{2+\alpha}{2} \overset{\alpha-1}{\Rightarrow} 1.5 \quad (1.25)$$

我们同样还可以计算 Schulz-Flory 分布的极大值。对于歧化（$K=1$）终止链的情况，我们作如下计算

$$\frac{\partial \left[(1-\alpha)^2 \cdot P \cdot \alpha^P\right]}{\partial P} = (1-\alpha)^2 \cdot P \cdot \alpha^P \ln\alpha + \alpha^P (1-\alpha)^2 \overset{!}{=} 0$$

$$\Leftrightarrow (1-\alpha)^2 \cdot \alpha^{P_{\max}} \cdot (P_{\max} \ln\alpha + 1) = 0 \quad (1.26)$$

$$\Leftrightarrow P_{\max} \ln\alpha + 1 = 0$$

$$\Leftrightarrow P_{\max} = \frac{-1}{\ln\alpha} \approx \frac{1}{1-\alpha} = P_n$$

我们看到分布的极大值等于数量平均值 P_n。通过偶合（$K=2$）终止链的情况也是如此（图 1.9）：

$$P_{\max} = \frac{2}{1-\alpha} = P_n \quad (1.27)$$

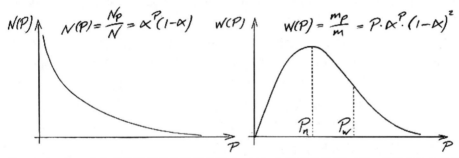

图 1.9　按 Schulz-Flory 分布高分子样品的数量分数 $N（P）$ 和质量分数 $W（P）$ 对聚合度 P 的作图表示

1.4　高分子与低摩尔质量材料性质的对比

高分子由于其大分子结构通常不明确，它们表现出的性质与低摩尔质量材料对应的性质根本不同。表 1.1 中列举了几种不同性质的比较。

表 1.1　低摩尔质量与高分子材料的某些性质比较

项目	低摩尔质量材料	高分子材料
组成	均一	多分散且不规则
溶解性	溶解度有限,无溶胀	"要么全溶,要么不溶",经常溶胀
熔融行为	低黏性	高黏性甚至有黏弹性
提纯	蒸馏,结晶	沉淀

第一，低摩尔质量的材料具有均匀和明确的分子构成（通常甚至考虑到其立体化学），与此相比，高分子具有多分散性和不规则的构成。正如在第 1.3 节所详述的，其原因在于：它们合成通常是统计学上的链式增长或逐步增长过程，导致高分子样品中链长的不均匀，也导致了单独每条链的不规则性，如头-头、头-尾、尾-尾的单体-单体连接。

第二，低摩尔质量的化合物通常可以溶解到一定的溶解度阈值，其阈值的高低取决于溶剂和化合物的化学相似性。对于高分子来说，这是根本不同的：它们的溶解度通常实际上表现出"要么全溶，要么不溶"的行为，这意味着当用良溶剂时，它几乎可以溶解任何数量的高分子（至少在实际相关的浓度范围），而如果用不良溶剂，它几乎不能溶解任何高分子。因为将化合物 A（溶质）与化合物 B（溶剂）混合通常在能量上是不利的（因为 A-A 和 B-B 接触通常更相似，所以比 A-B 接触更有利）[15]，但熵有利（因为熵通常倾向于混合，因为这会产生无序）。如果化合物 A 的摩尔质量很小，一个给定质量的物质中会有很多分子 A，因此混合熵相当高，从而抵消了通常不利的混合能量，导致混合达到一定的饱和浓度。相比之下，如果化合物 A 是高分子，则其给定质量的含量仅有很少的分子 A；因此混合熵如此之小，无法补偿通常不利的混合能量，从而或多或少地阻止溶解的进行。仅当高分子 A 和溶剂 B 在化学上非常相似时，这种情况被称为"良溶剂状态"（或者更确切称为"无热溶剂状态"），微小的混合熵仍然足够强大，足以补偿当时也只是轻微不利

---

[15]　"物以类聚，人以群分。"

的混合能量。在这种情况下，高分子几乎可以溶解任何数量，仅受实际障碍的限制，如在高浓度下的黏度过高。

第三，紧接上一句话来说，低摩尔质量的分子在熔融状态下通常表现出低黏度，并像牛顿流体一样流动（但甘油或相关化合物除外，它们拥有强烈的分子间相互缔合作用力从而导致了高黏度）。这是因为这些分子很小，可以比较快发生弛豫（即改变彼此的相对位置），而不需要外界输入非常大的激活能。相比之下，高分子是巨大的分子，需要很大的活化能量才能弛豫和流动，对应着高黏度。特别是长链分子也可以经历彼此的力学缠结，这进一步阻碍了它们的运动。其结果是与小分子非常不同的多种多样的力学行为，其范围包括黏弹性蠕变、弛豫、弹性断裂，还有黏性流动。虽然，高分子的大分子链式的形状对于所有的聚合物都成立，具有普适性；但是，对于一种给定的高分子，其化学特殊性才能决定它们力学响应是什么类型、在什么温度下及什么时间尺度上可以精确加以观测。

第四，高分子不存在气相，因为它们在沸腾前会分解（见图1.3）。因此，标准的纯化方法（如蒸馏）不能应用于高分子。然而，幸运的是，结合我们上面的第二点，它们溶解度是"全溶或全不溶"，通过添加过量的非溶剂允许高分子从溶液中沉淀出来，从而保持低摩尔质量的杂质溶解，同时高分子从溶液中分离出来，只需通过过滤即可完成。

1.5 高分子作为软物质

高分子是称为**软物质**的一种材料类别的主要例子。这个术语指的是：（i）由**胶体范围**（10～1000nm）尺度的构建单元组成的材料，以及（ii）具有 10～100RT 范围内的相互作用（作为一个基准，注意室温下的 RT 大约是 8J·mol^{-1}K^{-1}·300K≈2.5kJ·mol^{-1}）[16]。为了说明这一点，让我们讨论共价键C—C，它的解离能为350kJ·mol^{-1}，在室温下超过100RT；这意味着它需要大量的外部能量才能被破坏。相比之下，一个瞬时相互作用OH…H，它的解离能只有18kJ·mol^{-1}，因此只需很少的外加能量就可以打破。软物质中构建单元的大尺寸和弱相互作用使其变得柔软。我们可以通过估计内聚能密度 e 来评估，$e=E/r^3$，其中 E 是相互作用能，r 是构建单元之间的距离。对于硬物质，我们的 E 在 10^{-18}J 范围内，r 在 0.1nm 范围内，这导致 e 的值约为 10^{12}Nm^{-2}；这是金刚石等材料的典型弹性模量。相比之下，对于软物质，我们的 E 在 10^{-20}J 范围内，r 在 10～100nm 范围内，这导致 e 的值约为 10^4～10^7Nm^{-2}。这是高分子熔体、胶体或凝胶的典型弹性模量。弱相互作用能还产生了软物质的另一个特性：它能够以动态方式组装、拆卸和重新组装，从而表现出丰富的动态和刺激敏感的相行为。由于这一点，并且由于它们的胶体尺寸，这些材料（iii）具有**弛豫时间**，这是它们的构建单元移动其自身尺寸的距离所需的时间，实际上是 ms 到 s 量级的范围。因此，软物质材料通常表现出优异的**黏弹性**，具

[16] 此上下文间加一个小注：每位物理化学家都应该牢记常温下 RT 的值。因为 1RT 是物理化学家经常必须使用的能量等高线图的基准标度。可以使用如下比喻：有一条信息称"那边一座房屋高 10m"，假若你知道 1m 有多高，此信息对你才有价值。假若你连 1m 都不懂，那么你就不能理解 10m 是高还是矮。同样，对于能量也是如此，在物理化学中你要一次又一次地讨论它。共价键 C—C 能量为 350kJ·mol^{-1} 或氢键相互作用能量为 20kJ·mol^{-1}，只要你知道室温下的基线 RT，你就能评估这些相互作用究竟是强还是弱。

体取决于实验的时间尺度和温度。

按照这个定义，高分子可以归类为软物质的一个主要例子。首先，在大多数情况下，高分子链的形状是直径为几个 10nm 的无规线团。这使高分子直接进入胶体尺度范围。其次，由于其胶体尺度的大小，高分子线团表现出其弛豫时间在几毫秒（ms）到几秒（s）的范围[⑰]。第三，高分子链通常可以通过（无规涨落，诱导或永久）偶极而彼此发生相互作用，由此生成更高阶的组装体。这些相互作用的能量在几个 10RT 范围内。因此，这些高分子链在室温下是稳定的，但可以相对轻松地重组，这是自然界经常使用高分子结构作为构建动态复杂体系结构的两个原因之一（第二个原因将在第 4 章的 Flory-Huggins 理论的背景下讨论）。除了在自然界中的这一重大作用外，高分子的软物质特征（soft-matter characteristics）对科学产生了巨大冲击。对于胶体尺度的软物质和经典原子或小分子尺度的硬物质，有序现象的基本物理学是相同的；但是，对于软物质，其构建单元与原子和分子比较，尺寸要大得多，而运动又较慢，因此可以对其进行更有成效的观测和研究。这一概念导致 Pierre-Gilles de Gennes 使用高分子作为凝聚态物理学中基础研究对象，这比"仅仅"研究它们广泛的实际应用价值要基本得多。这一开创性的灵感获得了 1991 年诺贝尔物理学奖。

Pierre-Gilles de Gennes（见图 1.10）1932 年 10 月 24 日生于巴黎。他居家就读至 12 岁。到 13 岁时，他已养成了成人阅读的习惯，并开始参观博物馆。后来，他在 1955 年本科毕业于巴黎高等师范学院。从 1955 年至 1959 年，他在当时法国核研究的中心——原子能中心（Saclay）担任研究工程师，并于 1957 年在巴黎大学获得博士学位。1959 年在 Berkeley 做完博士后，他在法国海军服役 27 个月。1961 年，他在 Orsay 做助理教授。后来，在 1971 年，他受聘为法兰西公学院的教授。从 1976 年到 2002 年，他曾担任 Ecole 物理与化学学院的院长。在 1991 年获得诺贝尔物理学奖后，de Gennes 决定为高中生举办关于科学、创新和常识的讲座。他于 2007 年 5 月 18 日在 Orsay 去世。

图 1.10　Pierre-Gilles de Gennes 的肖像。图片转载自 *Nature* 2007，448（7150），149. 版权归 Springer Nature（2007）所有

1.6　高分子科学的历史

多少世纪以来，一直使用天然高分子，而人们对其大分子本性却一无所知。表 1.2 列出了人类使用它们的简史。

---

❼　具体时间精确值取决于高分子链的结构和环境。短链会比长链更快弛豫。当一条高分子链被溶剂分子所包围时，例如在高分子稀溶液中，它的弛豫速度也会更快；而当一条分子链与限制它运动的另一些链直接接触时，例如在高分子熔体中，它的弛豫速度则会更慢。

表 1.2　人类历史上天然高分子的使用

时代	材料	发现者
公元前 5000 年	棉花	墨西哥人
公元前 3000 年	丝绸	中国人
公元前 2000 年	沥青	东方人
公元 300 年	橡胶	墨西哥人(玛雅人)
公元 1800 年	古塔波胶(反式-1,4-聚异戊二烯)[①]	—
公元 1839 年	硫化橡胶(顺式-1,4-聚异戊二烯)	Goodyear

① Gutta（橡胶）和 percha（树）合成而来。

在这个列表中，Goodyear 发明的天然**橡胶硫化**，即通过硫桥将黏稠的天然橡胶生胶交联成弹性橡胶，是一个特殊的里程碑，因为它是第一次对天然高分子材料进行工业规模的改性，因此标志着这个领域化学工业的兴起[⑱]。从那时起，化学家对许多生物大分子进行了改性，但仍然不了解它们的结构或它们的高分子本性。那时人们认为，摩尔质量为每摩尔数千克的共价键连接结构根本不可能存在。相反，人们普遍认为高分子是胶体结构，是由非共价键力缔合的小分子聚集体。产生这种观点的原因可能是：当时有机化学成功地评估了小分子结构，而物理化学则成功地评估了它们的分子间力，因此科学家倾向于在大分子类型的物质上同时应用这两个成就。于是，在实验室中测量到的这些材料的高摩尔质量被视为胶体聚集体的摩尔质量，因此认为这只是某种假象。对于天然橡胶和纤维素，1920 年之前人们接受的那种假设分子结构，与我们今天所知道的相比较，列于表 1.3。

表 1.3　天然橡胶和纤维素的"胶状的"和实际的分子结构

时间	"胶状的分子式"(早于 1920 年)	高分子分子式(1920 年后)
天然橡胶		
纤维素		

在 1920 年，Hermann Staudinger 已能证明高分子实际上具有真实的高摩尔质量，而不是人为的假象。他通过已知高分子的化学变性来证明这一点，如图 1.11 所示，假定这种化学变性会严重改变它们的"胶体"结构和聚集状态，就像脂肪酸胶体微粒在酯化的过程中会分解一样。然而，Staudinger 发现的情况却让人震惊：尽管其他许多性质发生了巨

---

⑱　实际上很久以前，亚马逊土著人就发现了天然橡胶的生胶转化为橡胶的过程。他们从橡胶树中提取树液，并涂抹在脚上，由于空气中的氧气使聚异戊二烯链交联，从而产生具有橡胶质感的靴子。然而，很久以后，Goodyear 通过使用硫磺得出更好更强的效果。实际上这是偶然发生的：1839 年，自学成才的化学家 Goodyear 将一种橡胶-硫混合物掉到热板上，从而获得了一种干燥、耐用、有弹性的物质。尽管运气好，并对各个行业（如汽车业）产生了巨大影响，但 Goodyear 在商业上很不成功。因为他无法偿还债务，甚至被判数次监禁。有一次一家报纸对他如此描述："如果你看到一个人，他穿的鞋和外套、戴的帽子，都是橡胶做的，但口袋里没有一分钱，那么你就看到了 Goodyear。"

大的变化，但所有的化合物在这种变性之后都保持了高摩尔质量（因此在下文中被称为"高分子同类变性"）。这一发现有力地支持了 Staudinger 的假设，即高分子不是由物理相互作用缔合的，而是具有固有高摩尔质量的由共价键连接的链状分子，其高摩尔质量是它本身固有的，不会在高分子同类变性中改变，而其他性质会改变，因此改性只改变高分子的侧基，但不会改变其主链的长度。

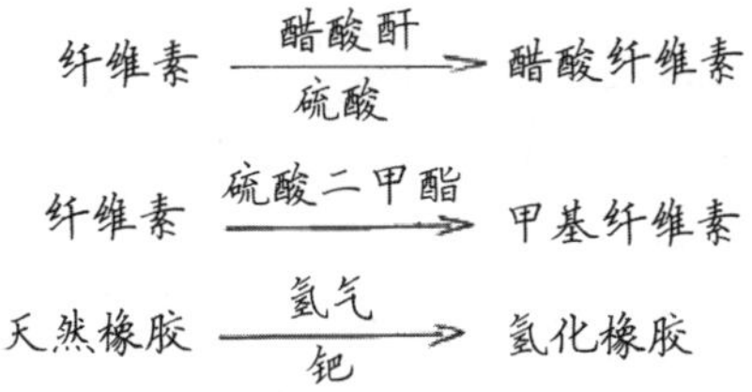

Staudinger 首先相当谨慎地表达了他的发现：

纤维素 $\xrightarrow[\text{硫酸}]{\text{醋酸酐}}$ 醋酸纤维素

纤维素 $\xrightarrow{\text{硫酸二甲酯}}$ 甲基纤维素

天然橡胶 $\xrightarrow[\text{钯}]{\text{氢气}}$ 氢化橡胶

图 1.11 Hermann Staudinger 的高分子同类反应，证明高摩尔质量是一种真实的高分子性质，而不是人为假象

　　如果愿意想象这些高分子化合物的形成和构成，人们可能会假设，首先发生的是不饱和分子的组合，类似于四元或六元环的形成，但由于某种原因，可能是空间位阻，四元环或六元环的闭合没有发生，也许有数百个分子连接在一起。

　　Staudinger 的概念立即受到二十世纪初科学界的严厉批评。例如，他在 Freiburg 大学有一位前辈，名为 Heinrich Wieland，此人因对胆汁酸结构表征成为诺贝尔奖获得者。当时 Wieland 批评道：

　　"亲爱的同事，不要去假想什么大分子；分子量高于 5000 的有机分子并不存在。纯化你的产品，例如橡胶胶乳，然后它们会结晶并变成低分子化合物。"

　　但是 Staudinger 坚持不懈，而且由于他的假设真实正确，后来变得越来越自信，他说：

　　"尽管有可能形成数百万种化合物，其分子由上百或数百个原子构成，但低分子有机化学当前的领域只是真正有机化学的前驱阶段，这种化学是对生命过程至关重要的化合物的化学。这是因为后一种化合物所包含的分子不是由几百个原子构成的，而是由数千个、数万个甚至数百万个原子构成的。"

　　Staudinger 于 1953 年最终因其工作成就而荣获诺贝尔奖，在那时，他所创立的大分子化学领域已经取得了令人瞩目的进步，他上述关于高分子是"真正的有机分子"和生命支柱的说法也是正确的，因为同于 1953 年，Watson 和 Crick 发表了 DNA 的结构。

Hermann Staudinger（图 1.12）1881 年 3 月 23 日生于 Worms。他的父亲是德国工会运动的领军人物，他希望自己的儿子能进入一个实践性强的行业，所以 Hermann 首先成为一名木工学徒。培训结束后，他去 Halle 学习化学，并在那里获得了博士学位。随后他在 Karlsruhe、Zurich 担任教授，最后在 Freiburg 担任教授，并在那里进行了他荣获诺贝尔奖的研究。他于 1965 年 9 月 8 日在 Freiburg 去世。

图 1.12 Hermann Staudinger 教授。图片转载自 ETH-Bibliothek Zürich, Bildarchiv（苏黎世联邦理工图书馆）

在 Staudinger 的开创性实验后的 40 年中（1920—1960 年），高分子物理学的核心概念得到了发展：

——用于高分子链重整化的 Kuhn 模型（第 2 章）

——良溶剂中线团构象的 Flory 理论（第 3 章）

——高分子动力学的 Rouse 和 Zimm 模型（第 3 章）

——高分子热力学的 Flory-Huggins 平均场理论（第 4 章）

——Kuhn、Grün、Guth 和 Mark：橡胶弹性的统计理论（第 5 章）

在 1960 年至 1980 年之间，这些概念得到了进一步的发展和完善，从对单链进而到链的集合体加以描述，最终在 1991 年，成就了 Pierre-Gilles de Gennes 的诺贝尔奖，因为他发现："为研究简单系统的有序现象而开发的方法，可以推广到更复杂的物质形式，特别是液晶和高分子。"我们只列举两点来总结这些里程碑式的事件：

——Doi、Edwards，de Gennes："管道"的概念和蛇行理论（第 5 章）

——de Gennes："软物质物理学"

当前高分子研究的课题（特别是其物理化学分支）已经通过积极地合成或利用短暂的化学键来将动态性和适应性引入高分子系统。这导致**自组装**过程形成复杂结构，潜在地很快就会与自然界中的结构竞争；它还使这些复杂系统和材料具有**灵敏度**、响应性和适应性。随意引用 Bruno Vollmert 所著《大分子化学概论》中的一句话："高分子是化学中复杂性最高的，也是生物学中复杂性最低的"。目前高分子研究集中在这些领域之间的桥梁上。当代的课题包括：

——超分子聚合物（J. M. Lehn、E. W. Meijer、T. Aida、M. A. Cohen-Stuart 等）

——导电高分子和用于能量转换和储存的高分子

——生物大分子科学与生物仿生学

——大规模的理论建模和模拟

除此之外，伴随着这种学术发展，工业高分子已经将人类的二十世纪变成了"高分子时代"[19]。然而，数十年来高分子的广泛和多用途使用已经给我们的环境带来了挑战，当代高分子研究必须解决这一问题，即扭转人类生产巨量的聚合物基垃圾的趋势。因此，工业界和学术界的现代研究必须特别关注**可降解的**高分子材料。鉴于高分子的非凡性质（尤其是质量小，而力学强度高），了解聚合物基的日用品的巨大价值将是一场对全社会的挑战，例如对它们不仅使用一次，而是在废弃前多次使用它们。

第 1 讲　选择题

（1）下列哪种说法是正确的？

a. 每种聚合物都是大分子。

b. 每种大分子都是聚合物。

---

[19]　就像在很久以前一样，按照人类使用的主要材料，我们把以前的时代命名为石器时代、青铜时代和铁器时代，正如我们今天的世界当然有理由称之为硅时代一样。

c. 聚合物和大分子是同义词。

d. 聚合物和大分子是不同的术语，在意义上并不重叠。

（2）下列哪种生物大分子是聚合物？

a. DNA

b. 蛋白质

c. 木质素

d. 多糖

（3）给出两种样本 A 和 B，各有 10 条链。其摩尔质量分布列于下表：

摩尔质量/g·mol^{-1}	100000	200000	300000	400000	500000
样本 A 中的链数	1	2	4	2	1
样本 B 中的链数	—	3	4	3	—

关于数均摩尔质量 M_n 和重均摩尔质量 M_w 的哪种说法是正确的？

a. 两种样本的 M_w 是相同的，因为两种样本 M_n 是相同的。

b. M_n 相同，但 M_w 不同，因为摩尔质量较高的链的权重较大。

c. M_n 相同，M_w 也相同，因为样本 A 有一条摩尔质量较高的链 500000g·mol^{-1}，但也有一条摩尔质量最低的链 100000g·mol^{-1}，这实际上是抵消了。

d. M_n 是相同的，M_w 也是相同的，因为两个样本都是对称分布的。

（4）完成以下句子：软物质_____

a. 由小于几纳米的构建单元组成，由于尺寸小，容易相互位移。

b. 与传统的硬物质相比，内聚能密度低 5 到 8 个数量级。

c. 由几纳米尺寸的构建单元组成，这些构建单元由强共价键连接，但由于键的数量较少，可以相互位移。

d. 由构建单元组成，这些构建单元通过长程相互作用连接起来，即基于软排斥势而非硬球势。

（5）Staudinger 对高分子的描述是基于哪个实验观察？

a. 高分子是小分子在胶体尺度上的聚集体；Staudinger 用电子显微镜的方法（当时属新发明）使其可见。

b. 高分子是小分子在胶体尺度上的聚集体；经过化学改性时，这些聚集体由于相互作用的变化而改变其尺寸。

c. 高分子由共价键合的单体组成；化学改性通常只影响它们的侧基，而不影响它们的连通性。因此，主链的长度得以维持。

d. 高分子由共价键合的单体组成；化学改性中链断裂或链延长/链交联/链支化，通常改变它们的连通性。因此，链长发生了变化。

（6）考虑四种具有相同的数均摩尔质量 M_n 的样品，但分布不同：

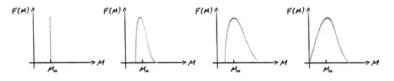

从下列可能性中，选择从左到右与摩尔质量分布相匹配的聚合类型：

a. 生物大分子——活性阴离子聚合——聚加成反应——自由基聚合。

b. 活性阴离子聚合——自由基聚合——聚加成反应——生物大分子。

c. 聚加成反应——自由基聚合——活性阴离子聚合——生物大分子。

d. 自由基聚合——聚加成反应——生物大分子——活性阴离子聚合。

（7）哪种方法适用于高分子的提纯？为什么？

a. 结晶法，因为将溶液中的高分子浓度调整到尽可能高，可以使基于共价键连接的高分子纯化。

b. 结晶法，因为高分子长链在熔化时很容易变成玻璃状排列，并在冷却时结晶。

c. 沉淀法，因为高分子和溶剂的混合过程是由熵驱动的，而高分子体系中的熵由于长链的长度而特别高。

d. 沉淀法，因为高分子和溶剂的混合过程是由能量驱动的，而熵在高分子-溶剂混合物中几乎不起作用。

（8）高分子是软物质的主要代表，因为_____

a. 它们由弱相互作用（如范德瓦耳斯相互作用）结合的小单体单元组成。

b. 它们表现出几微秒的快速弛豫时间，只由非常复杂的方法才能获得。

c. 它们由一些单独的链组成，这些链具有胶体尺寸范围无规线团的形状，并且通过范德瓦耳斯力或类似的力发生彼此的相互作用。

d. 它们由共价键连接的单体单元组成，形成彼此相互作用的长链。

（陈谊、雷玲玲、杜晓声、杜宗良　译）

第 2 章
理想高分子链

在初等物理化学课程中，你所处理的最简单的第一种物质是理想气体。在高分子科学中，这儿有一个类比，我们将处理的最简单的第一种高分子物质是理想链。在这堂课中，你将会了解理想链模型的基础知识，从而明了它在概念上可与理想气体类比，并且你还将看到：这个模型如何简单地体现高分子的结构，并将之量化。

本书的目标是建立高分子结构和性质之间的关系。要做到这一点，我们必须找到一种方法来全面描述每种高分子材料的基本结构单元——单条高分子链。高分子由大量重复单元组成，因此每一条高分子链是一个复杂的多体实体，难作解析处理。因此，我们必须依赖的模型应当简化这种复杂性，同时保留我们在实验中观察到的物理真实性。接下来，我们将介绍几种这样的模型，从**理想高分子链**这种最简单的模型开始。

让我们回想一下你在初等物理化学课程开头所学到的一个概念，即可以想象到的最简单物态——理想气体。理想气体的描述基于以下假设：（i）气体分子是无体积的点状粒子。（ii）除了简单的弹性碰撞外没有其他的相互作用。当然，这些假设并不是真实的：实际上，气体分子确实具有有限的体积，并且它们之间以许多不同的方式相互作用，尤其是在彼此之间的短距离处，这种作用在高压条件下更为突出。然而，在许多情况下（例如，在常温[20]常压下），气体实际上普遍表现出理想气体的行为，这使我们得以使用上述非常简化的模型来处理气体，从而得到（iii）非常简单的状态方程式：$pV = nRT$，其中 p 为压力，V 为体积，n 为系统内气体粒子（原子或分子）的物质的量，R 为气体常数，而 T 为绝对温度。理想高分子链的概念基于同样的简化原则：它假想高分子链（i）由无体积的单体链段组成。（ii）链段彼此之间或与环境之间没有相互作用（它们不同于相互连通性而产生的简单相互作用，正如我们将在第 3 章中所见，这样的连通性会影响链段的独立统计运动）。理想高分子链的模型是高分子链精细模型的任何进一步发展的基础，因此可以称之为高分子物理学的起点。（iii）在本章后面，我们将看到：该模型将给出与理想气体定律惊人相似的一种状态方程式，无论从其数学表现形式还是从简单性方面来看，都具有强大的实用性。

2.1　线团构象

2.1.1　高分子链的微构象和大尺寸构象

让我们首先来讨论：一条高分子链可能是什么样子？高分子的形状由三个因素确定，如图 2.1（A）所示。第一个因素是单体链段长度，即基本结构单元加连接下一个单元的键的长度。在许多简单的乙烯基聚合物中，如聚乙烯（PE）、聚丙烯（PP）、聚氯乙烯（PVC）或聚苯乙烯（PS）中，这是一种共价碳-碳键，其长度为 1.54Å（1Å=10^{-10}m）。第二个因素是单体的键角 φ，对于 sp^3 杂化的碳-碳键，其值为 109.6°。这些参数都由单

---

[20]　严格地说：温度远高于临界温度。

体的特定化学特征确定，这意味着它们对于给定的高分子是固定的。第三个因素是单体键的扭转角 θ。这个因素不是固定的，因为键相当容易旋转。因此，链的大尺寸构象将由其单体键扭转微构象的序列导致。因此，一条高分子链可能具有许多不同的形状，其中两种如图 2.1(B) 和 (C) 所示。在图 2.1(B) 中，你将看到一个所有键都是反式构象的结构。这种全反式构象导致有序的棒状大尺寸构象。然而，熵不喜欢这样的有序状态。相比之下，图 2.1(C) 所示的结构更有利。这里，微构象是顺式-反式的一种随机混合，导致一种无规卷曲的大尺寸构象，显示没有高度有序性。这种无规线团大尺寸构象具有熵优势的实际原因在于：大尺寸构象是由许多不同种类微构象组合才能实现，图 2.1(C) 给出一个代表，即沿着链轮廓线上顺式-反式随机混合排列会有许多不同的可能性；但是，棒状大尺寸构象（即全反式构象的链）只有采用一种微构象才能实现。根据统计热力学的核心原理可知：由极大数目微观状态实现的宏观状态与仅由少数微观状态实现的宏观状态相比，具有更高的熵，在时间上和系综上更有可能被观察到。

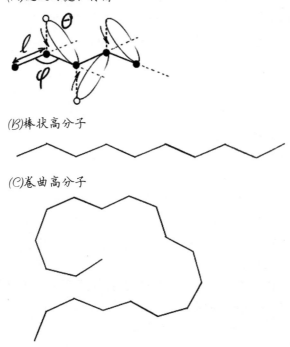

图 2.1 (A) 聚乙烯主链中基本化学键的特征量。在高分子最简单的这种情况中，亚甲基用黑体圆点（·）表示，两个亚甲基单元之间的键长，对应于链节长度 l。单体键角 φ，是两个链段（这里亚甲基-亚甲基）之间的键角，而单体键扭转角 θ，定义了每个单元的构象位置。图片来自 H. G. Elias：*Makromoleküle，Bd. 1-Chemische Struktur und Synthesen*（6. Ed），Wiley-VCH，1999。根据角度 θ，高分子链可以实现许多不同的大尺寸构象，在这里画出了两种。(B) 如果链的所有微构象都是反式的，这将导致有序的棒状大尺寸构象，这在熵上是不利的。(C) 相反，如果存在更有利的顺式和反式的微构象随机混合，这将导致大尺寸构象。这种无序结构在熵上是有利的，因为与 (B) 中的全反式结构相比可以实现更多的微构象

到目前为止，我们主要从熵的视角讨论了单体键的扭转角 θ 以及高分子链所得出的最终结构。然而，此讨论还有一个能量的方面。这是因为单体键某些扭转角在能量上是有利的，而另一些则是不利的。反式或左右式构象与顺式或交叠构象相比，具有更低的自由能 ΔE，如图 2.2 表示一条碳主链非常典型的实例。

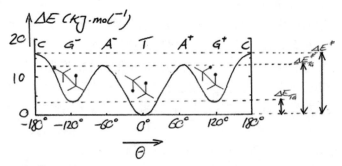

图 2.2　简单烃类（丁烷）❹ 的摩尔能 ΔE 对键扭转角 θ 的依赖关系。构象缩写为 C=顺式，G=左右式，A=反错式，T=反式。能量在反式构象处有绝对极小值，在左右式构象 G^+ 和 G^- 有两个局部极小值，达 3kJ·mol^{-1}（ΔE_{TG}）。T 与 G^+ 或 G^- 之间变化所需的活化能为 13kJ·mol^{-1}（$\Delta E_{TG}^{\ddagger}$），而最有利构象和最不利构象 T 和 C 之间的能垒为 17kJ·mol^{-1}（$\Delta E^{\ddagger}$）。图片摘自 H. G. Elias：*Makromoleküle*，*Bd*. 1-*Chemische Struktur und Synthesen*（6. Ed），Wiley-VCH，1999

　　然而，这些构象之间的能量差非常小：反式或左右式构象之间的能量只相差 3kJ·mol^{-1}，正好相当于在室温下的 1.2RT。此外，这两种状态之间构象变化的活化能只有 13kJ·mol^{-1}，即仅相当于 5RT。即使是最大的能量差，即顺式和反式构象之间的差异，也仅约为 17kJ·mol^{-1}，即 7RT。这意味着高分子链构建单元可取的所有构象在能量上并没有太大差别。而且，这种构象变化非常容易，因为在室温下，构象变化只需要大约几个 RT 的活化能。因此，这些变化会很快发生，这也是在其玻璃转变温度以上高分子具有**柔性**的主要原因。如果单体链段的构象之间存在更高的能垒，则会失去这种柔性；单体单元带有庞大的取代基，就是这种情况。例如，聚苯乙烯（PS）带有一个庞大的苯环侧基，与没有侧基的聚乙烯（PE）相比，具有较高的玻璃化转变温度，其原因就是如此；与 PE 柔性主链相比，PS 主链受到更大的阻碍，要使其构象转变动力学活化所需的热能将更多。（看吧：这就是我们第一个定性的结构-性质关系！）

　　这些低能量值还有另一个直接的后果，即对于高分子链的大分子构象负全责的主要是熵的因素，它超过了能量的因素。因此，**高分子链最概然的结构是柔性无规线团**。在某些情况下，能量超过了熵，但这仅在采用某种特定的链结构与极高的能量收益相关时才会出现。蛋白质是一个典型例子：它们具有能量有利的特定折叠形状，例如 α-螺旋或 β-折叠。当采用这些形态时，它们通过次级相互作用所获得的能量超过了这种有序结构所造成的熵损失。这种有序结构反过来又是它们生物学功能的基础，通常称为锁钥原理。这个概念导致 Vollmert 提出：生物大分子如蛋白质在化学中具有最高级别的复杂性，在生物学中则具有最低级别的复杂性。相比之下，绝大多数合成高分子没有那种择优结构，代之而有无

---

　　❹　原书为 basic carbohytrates，有误，已按所引 Elias 原著加以更正——译校者注。

规线团的形状。

　　既然我们知道高分子链看起来像一个盘绕的线团，那么我们数学上怎样描述它呢？即使我们仅限于能量最稳定的反式（T）和左右式（G^+ 和 G^-）微构象，对于包含 N 个链段的链，甚至都有 3^{N-2} 种可能的大分子构象。如果我们令 N 是 100，仍然只是一个相对较短的高分子链，算起来都有 6×10^{46} 种可能的不同大尺寸构象！除此之外，由于涉及的能量很低，构象变化非常快。基于 Eyring 型的方程式，以 13kJ · mol^{-1} 或 5RT 在室温下的能垒为基础的估计，显示了 T 向 G 转变发生的时间尺度仅为纳秒量级。所有这些意味着高分子链的形状不能用解析方法来描述。但是，数学上可以使用适当的平均值来描述。

2.1.2　高分子线团尺寸测量方法

　　两种常见平均值用于描述高分子线团尺寸。它们是**末端距** $\vec{r}$ 和**回转半径** R_g，如图 2.3 所示。对全部单个的键向量简单求和，可以计算出末端距向量 $\vec{r}$，它是从高分子链的一端指向另一端距离的向量：

$$\vec{r} = \vec{r}_1 + \vec{r}_2 + \vec{r}_3 + \cdots = \sum \vec{r}_i \tag{2.1}$$

它很容易被画出并加以想象，但从实验上测定却很困难，因此通常只受高分子理论家的偏爱。请注意，末端距仅对线形链有意义，因为它们才对高分子链有定义明确的链端。相比之下，支化大分子具有许多末端距，因为它们有多个链端。

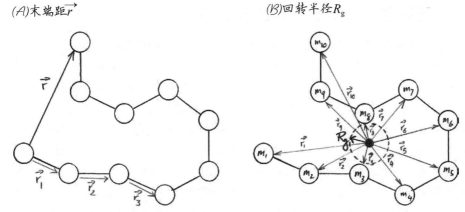

图 2.3　高分子线团尺寸的两种常见平均量度的示意图：（A）末端距 $\vec{r}$，简单地计算为所有键向量的和；（B）回转半径 R_g，由所有全部链段对高分子线团质心的距离按质量归一化计算求得；图中的一个实心球体（用虚线圆圈表示）与高分子模糊线团的惯量矩和密度相同，其半径与 R_g 一致

　　令质量为 m_i 的链段距离线团质心的距离为 $\vec{r}_i$，以 m_i 为权重对全部链段加权平均，可以计算出回转半径 R_g：

$$R_g^2 = \frac{1}{m}(\vec{r}_1^{\,2} m_1 + \vec{r}_2^{\,2} m_2 + \vec{r}_3^{\,2} m_3 + \cdots) = \frac{1}{m}\sum \vec{r}_i^{\,2} m_i = \frac{1}{m}\int r^2 \mathrm{d}m \tag{2.2}$$

与具有相同惯性矩和密度的球体相比，我们实际感兴趣线团的 R_g 大约是此球体半径的 1.3 倍。这不仅仅限于线形高分子，还可以用于支化高分子或交联高分子。事实上，对于任何几何形状的物体都可以计算出 R_g。实验上求取 R_g 比末端距容易得多，这也是高分

子实验者经常首选 R_g 的原因。

这两个量彼此之间存在简单的关系，依赖于所研究化合物的几何形状。表 2.1 列出了其中的一些关系。

表 2.1 不同类型物体的末端距与回转半径之间的关系

分子物体类型	$\langle R_g^2 \rangle$-特征长度	特征长度-质量	
无规线团	$\langle R_g^2 \rangle = \dfrac{\langle \vec{r}^2 \rangle}{6}$	$\langle \vec{r}^2 \rangle \sim \langle R_g^2 \rangle \sim m$	
良溶剂中的线团	$\langle R_g^2 \rangle = \dfrac{\langle \vec{r}^2 \rangle}{(2\nu+1)(2\nu+2)}$	$\langle \vec{r}^2 \rangle \sim R_g^2 \sim m^{2\nu}$	$\nu=$Flory 指数(参见第 3 章)→理想线团:0.5 →蛇行相互作用:0.6
长度为 L 的棒	$\langle R_g^2 \rangle = \dfrac{L^2}{12}$	$L \sim m$	
半径为 r 的圆盘	$\langle R_g^2 \rangle = \dfrac{r^2}{2}$	$r \sim m^{1/2}$	
半径为 r 的球	$\langle R_g^2 \rangle = \dfrac{3r^2}{5}$	$r \sim m^{1/3}$	

2.2 简单的链模型

2.2.1 无规链（虚幻链、自由连接链）

描述高分子链最简单的模型是**无规链**模型，也称为**自由连接链**或**虚幻链**。它基于这样的假设：单体键的构象决定于扭转角 $\boldsymbol{\theta}$，假定所有的构象（任何 θ 值）都是可能的，甚至单体-单体键角 φ 取任何值都是可能的。这看起来有点不合常识，因为键角实际上是由单体的特定化学本质确定的。放松这种约束，允许自由选取这个角度，会导致两个单体链段占据空间中的同一点。例如，如果两个相邻的单体链段的键角为 $\varphi=0°$，这在无规链模型中是允许的。因此，这个模型也被称为虚幻链模型，因为在这个框架中，链段可以像幽灵一样相互穿透。按照这种简化的假定，现在我们在下文将证明，通过键向量的求和，可以简单估算出末端距，即这种无规链模型以一种非常简单的方式将高分子链的 N（单体链段数）和 l（链段长度）与链的 $\vec{r}$（末端距）联系起来。鉴于下文将详尽说明的一个原因，我们使用末端距向量的平方值 $\vec{r}^2$。为此，我们计算键向量之和的平方。这种计算必须使用标量积项来完成，给我们得出键向量长度平方的总和加上它们角度的余弦项：

$$\vec{r} = \sum \vec{l}_i \tag{2.3a}$$

$$\vec{r}^2 = (\vec{l}_1 + \vec{l}_2 + \vec{l}_3 + \cdots)^2 \tag{2.3b}$$

$$= (l_1^2 + l_2^2 + l_3^2 + \cdots) + \sum l_i l_j \cos\varphi_{ij}$$

通过这个计算，到目前为止，我们只是估计了**单个高分子线团**的瞬时平方末端距。然而，这并不具有代表性，因为线团构象处于不断动态变化中，在有许多链的一个样本中，即使按瞬时图景，它们也不会表现出相同的末端距，而是一种分布。因此，我们真正感兴趣的是该分布的平均值。然而，如果我们直接计算 $\vec{r}$ 的平均值，那么平均值将始终为零，因为 $\vec{r}$ 是具有方向的向量。在该量的许多代表组成的一个样本中，始终存在长度相同但指向相反的一对向量，于是所有这些量的平均值将抵消为零。为了避免这种情况，我们首先对末端距向量求平方再取平均值。这样，我们消除了方向依赖性并获得了**均方末端距**。

$$\langle \vec{r}^{\,2} \rangle = (l_1^2 + l_2^2 + l_3^2 + \cdots) + \sum l_i l_j \langle \cos\varphi_{ij} \rangle \tag{2.4}$$
$$= (l_1^2 + l_2^2 + l_3^2 + \cdots) = Nl^2$$

在后一种标量积的形式中，角度依赖的平均值＜$\cos\varphi_{ij}$＞为零。因为我们假设键角 φ 是自由的，且表现出随机分布，所以在式（2.3b）中的那种随机角度的余弦是围绕 0 的 -1 到 $+1$ 区间内的随机值，所有这些随机值出现的可能性相同。因此，正向的每一项都有一个同等大小的负向的对应项，使得在式（2.4）中求平均时将全部抵消为零。于是，末端距的平方仅取决于单体链段数 N 和它的长度 l。

通过这个计算，我们已经推导得出一个简单的**幂律**关系，可以将链的均方末端距作为链段数的函数来表示。为了使均方末端距的物理维度重新线性化，我们可以取平方根并得出**均方根（rms）末端距**，即 $R = \langle \vec{r}^{\,2} \rangle^{1/2}$。这种均方根值在物理化学整个领域中广泛使用，对于具有一定分布的向量，这是一种实用的工具。均方根值消除了向量的方向依赖性，并通过使用其平方值的算术平均值来处理它们的分布本性。于是，由此可以求平方根，将均方量重新线性化，使其成为真正有意义的物理维度。根据式（2.4），我们虚幻高分子链的均方根末端距与 $N^{1/2}$ 成比例：

$$R = \langle \vec{r}^{\,2} \rangle^{1/2} \sim N^{1/2} \tag{2.5}$$

请注意，从式（2.5）可以看出，双倍链段数的高分子在空间中的尺寸并不是增大两倍，而是只有 $2^{1/2} \approx 1.4$ 倍。要获得在空间中比另一个大两倍的一种高分子，它必须具有 $2^2 = 4$ 倍的链段数！

对于按照无规行走方式运动的自由扩散微粒，可以发现与式（2.5）非常相似的标度律。在这里，均方根位移，即 $\langle \vec{x}^{\,2} \rangle^{1/2}$，与扩散步数的平方根成标度关系；如果我们假设每个基元步需要一个确定的周期，那么它会随着时间的平方根 $t^{1/2}$ 增加。这种标度的基础是爱因斯坦-斯莫卢霍夫斯基公式：

$$\langle \vec{x}^{\,2} \rangle^{1/2} \sim t^{1/2} \tag{2.6}$$

式（2.5）和式（2.6）的相似之处非常引人注目。然而，仔细研究后发现这是合理的。由固定长度 l 和无规自由键角 φ 组成的虚幻无规线团，与由固定长度 l 和无规方向自由变化的扩散路径比较，二者的形状相同，如图 2.4 所示。

2.2.2　自由旋转链

到目前为止，我们都假设在计算中没有角度依赖性。然而，我们实际上已经知道为何必须描述这种依赖性，因为我们根据每个单体的化学特殊性知道键角 φ。于是，我们可以假设：每个键向量 $\vec{l}_j$ 在下一个键向量 $\vec{l}_{j+1}$ 的方向上投影分量是 $l \cdot \cos\varphi$。

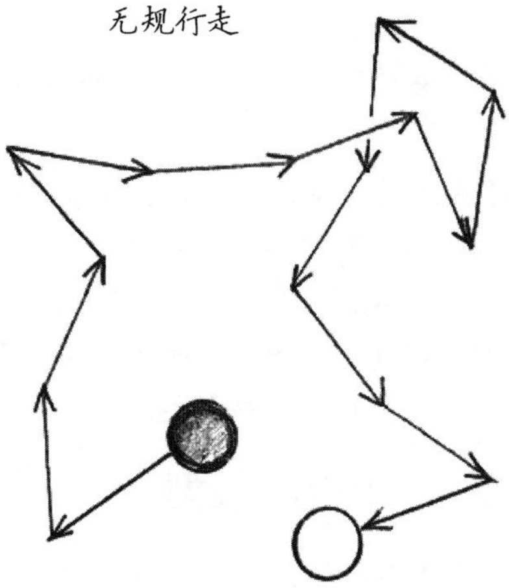

无规行走

图 2.4　二维无规行走的轨迹

考虑到这一点，式(2.4)可以改写为：

$$\langle \vec{r}^{\,2} \rangle = Nl^2 \, \frac{1-\cos\varphi}{1+\cos\varphi} \tag{2.7}$$

这个公式是通过级数展开推导出来的，在 Rubinstein 和 Colby 的书《高分子物理学》中有详细的解释。代入 sp^3 杂化碳键的 $\varphi = 109.6°$，我们计算 $(1-\cos\varphi)/(1+\cos\varphi)$，得到其值为 2。因此，我们发现，如果忽略它的固定键角，就像我们在虚幻链模型中做的那样，我们会低估那样一种高分子线团尺寸，减小的因子为 $\sqrt{2}$。

2.2.3 受阻旋转链

我们还可以进一步考虑键的扭转角 θ。在第 2.1 节中我们已经看到，扭转角并不是固定的，它倾向于一些特定的构象，因为这些构象相对于其他构象具有更低的能量。由此，我们可以对所有可能的键构象按时间和链的系综进行平均，以确定平均扭转角的因子 $\langle \cos\theta \rangle$：

$$\langle \cos\theta \rangle = \frac{\displaystyle\int_{-\pi}^{+\pi} \exp\left(-\frac{\Delta E(\theta)}{RT}\right)\cos\theta \, \mathrm{d}\theta}{\displaystyle\int_{-\pi}^{+\pi} \exp\left(-\frac{\Delta E(\theta)}{RT}\right)\mathrm{d}\theta} \tag{2.8}$$

式(2.8)的基础是，根据图 2.2 中的扭转角依赖势能 $\Delta E(\theta)$，可以求出玻尔兹曼项的积分。有了这个值，我们可以将扭转角度依赖性的项补加到我们的链模型中：

$$\langle \vec{r}^{\,2} \rangle = Nl^2 \, \frac{1-\cos\varphi}{1+\cos\varphi} \cdot \frac{\langle 1+\cos\theta \rangle}{\langle 1-\cos\theta \rangle} \tag{2.9}$$

现在我们又发展出一种模型，它考虑到两点：其一，高分子线团的物理学普适性，可以用普适的标度律表示为 $\langle \vec{r}^{\,2} \rangle^{1/2} \sim N^{1/2}$；其二，给定单体或结构单元类型的化学特殊性，其特征是键角和平均扭转角。对于每种重复单元这些特定值都是恒定的，因此它们经常被总结为高分子特定参数。扭转角的依赖性 $\langle 1+\cos\theta \rangle / \langle 1-\cos\theta \rangle$ 通常被称为阻碍参数 σ^2。它由重复单元的侧基是否庞大所确定；这些单元改变构象需要的能量越多，这个值就越高。更常见采用**特征比 C_∞**，它包含了所有化学特殊性的参数，其形式为：

$$C_\infty = \frac{1-\cos\varphi}{1+\cos\varphi} \cdot \frac{\langle 1+\cos\theta \rangle}{\langle 1-\cos\theta \rangle} \tag{2.10}$$

这样一来，我们得出**理想高分子链的普适标度律**：

$$\langle \vec{r}^{\,2} \rangle = \boldsymbol{C_\infty Nl^2}$$

对于主链具有庞大或带电取代基的刚性链高分子，如聚苯乙烯（PS）、聚甲基丙烯酸甲酯（PMMA）或聚丙烯酸钠（PAA），这个特征比很大；而对于不带电和没有庞大取代基的柔性链，如聚乙烯（PE），特征比很低。请注意，对于短链，特征比显示出与重复单元数 N 的依赖性，如图 2.5 所示；可用符号 C_N 加以简写。大约从 80～100 个重复单元开始，特征比达到了**无 N 依赖性**的平台，如图 2.5 所示，缩写为符号 C_∞。

2.2.4 Kuhn 模型

当重点概括上述章节所讲的内容时，可以看到，我们已经接受了那种最简化的模型，并进一步使用修正项，以实现与现实更接近的相似，从而使其变得更加复杂。但是，如果

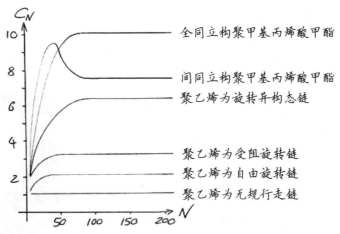

图 2.5　初始阶段 C_N 随 N 的增加而增加，但在大约 80～100 个重复单元之后，每种高分子的 C_N 达到一个平台。于是特征比通常被称为 C_∞。请注意，如果我们从不含庞大取代基的柔性链（如聚乙烯）到含有庞大取代基的链（如聚甲基丙烯酸甲酯），其值大约是如何从 3 上升到 10 的。图按照文献（H. G. Elias：*Makromoleküle*，Bd. 2；*Physikalische Strukturen und Eigenschaften*（6. Ed.），Wiley-VCH，2001.）加以重绘

我们有一个模型，既保留了无规链的原始简单性，同时又体现出化学特殊性，那么不是更棒吗？Werner Kuhn 提出了一种巧妙的方法，即 Kuhn 模型，可以实现这一点。在这个模型中，将高分子链重新排组，创造出一条新的假想概念上的高分子链（Kuhn 链），若原来的高分子链的链段长度 l，取某一数量（不必是整数）的几个链段，创造出假想概念上的新的链段，称为 Kuhn 链段，其长度则为 Kuhn 长度 l_K（见图 2.6）。对于这个概念上的新链，原来的末端距保持不变。这个方法的巧妙之处在于：可以将原始高分子的化学特殊性纳入此模型，只需将重复单元数 N 和长度 l 按照特征比 C_∞ 加以归一化。这样一来，每一种给定的高分子都会"忘记它的化学特殊性"，并通过**普适的幂律**进行估算：

$$\langle \vec{r}^{\,2} \rangle = C_\infty N l^2 = \frac{N}{C_\infty}(C_\infty l)^2 = N_k \cdot l_K^2$$

$$(2.11)$$

新的概念链由 $N_K(=N/C_\infty)$ 个 Kuhn 链段组成，后者的长度为 $l_K = C_\infty l$。这些链段之间的键角 φ 现在是无规的，而在原始链中它是一个固定的常数（图 2.6）。因此，Kuhn 链可以像无规链一样进行估算。换句话说，超出 Kuhn 长度的尺度上，链的化学特殊性不再可见，无论每条链实际上是何种高分子类型，都显示出具有普适性的无规行走统计学。因此，在这种尺度上，特定的单体化学主要结构不再重要，这使我们能够将链不以其实际的化学成分为基础来构思和绘制，而是将其作为一个普适的弯曲线条来看待，我们在本书的其余章节实际上也是如此的。在前面章

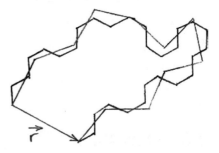

图 2.6　Kuhn 模型将几个长度为 l 的实际高分子链段进行组合，从而创造出一个新的概念高分子链，它由 N/C_∞ 个 Kuhn 链段组成；Kuhn 链段的概念长度为 $l_K = C_\infty l$，即 Kuhn 长度。原始链的末端距 $\vec{r}$ 保留不变。然而，Kuhn 链段的键角现在是无规的，而原始链的键角是固定的。因此，概念链可以用无规链来估算

节中，我们已经描述了越来越复杂的模型，通过 Kuhn 方法，追溯了它们简单的起源。请注意，按照 $R^2 = C_\infty N l^2$ 以及 $l_K = C_\infty l$，我们得到一个有趣的公式：$R^2 = C_\infty N l^2 = C_\infty l N l = l_K l_{cont}$，其中 $l_{cont} = N l$ 是链的轮廓线长度，也就是在假想上完全伸直的构象中的链长度。

Werner Kuhn（图 2.7）1899 年 2 月 6 日生于瑞士 Maur。他在童年时代就对自然现象产生了浓厚的兴趣，并在 Zürich 上学和从事研究，在 1923 年，他通过研究氨的光化学降解获得了博士学位。之后 Kuhn 在 Copenhagen 工作的两年中，他与尼尔斯·玻尔共同工作，并且也找到他的伴侣。此后，Kuhn 于 1927 年在 Zürich 获得了教授资格。从 1927 到 1929 年，他在 Heideberg 大学工作，发展了手性分子光学活性著名的理论。Kuhn 随后迁居至 Karlsruhe，在那里他开始了高分子的研究工作，在 1936 年获得了 Kiel 大学的教授职位，并在 1939 年愉快地接受了 Basel 大学的职位。在 1955 年成为 Basel 大学的校长之前，他在 20 世纪 50 年代研究膜和凝胶。Kuhn 意外地死于 1963 年 8 月 27 日，当时他正处于卓有成效的工作中。在高分子学界，有一件关于 Kuhn 在 Basel 时的轶事，Staudinger 当时工作的地方在 Freiburg，与 Basel 很近，Kuhn 是一位物理化学家，而 Staudinger 是一位有机化学家，据说在如何正确构思高分子的观点上他俩有一种"忠诚的竞争"。例如，Kuhn 的论文 "Über die Gestalt fadenformiger Moleküle in Lösung（论溶液中丝状分子的形状）" 以这样的陈述开始："Staudinger 关于橡胶生胶和纤维素在溶液中是细长棒的观点，实际上将被 Staudinger 自己的实验所推翻"。这种争论的后果一直延续到 Staudinger 的 60 岁生日庆典，这被诗意地表达为 "die Kuhnachen Knäuel sind uns hie rein Greuel（Kuhn 线团，对吾而言，恐怖无边！）"。

图 2.7 Werner Kuhn 肖像。图像再版获得 *Chemie in unserer Zeit* 1985，19（3），86-94. 的授权，版权规 Wiley-VCH（1985）所有

2.2.5 旋转异构态模型

与 Kuhn 模型的简单性完全相反，对于给定的特殊链，我们同样还可以发展一种方法以求出最真实的 C_∞ 表达式；这就是旋转异构态（RIS）模型的方法。

如图 2.2 中所示，按照 $\Delta E(\theta)$ 随 θ 的变化，清楚明确表示出最相关构象状态 T、G^+ 和 G^- 的能量，然后使用玻尔兹曼分布定量估算出它们的分布。

$$\frac{n_{gauche}}{n_{trans}} = 2 \cdot \exp\left(\frac{-\Delta E(\theta)}{RT}\right) \tag{2.12}$$

这个公式确定了给定高分子中左右式和反式构象之间的精确比率，如图 2.8 所示。指数项前的 2 是由于存在两种左右式构象，即 G^+ 和 G^-。除了左右式和反式构象比率之外，RIS 模型还评估了每个键 i 的构象怎样依赖于前一键 $i-1$ 的构象，换句话说，该模型量化了链中有多少个 TT、TG 和 GG 的二单元组。这些不同二单元组的能量可加以量化，然后换算成它们的相对比例分数，汇总于表 2.2。

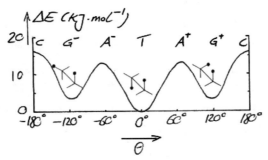

注：C (cis)——顺式；G (gauche)——左右式；A (anti)——反错式；T (trans)——反迫式

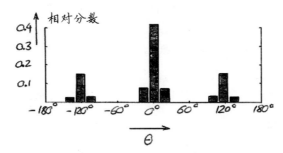

图 2.8　RIS 模型定量估算低能构象态 T、G^+ 和 G^- 的样本数，并使用玻尔兹曼分布确定了这些构象态的样本数。上图是图 2.2 的重绘图，显示了丁烷单体-单体键扭转角的能量；下图显示了温度为 300K 时这些键扭转角的相对样本数。上图按 H. G. Elias：*Makromoleküle*，Bd. 1- *Chemische Struktur und Synthesen*（6. Ed.），Wiley-VCH，1999 重绘；下图按 R. H. Boyd，P. J. Philips：*The Science of Polymer Molecules*，Cambridge Solid State Series，1993. 重绘

表 2.2　高分子链中键 i 为 T 和 G 构象而前一键 $i-1$ 为 T 或 G 构象的相对样本数

键i			
0°(T)	+120°(G^+)	−120°(G^-)	
1	0.54	0.54	0°(T)
1	0.54	0.05	+120°(G^+)
1	0.05	0.54	−120°(G^-)

2.2.6　能量与熵影响高分子形状的对比

式(2.12)的关键项是比值 $\Delta E/(RT)$。如果这个比值很高，那么链主要采用能量最有利的形状。在合成高分子中，这些构象形状要么是全反式，要么是交替的 TGTGTG 或

TTGGTTGG，这取决于取代基的体积的大小，以及在空间中最佳的低能量排列。自然界中最有序的高分子是蛋白质，它们具有非常特有的能量上高度有利的折叠形状，正是因为这种特殊性，才会导致它们有特定功能，因为这些特定的有序形状使得锁钥原理成为可能，从而实现特定酶-底物相互作用。相比之下，当 $\Delta E/(RT)$ 的比值较低时，高分子链采取熵最有利的构象，即一种无规线团的形状。

相关的比率是扭转变化的活化能 $\Delta E^{\ddagger}_{\mathrm{TG}}/(RT)$。这个比值对应于 T 和 G 状态之间的能量位垒高度，从而描述了高分子链的动力学。带有庞大侧基的刚性高分子链中 $\Delta E^{\ddagger}_{\mathrm{TG}}/(RT)$ 比值高，例如 PS。相反，没有庞大侧基的柔性高分子链中比值低，例如 PE。这个比率直接反映了高分子最重要的性质之一：玻璃化转变温度，即激活主链动力学所需的温度。这个温度对于 PS 很高，而对于 PE 很低，因为在 PS 中激活键构象变化比在 PE 中更加困难。（请注意：这里我们又发现一个结构与性质的关系！）

上述两个关系都依赖于温度，这是因为

$$\Delta G = \Delta H - T\Delta S \tag{2.13}$$

一般来说，Gibbs 自由能变化（ΔG）为负的过程才能自发进行。我们可以从式(2.13)的右端看到，焓变 ΔH 和熵变 ΔS 都与温度 T 彼此相关。由此直接得出，在低温下，熵项的重要性较低，因此焓项占主导地位。结果是，在低温下高分子线团发生扩展，会采取更有序的大尺寸构象，甚至还可能导致更有序的链组装，如高分子晶体。相反，在高温下，熵项占主导地位；在这里，高分子线团卷曲为无序大尺寸构象。

2.2.7 相关长度

由于高分子链中各键有固定的键角和某种择优的构象排列，如上述最后三个模型所体现的那样，每个链段 i 都会对沿着链依次如下的链段 $i+1$、$i+2$、$i+3$ 等赋予方向择优。因此，其后经过一定数量链段之后，对给定第一个链段方向的"记忆"就会"遗忘"。这种"方向记忆"或**相关性**可以用称为**相关长度**的数量形式加以体现。在数学上，它可以定义为后续所有键向量 $i+j$ 在给定第一个键 i 的方向上的投影，如图 2.9 所示。

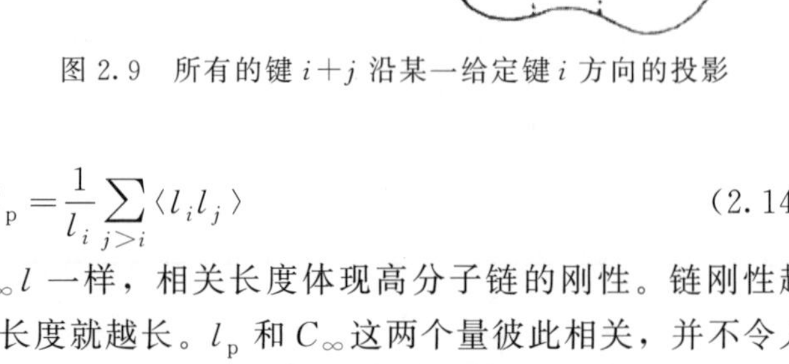

图 2.9　所有的键 $i+j$ 沿某一给定键 i 方向的投影

这个投影可表示为

$$l_{\mathrm{p}} = \frac{1}{l_i}\sum_{j>i}\langle l_i l_j\rangle \tag{2.14}$$

正如特征比 C_∞ 和 Kuhn 长度 $l_{\mathrm{K}} = C_\infty l$ 一样，相关长度体现高分子链的刚性。链刚性越大，给定链段仍然有方向记忆影响的长度就越长。l_{p} 和 C_∞ 这两个量彼此相关，并不令人惊讶：

$$C_\infty = 2\frac{l_{\mathrm{p}}}{l} - 1 \tag{2.15}$$

由此，我们还得到了相关长度（l_{p}）和 Kuhn 长度（l_{K}）之间的关系：

$$C_\infty + 1 \approx C_\infty = 2\frac{l_p}{l}$$

$$\Leftrightarrow C_\infty l = l_K = 2l_p \qquad (2.16)$$

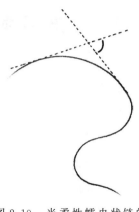

例如，我们来讨论聚苯乙烯（PS）。在这种高分子中，我们有 $C_\infty = 10.2$ 和 $l = 0.154$nm；因此，根据式（2.15），我们得到 $l_p = 0.86$nm。这些值很小！为了比较，考虑双股链 DNA，它的相关长度为 63nm。双股链 DNA 受到约束的基本结构，以及磷酸盐单元电荷之间的多重静电排斥相互作用，是其 Kuhn 长度值极其巨大的根源。这样刚性高的链不再能够称为柔性链，而称之为**亚刚性链**或**蠕虫状链**。在这些链中，通常使用不同的几何视角来反映相关长度（当然反映的是相同的数学原理），即两个切线的交角，如图 2.10 所示。在蠕虫状链中，如图 2.10 所示交叉角的平均余弦，衰减至 $1/e$（$= 0.368$）所需的长度，就取作相关长度。

图 2.10　半柔性蠕虫状链的示意图，对此链作出两条切线，它们之间有一定的交叉角

2.2.8　小结

通过本章我们已经学到，高分子链最可几的形状是一个无规线团的形状。我们已经发展了最简单的模型来描述这种线团，即无规链模型。以此为基础，我们不断加以扩展：使其体现单体链段的化学特殊性，我们加上键角 φ 的贡献，成了自由旋转链模型；加上键的扭转角 θ 的贡献，成了受阻旋转链（参见表2.3）。这种化学特殊性可以通过 Kuhn 模型中的特征比 C_∞ 来体现，每种给定高分子都有给定的特殊性，在 Kuhn 模型中，维持了这一点，同时又使链的模型重新简化和普适化。此外，我们已经看到，链的大尺寸构象依赖于温度和单体单元的特定化学设计。具有庞大侧基的高分子在室温下表现为刚性的链，而具有小侧基的高分子在室温下表现出柔性。因此，我们已经创立了第一个合理的结构-性质关系。

表 2.3　本章中简单模型链的特点总结

$R^2 = \langle \vec{r}^2 \rangle = C_\infty N l^2$	无规链	自由旋转链	受阻旋转链	RIS 模型
键长（l）	固定值	固定值	固定值	固定值
键角（φ）	自由取值	固定值	固定值	固定值
扭转角（θ）	自由取值	自由取值	固定的平均值	离散的：T，G$^+$，G$^-$
特征比（C_∞）	1	$\dfrac{1-\cos\varphi}{1+\cos\varphi}$	$\dfrac{1-\cos\varphi}{1+\cos\varphi} \cdot \dfrac{\langle 1+\cos\theta \rangle}{\langle 1-\cos\theta \rangle}$	某一确定值

要记住下列这些数字。让我们来讨论一条 PE 链，其 $N = 20000$，$l = 0.154$nm 和 $C_\infty = 6.87$。虽然极大伸长链的长度为 $r = Nl = 3080$nm，但其均方根末端距为 $R = \langle r^2 \rangle^{1/2} = (C_\infty N l^2)^{1/2} = 57$nm。这个估算澄清了两点：首先，高分子在其自然状态下是高度卷曲的；其次，在该状态下，它的尺寸正好是胶体的范围。

第2讲 选择题

（1）高分子链最可能的构象是_____。

a. 无规线团构象，因为键扭转角可以通过较小的活化能来改变。

b. 无规线团构象，因为由于高分子的合成过程，键角呈统计分布。

c. 定义明确线团的构象，因为键长、键角和扭转角都是由化学结构预先决定并固定的。

d. 伸长链的构象，因为键扭转角自行排列，使得链段尽可能远离。

（2）特征比_____。

a. 反映实际线团与假设理想链的均方末端距的比率。

b. 反映每一种高分子的键角与扭转角的特征比。

c. 允许对明确规定高分子特殊表征和化学鉴定。

d. 描述自由旋转链的特征行为。

（3）Kuhn 模型_____。

a. 讨论无规链，因此与特征比无关。

b. 的基础是将链段长度和链段数归一化成为特征比。

c. 不反映化学特殊性，但本质上是普适的。

d. 将原始链划分为许多任意小的链段。

（4）相关长度_____。

a. 是链的耐用性的度量。

b. 与 Kuhn 长度完全一致。

c. 小于链上较大的取代基。

d. 是高分子链主链刚性的度量。

（5）考虑两个大小相等的一维无规行走系综，系综"行走 A"是许多 4 步的无规行走，系综"行走 B"是许多 10 步的无规行走。涉及无规行走的下列说法中哪一个是正确的？

a. 均方根（RMS）和平均末端距反映意义相同，所以二者之值总是相等，但其值行走 B 总比行走 A 更大。

b. 对于行走 A 和 B，平均末端距相等，但行走 B 较行走 A 的 RMS 末端距大。

c. 对于行走 A 和 B，RMS 末端距相等，但行走 B 较行走 A 的平均末端距大。

d. 上述各种说法都是错误的。

（6）从小到大排序以下聚合物的特征比：PE，PP，PS。

a. PP-PE-PS

b. PE-PS-PP

c. PP-PS-PE

d. PE-PP-PS

（7）标度律 $R^2 = C_\infty N l^2$ _____。

a. 结合了高分子的化学特殊性与对所有高分子普适有效的物理关系。

b. 不适用于理想链，因为它们没有特殊性。

c. 是一个特殊情况，不能应用于所有高分子。

d. 是从自由旋转链假设得出的结果。

（8）在高温下，高分子采取_____。

a. 对焓有利的棒状构象。

b. 对熵有利的棒状构象。

c. 对焓有利的线团构象。

d. 对熵有利的线团构象。

2.3　高斯线团

第3讲　高斯线团和玻尔兹曼弹簧

上一堂课已经讲过，理想链具有无规线团的形状。接下来的这一讲将进一步完善这个观点，并让你理解在线团内部链段密度的精确分布。同样还要证明，那样一种线团发生形变时，它的最基本的热力学性质（即熵）是如何起作用的，由此引入了柔性高分子最有价值的性质——它们的熵弹性。

我们现在想仔细看一下高分子线团更精确的形态。我们从上一讲结尾处的数字示例开始，并再次考虑 PE，$N=20000$，$l=0.154$nm，$C_\infty=6.87$，我们估计了其 rms 末端距为 $R=\langle r^2 \rangle^{1/2}=(C_\infty N l^2)^{1/2}=57$nm。现在，我们计算所有链段的体积，即由线团可能塌缩为稠密球的体积：$V_{\text{segments}}=$链段数×每个链段体积$\approx N l^3$。为了比较，我们还考虑线团在自然状态下的体积：$V_{\text{coil}}=(4/3)\pi R^3=(4/3)\pi(C_\infty N l^2)^{3/2}=4C_\infty^{3/2}N^{3/2}l^3$。通过计算它们的比率，我们可以来比较这两个体积：$\dfrac{V_{\text{coil}}}{V_{\text{segments}}}=(4C_\infty^{3/2}N^{3/2}l^3)/(Nl^3)=4C_\infty^{3/2}N^{1/2}$，我们意识到这个比值大于 10000！这意味着高分子线团的绝大部分体积实际上是空的，并没有被高分子链的材料所占据。但是，那么链材料是如何分布在线团中的呢？

在一个线团中，高分子链段按照**高斯径向密度**分布：

$$C_{\text{seg}}=N\left(\frac{3}{2\pi R_g^2}\right)^{3/2}\cdot\exp\left(\frac{-3r^2}{2R_g^2}\right) \tag{2.17}$$

从图 2.11 中的这个公式的图形表示中，我们可以看到高分子链段密度最高的位置在线团中心。对于彩图 2.11 中的蓝色曲线，表示有 $N=20000$ 个链段的高分子，在线团中心，约为每 1nm³ 11 个链段；这相当于约 20mol·L⁻¹ 的物质的量浓度。离开线团中心越远，密度降低越多，这对于只有不多链段的高分子短链尤其正确，而长度更长的链具有较平缓的径向链段密度分布剖面。然而请注意，卷曲度 Q 在高 N 时会更加明显，Q 按式(2.18)估算：

$$Q=\frac{l_{\text{cont}}}{\langle r^2 \rangle^{1/2}}=\frac{Nl}{N^{1/2}l}=N^{1/2} \tag{2.18}$$

因此，长链比短链更显著地卷曲，但对于它们的链段密度剖面分布，在线团中心长链

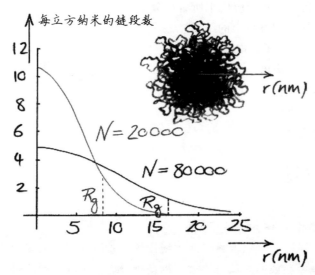

图 2.11　对于 $N=20000$ 和 $N=80000$ 个重复单元的两条聚乙烯链，线团中高分子链段的浓度作为线团径向坐标 r 的函数（见彩图）。在这两种情况下，大部分链段位于线团中心，这两种链中更短的链更是如此。在径向方向上远离该中心处，链段密度按照高斯分布下降。虚线表示两个线团的回转半径。右上方的素描图示意说明径向链段密度分布剖面

比短链更为"稀薄"；相反，在线团球体边缘处，长链有更高的链段密度[22]。

　　上述最后一段讨论是一个很好的标示，为了解高分子线团的形状，现在我们已经超越了平均值。因此，在下文中，我们将更仔细地看线团的统计学，目标不仅要给出平均尺寸，而是给出尺寸完整的分布。

2.4　末端距分布

2.4.1　无规行走统计学

　　在第 2.2 节中，我们已经学过：对于理想高分子链，其均方末端距和单体链段数之间的基本标度律，$\langle r^2 \rangle \sim N$。我们还注意到，它与爱因斯坦-斯莫卢霍夫斯基扩散定律 $\langle x^2 \rangle \sim t$ 的相似性，并意识到其原因在于两个模型中所作非常相似的假设：扩散粒子的路径没有记忆性，自身可以交叉；同样地，理想虚幻高分子链被认为是由无相互作用且无体积的链段组成，因此它也可以与自身交叉。现在我们依靠这种相似性，通过采用**无规行**

---

　　❷　这种情况是高分子分形性质的一个相当惊人的结果，我们将在第 2.7 节中再去研究。目前，我们只能（但至少）从数学的观点来体会：根据式（2.17），假如我们在前置因子中代入 $R_g^2 \sim N$；则在 $r=0$ 处，局部链段密度正比于 $N^{-1/2}$；通过简单地估算 $N/V \approx N/R^3 \sim N/\ (N^{1/2})^3 \sim N^{1/2}$，同样也得出这一概念。这就意味着：聚合度越高，线团核心处链段密度愈低。其原因在于，无规高斯线团的分形维数为 2，可表示为标度关系 $R^2 \sim N$；但是，当给定实际维数是 3 时，我们得出有 R^3 的项，于是导致上述的数学结果。与此相反，假若我们能匹配几何维数与分形维数，这种效应就会消失，例如当我们讨论表面上的二维平板状高分子，就会这样。在这种情况下，我们得出：链段密度不依赖于 N，因为我们的计算推导出 $N/A = N/R^2 = N\ (N^{1/2})^2 = N^0$。

走统计学，可以估算末端距 r 的分布。我们首先来讨论由 x 轴上的 N 步组成的一维无规行走：

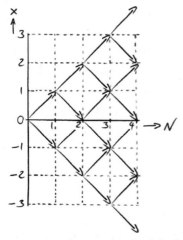

步数 N	x 的数值	统计比例
0	0	
1	-1, $+1$	$1:1$
2	-2, 0, $+2$	$1:2:1$
3	-3, -1, $+1$, $+3$	$1:3:3:1$
4	-4, -2, 0, $+2$, $+4$	$1:4:6:4:1$

你可以将这种无规行走想象如下：将一条坐标轴 x 标记上 0 点，并开始抛一枚硬币。每当硬币正面朝上时，将标记向 x 轴正方向移动一步；每当硬币反面朝上时，将标记向 x 轴负方向移动一步。抛第一次硬币后，标记可能在 $x=\pm 1$ 的位置上，每个位置的概率都是 50%。抛两次硬币后，标记可能回到 $x=0$ 的位置，也可能在 $x=\pm 2$ 的位置上，其中 $x=0$ 的概率是 50%，$x=\pm 2$ 的概率都为 25%。一般来说，假设步数为 $N=N_{+}+N_{-}$，就可以计算出 $x=N_{+}-N_{-}$ 的最终位置。从上表中类似于帕斯卡三角形的统计数据中可以看出，任何无规行走的最可几结果是标记回到 $x=0$ 的位置。其原因在于，对于某一给定的步数，将有许多不同的行走，但其中绝大多数都趋向返回 0，只有少数走得很远。通过上表中帕斯卡三角形表示的二项式统计，我们可以估算在 N 步行走后到达 x 位置的行走数：

$$W(N,x) = \frac{N!}{\left(\dfrac{N+x}{2}\right)! \left(\dfrac{N-x}{2}\right)!} \qquad (2.19)$$

要理解式（2.19），最好用抽签来比喻说明：将 N 个编号的签放入一个签筒，我们随机抽取 N 次形成一个序列。我们第一次抽的是总数为 N 中的一个签，第二次抽取的是剩余总数为 $(N-1)$ 中的一个签，第三次抽取的是剩余总数为 $(N-2)$ 中的一个签，以此类推。这给了我们 $N \cdot (N-1) \cdot (N-2) \cdots = N!$ 种可能的排列序列。在无规行走中，每一步有两个可能的值，它可以表示向正方向走一步或向负方向走一步。因此，我们可以将这个序列分成两个子集。一个包括所有朝正方向前进的步，我们总共有这样的 N_{+} 步；另一个包括所有朝负方向前进的步，我们总共有 N_{-} 步。这个 N_{+} 和 N_{-} 步的顺序是不相关的，因为我们总是最终停留在 $x=N_{+}-N_{-}$ 的相同位置。因此，我们必须将 $N!$ 除以这些 N_{+} 和 N_{-} 步的排列数，即 $N_{+}!$ 和 $N_{-}!$。于是我们得到，对于给定正方向 N_{+} 步和负方向 N_{-} 步，有 $N! / (N_{+}! \cdot N_{-}!)$ 种可能的无规行走。我们已经看到，其中多数行走接近 $x=0$ 中心的附近，因此我们特别关注具有 $N_{+}=N/2+(x/2)$ 和 $N_{-}=N/2-(x/2)$ 的那些行走。在表达式 $N! / (N_{+}! \cdot N_{-}!)$ 中，用上述这两项来代替 N_{+} 和 N_{-}，就转化为式（2.19）。

我们取无规行走的总数为 2^N。结合式(2.19)，可给出在 N 步后到达位置 x 的概率：

$$\frac{W(N,x)}{2^N} = \frac{1}{2^N} \cdot \frac{N!}{\left(\frac{N+x}{2}\right)! \cdot \left(\frac{N-x}{2}\right)!} \tag{2.20}$$

由于 $W(N,x)$ 是一个很大的数，我们取它的对数，并应用 Stirling 近似式 $\ln(N!) \approx N[\ln(N)-1]$ 来消除阶乘。然后我们可以以 x/N 为变量将其展开为泰勒级数。这样我们有一个与 x/N 无关的零阶项，但没有一阶项，因为分布是对称的。二阶项将是 $(x/N)^2$ 类型的。如果我们对此项之后的级数加以截尾，它的类型为 $\ln[W(N,x)] \approx a - b \cdot (x/N)^2$，因此有 $W(N,x) \approx \exp[a - b \cdot (x/N)^2] = \exp[a] \cdot \exp[-b \cdot (x/N)^2]$。这可以精确计算得出

$$\frac{W(N,x)}{2^N} \cong \sqrt{\frac{2}{\pi N}} \cdot \exp\left(\frac{-x^2}{2N}\right) \tag{2.21a}$$

如果将我们的坐标系从上面的草图中的步长 1 归一化为步长 1/2，我们将把表格中的行走在 x 轴上的整数距离从 2 转变为 1。因此，我们可以得到一维无规行走的位移 x 的概率分布：

$$P_{1d}(N,x) = \sqrt{\frac{1}{2\pi N}} \cdot \exp\left(\frac{-x^2}{2N}\right) \tag{2.21b}$$

式(2.21b) 和式(2.21a) 正好相差一个因子 2，因为若上列表格中在 x 轴上行走的整数距离为 2，则现在已经归一化为 1。

到目前为止，在本书中，我们已经讨论了均方末端距，这对应于无规行走中的均方位移。一般说来，这样的平均值可以通过数学运算从分布函数计算而得。将这样的运算应用于式(2.21b)，可以给出分布的均方值：

$$\langle x^2 \rangle = \int_{-\infty}^{+\infty} x^2 p_{1d}(N,x)\,\mathrm{d}x = \sqrt{\frac{1}{2\pi N}} \int_{-\infty}^{+\infty} x^2 \exp\left(\frac{-x^2}{2N}\right) \mathrm{d}x = N \tag{2.22}$$

这个简单的结果提供了一个有用的等式，将 N 与 $\langle x^2 \rangle$ 联系起来。采用这个结果，我们可以在式(2.21b) 中用一个变量（x）替换另一个，从而得到只含一个变量的一种公式：

$$P_{1d}(x) = \sqrt{\frac{1}{2\pi\langle x^2 \rangle}} \cdot \exp\left(\frac{-x^2}{2\langle x^2 \rangle}\right) \tag{2.23}$$

我们现在想要进入三维领域，因此需要考虑空间所有三个方向。幸运的是，一个简单的无规行走没有任何首选方向；换句话说，我们考虑一种各向同性的情况。在这种情况下，我们可以通过三个独立的分量的叠加来构造一个三维无规行走，每个分量对应一个空间维度：

$$P_{3d}(\vec{r})\mathrm{d}r_x \mathrm{d}r_y \mathrm{d}r_z = p_{1d}(r_x)\mathrm{d}r_x \cdot p_{1d}(r_y)\mathrm{d}r_y \cdot p_{1d}(r_z)\mathrm{d}r_z \tag{2.24}$$

在这种处理中，三维的均方末端距是三个分量之和：

$$\langle r^2 \rangle = Nl^2 = \langle r_x \rangle^2 + \langle r_y \rangle^2 + \langle r_z \rangle^2$$

$$\langle r_x \rangle^2 = \langle r_y \rangle^2 = \langle r_z \rangle^2 = \frac{Nl^2}{3} \tag{2.25}$$

因此，我们可以得出一个三维无规行走的表达式如下：

$$p_{3d}(\vec{r}) = \frac{n(\vec{r})}{\sum_r n(\vec{r})} = \left(\frac{3}{2\pi\langle r^2\rangle}\right)^{3/2} \cdot \exp\left(\frac{-3r^2}{2\langle r^2\rangle}\right) \tag{2.26}$$

此式中 $n(\vec{r})$ 是具有给定位移（或链长）$\vec{r}$ 的行走（或高分子链）的数量，$\sum_r n(\vec{r})$ 是所有行走（或链）的总数。

现在让我们来看一下式（2.26）的作图表示。例如，在图 2.12 中，对于由 $N = 20000$ 个重复单元组成的一条 PE 链，按三维无规行走类型的末端距的概率分布表示为绿色曲线（见彩图）。假若把第一个链端置于坐标原点，在距离原点 $\vec{r}$ 的某一特定的体积元中，发现第二个链端的概率，就对应此曲线。正如无规行走统计学已经告诉我们的那样，正好同一位移对应于可能性最高的区域，在末端距向量为零处，概率达其极大值[23]，但是末端距向量或位移的另一些分量的概率分布则按照高斯钟形曲线[24]的形式下降。

在初等统计学中，某个事件的可能性与其在大样本中出现的频率成比例。因此，我们刚刚讨论的高斯概率分布与第 2.3 节中单体链段密度的高斯分布直接相关，此密度在高分子线团的中心同样也最高。由于那个同一性，理想的高分子链通常被称为**高斯链**。

我们将高斯概率分布乘以半径为 r 的球体的表面积，可以消去无规行走的方向依赖性：

$$p_{3d}(|\vec{r}|) = 4\pi r^2 \left(\frac{3}{2\pi\langle r^2\rangle}\right)^{3/2} \cdot \exp\left(\frac{-3r^2}{2\langle r^2\rangle}\right) \tag{2.27}$$

这样，我们生成了一个函数，表示出末端距向量长度的概率分布，不依赖于它们的方向[25][26]。彩图 2.12 中的蓝色曲线反映了上述同一 PE 化合物的这种关系。它可视化了任何长度为 $|\vec{r}|$ 的末端距向量的概率，与其方向无关，即在半径为 r 的球壳上找到的任意末端距向量的概率。

---

[23]　这里我们做一个简化的近似。实际上，只是一维无规行走最择优的位移为零。相比之下，二维和三维无规行走则不是如此。当然，我们可以假设，一个二维或三维的无规行走是由两个或三个独立的一维行走叠加而成，单独地说，它们确实最择优位移为零，但是，为了使叠加中总的位移为零，每个维的位移必须同时为零。然而，由于其他位移的可能性同样也不是太小，特别是对于小位移，在二维或三维中，至少有一个叠加行走实际上不会显示为零位移的可能性很高。所以，二维和三维的无规行走实际上并没有最大的可能性使整个位移为零。不过，为了使我们的处理简单，我们忽略了这一点，并简化为三维位移在零处出现极大，就像一维位移的情况一样。

[24]　希望你从初等物理化学中已经知道：与式（2.26）相类似有一个公式，即气体动力学中的速度分布 $p(\vec{v})$。此分布的形状也是高斯钟形曲线，因为它从本质上反映出气体粒子动能的玻尔兹曼分布，分布的极大值在其速度 $\vec{v}$ 为零处。

[25]　同样，从气体的动力学理论中，你也了解过类似的知识，通过同样的数学运算将 $p(\vec{v})$ 变换为 $p(|\vec{v}|)$，即麦克斯韦-玻尔兹曼分布。

[26]　你甚至可能已经在初等物理化学的不同领域遇到过类似的概念。在量子力学中认为，s 轨道波函数的平方是在空间中某一点找到电子的可能性的度量。这种可能性在距离原子核为零时最大，然后移动到更大的距离时下降。就像这里处理的理想高分子的情况一样，在这个问题中，方向依赖关系没有径向距离依赖关系那么重要。为了计算这一点，波函数的平方乘以半径为 r 的球面表面积，得到一个函数，此函数给出了在距离原子核一定距离处找到电子的可能性，与方向无关。而第一个函数（波函数的平方）随径向坐标下降，第二个函数（球面表面积函数）呈幂律增加（2 次幂）。两个函数的乘积先增大，然后达到极大值，最后随着径向坐标下降，中间的极大值表示原子半径。

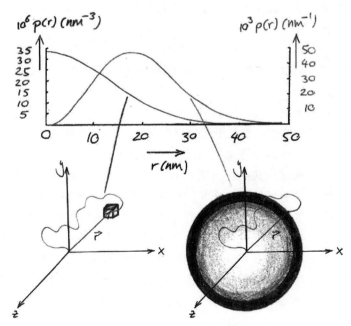

图 2.12 由 $N = 20000$ 个重复单元组成的理想聚乙烯线团的末端距分布（见彩图）。绿色曲线是三维无规行走统计处理的结果[式(2.26)]。在这里，最可能的轨迹，或末端距的向量（$\vec{r}$）是零。这对应于如果第一个链端位于原点，则在空间中精确地在特定的小体积元素中找到第二个链端的可能性，如左下角草图所示。蓝色曲线通过与球面表面积相乘[式(2.27)]消去所有的方向依赖关系，从而反映了末端距的向量长度的分布，而不关心它们指向哪个方向。这对应于在一个半径为 $|\vec{r}|$ 的球形轨道上找到第二链端的可能性，第一个链端再次位于原点，如右下角草图所示[请注意，绿色的 $p(r)$ 实际上是类型 $p(\vec{r})$，而蓝色的 $p(r)$ 实际上是类型 $p(|\vec{r}|)$。为了在同一个简单 r 轴上共同表示，它们在两个纵坐标上都以简化形式表示为 $p(r)$。然而，从不同的物理单位来看，它们的数学差异是显而易见的]

2.5　理想链的自由能

我们现在掌握了一个公式，它反映了由三维无规行走表征的有多少种微构象，由此导致链有某一确定的大尺寸构象，此大尺寸构象由其平均末端距来表征。这是关于高分子链结构和形状的信息。然而，在本书中，我们旨在建立结构-性质关系。那么，我们是否可以利用我们获得的结构信息，并从中提取出有关高分子性质的信息呢？例如，我们是否可以从中计算热力学量？事实证明，这是可行的：我们可以使用统计热力学，从系统微观状态的可能性中得出宏观热力学量。在统计热力学中，玻尔兹曼熵公式将熵 S 与可能的微观构型数 W 联系起来，如 $S = k_B \ln(W)$。当我们将末端距的概率分布代入该式中时，我们可以推导出理想链的熵 S 的表达式：

$$S = S_0 + k_B \ln W(N, \vec{r}) \cong S_0 - \frac{3 k_B r^2}{2 \langle r^2 \rangle} \tag{2.28}$$

式中 S_0 是末端距为零时的熵。我们可以看到，总熵 S 在末端距为 $r = 0$ 时达到极大值

（比值为 S_0），因为在无规行走中达到此距离的概率是极大的（彩图 2.12 中的绿色曲线）。

由此，我们可以进一步推导出理想高分子链的自由能 F：

$$F=U-TS=F_0+\frac{3k_BTr^2}{2\langle r^2\rangle} \tag{2.29}$$

式中 U 是内能，F_0 是在末端距为零时的自由能。对于理想高分子链，U 与末端距无关，因为我们想象链段之间没有相互作用，因此能量与它们的空间排列和微构象无关。这意味着理想链自由能的任何变化都源于熵。

2.6 理想链的形变

2.6.1 熵弹性

当我们稍微拉伸一条理想高分子链时，解释这种变形最可能发生的微观过程是链的解卷曲，即将局部的左右式或顺式构象转化为反式构象，因为这不需要任何明显的能量消耗（见图 2.2）。由此，实现线团某一大尺寸构象的可能微构象数有所减少，从而迫使线团在熵上处于更不利的状态。这样一来，一旦形变消失，链将弛豫回到最概然的线团结构，此种现象基于熵，因此称为熵弹性。

当我们对自由能按 r_x 求导数时，我们可以计算沿 x 方向形变所需的力。

$$\vec{f_x}=\frac{\partial F(N,\vec{r})}{\partial r_x}=\frac{3k_BT}{\langle r^2\rangle}\cdot\vec{r}_x=\frac{3k_BT}{Nl^2}\cdot\vec{r}_x \tag{2.30}$$

此式告诉我们，需要多大的力才能将一条链拉伸至长度为 r_x。公式的形式是胡克定律（$f=\kappa\cdot x$），此定律将实现一定程度的形变 x 所需的力 f 与其弹簧常数 κ 相联系，后者是一种基本的材料性质，表示形变的力学能可以被储存和释放的程度，因此表示出材料在施加给定的力的情况下发生形变的程度如何。在理想的高分子链的情况下，我们可以认为 $(3k_BT)/Nl^2$ 是一种熵弹簧常数。由于这个物理量只包含结构信息，即链段数和链段长度，因此我们建立了结构-性质的另一个关系。

严格来说，式（2.30）及从其中得出的概念，仅对符合 Kuhn 模型的高斯链有效，这些链的链段具有自由的键角 φ。如果我们将这一描述应用于具有固定链段键角 φ 的自由旋转链，这种物理图景会如何改变呢？这个问题可以从两个层面来回答。在概念层面上，自由旋转链已经比高斯链更有序。因此，它已经具有较低的熵，进一步的熵损失也不会产生如此显著的影响，这意味着这类链应该更容易被拉伸。在数学层面上，我们必须考虑特征比 C_∞，它是熵弹簧常数的分母中暗含的另一个因子。这将导致较小的熵弹簧常数，这也意味着自由旋转链更容易被拉伸。

熵弹簧常数 $3k_BT/Nl^2$ 在其分数的分子中具有温度依赖性，由于这个依赖性，随着温度升高，它将升高，从而使在较高温度下理想高分子链的形变更加困难。这种效应容易理解，因为在热力学中，熵总是以 $T\Delta S$ 的形式随着温度一起出现。因此，链拉伸时熵的减少在高温下更加明显，对其拉伸更加不利，因此更难实现。

到目前为止，我们使用式（2.30）在单链水平上进行运算。当考虑到 n 条链的集合时，式（2.30）的本质仍然对于每条单链都是成立的，因此拉伸所有 n 条链所需的总力只

是单链所需力的 n 倍,所以在式(2.30)的右端引入因子 n。此外,如果我们按面积来归一化力,这就在此式左端转化为压力 p,在右端分母中,长度 l 与新引入的面积合并而形成体积。于是,我们得到了一个与理想气体定律惊人相似的表达式:$p = nk_BT/V$。再次发现了理想高分子链与理想气体之间在物理学上的惊人相似之处。对于我们目前关于熵弹性的讨论,这很容易理解。根据理想气体定律,在恒定温度下压缩理想气体会导致其压力上升。为什么会这样呢?在能量上,点状的气体分子不在乎它们相互之间的距离,也不在乎我们赋予它们的体积,因为它们没有相互作用,既无吸引也无排斥。但是从熵的角度来看,系统体积的减小,将减少分子在空间中排列的可能性数量。简而言之:体积的减小使气体分子的自由度降低。这带来了一种熵罚,这转化为自由能的增加,因此,根据式(2.30)的反向驱动力,将力按面积归一化后就转化为压力。在受拉伸的高分子样品中,应力 $\sigma = f/A$ 的增加也是由于构象自由度的损失,因此与之相关的熵罚也会导致它的增大。

与理想高分子链和理想气体的弹性的熵起源形成对比,经典固体如金属丝的形变本质上是不同的。在此情况下,金属原子偏离在晶格中的平衡位置,这些平衡位置对应于它们相互作用势能(Lennard-Jones 类型)的极小值,因此会出现一种基于能量的恢复力。随着温度的升高,这种基于能量的弹性物体会膨胀,因为额外的能量使原子能够在其能量极小位置周围产生更大的振荡,由于相互作用势阱的偏斜形状(在其左侧比右侧边缘的上升更陡),这种更强的扭摆导致晶格中平均原子位置向更大的间距偏移。这种能量激发同样允许材料在更高温度下更容易形变。与此相反,理想高分子链在升高温度时会收缩,其原因在于:对于链中局部反式构象,能量过剩是有利的,而熵过剩是不利的,在此情况下并不占优势,因为温度与熵按照 $T\Delta S$ 的形式发生强大的耦合。因此,橡胶样品中的链末端距在轻载荷下受热时缩小,以实现其熵上最有利的零值,于是整个样品发生收缩。与此相反,理想气体在温度升高时不会收缩,而是显示热膨胀,因为它的体积正比于温度($pV = nRT$)。对于这些熵弹性材料的两个基本示例(即理想气体和理想高分子链),以及能量弹性材料的经典示例(即金属丝),上述所有这些差别和相似之处都在图 2.13 中加以示意说明。

2.6.2 理想链形变的标度论证

在上一节中,我们讨论理想高分子链的熵弹性,这是一种冗长的统计处理;与此不同,Rubinstein 和 Colby 提出了一种基于**链滴概念**的巧妙处理方法(源自 de Gennes)。在这个概念中,链被看作是一串尺寸为 ξ 的链滴序列,每个链滴包含 g 个链段。在达到链滴长度标尺上,k_BT 是最相关的能量。因此,在每个链滴内部,任何外部能量都小于 k_BT;在链滴尺度 ξ 上恰好是 k_BT;在链滴尺度以上,则大于 k_BT。当链被外力 f_x 拉伸时,链滴内部的链段不受形变的影响,因为在链滴尺寸 ξ 以下的尺度上,形变的能量都弱于始终存在的热能 k_BT——换句话说,形变的能量受到热能 k_BT 的屏蔽。因此,只有对更大长度的尺度,由于累积了足够的形变能量才能超过 k_BT,形变才有效。从这个观点来看,在链滴内部的链段总是符合理想的标度律。

$$\xi^2 = gl^2 \tag{2.31}$$

此式仅是基本定律 $R^2 = \langle \vec{r}^2 \rangle = Nl^2$ 对于链滴尺度的变换形式,在第 2.2.1 小节中我们已

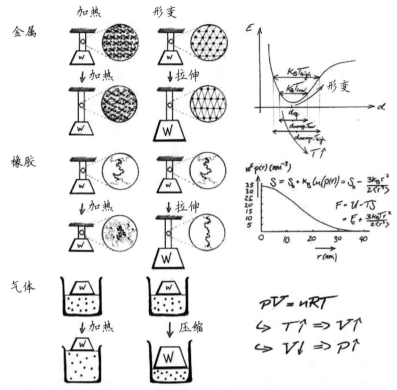

图 2.13 经典固体（金属）、高分子（橡胶）和气体的不同可能形变模式的概览。在加热时，传统的固体和气体膨胀，而高分子如橡胶则收缩。在经典固体中，这是因为在更高的温度下，晶格中的原子围绕它们的平衡位置振荡得更厉害，而且由于它们的 Lennard-Jones 型相互作用势阱的倾斜形状（它的左边比右边边缘倾斜得更陡），这种更强的摆动对应于晶格中平均原子位置向更大的分离位置的转移。在气体中，更简单地说，基本状态方程式 $pV=nRT$ 解释了温度上升时的膨胀。与此相反，理想的高分子链在升温时会收缩，因为在这种情况下，由于温度和熵以 $T\Delta S$ 的形式产生强烈耦合，链中能量有利但熵不利的局部反式构象过剩将变得不那么占主导地位；因此，在轻度载荷下的橡胶样品中，链末端距在加热时收缩，以达到其熵值为零的最有利值，由此一来，整个样品收缩。在力学形变时，经典固体的原子离开它们的势能极小值，从而产生基于能量的回复力。相比之下，高分子和气体的形变分别减少了分子在空间中的构象数量或排列自由度，从而产生了基于熵的恢复力。绘制图例的灵感来自 J. E. Mark，B. Erman：*Rubberlike Elasticity：A Molecular Primer*（2nd ed.），Cambridge University Press，2007

经从理想链的角度讨论过［式(2.4)］。与这些理想的小尺度统计相反，整条链完全拉直的长度可以视为链滴的单向线性序列，如图 2.14 所示。

在数学上，单向线性的链滴序列可以表示为链滴数（N/g）乘以链滴尺寸 ξ：

$$r_x = \frac{N}{g}\xi \tag{2.32a}$$

将式(2.31)结果代入分母，上式可改写为

$$r_x = \frac{Nl^2}{\xi} \tag{2.32b}$$

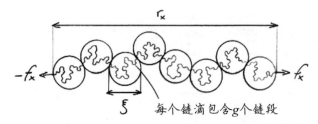

每个链滴包含g个链段

图 2.14　**链滴概念**的示意图。在这里，一个长度为 r_x 的链被看作是由有限长的尺度为 ξ 的概念单元（命名为链滴）所组成，每个链滴包含数量为 g 的实际单体链段。在小于链滴大小的尺度上，任何外部能量都小于 $k_B T$。这意味着当链被力 f_x 拉伸时，每个链滴内部的形变能量被 $k_B T$ 屏蔽，而形变只在大于 ξ 值的长度标尺上才有效。图重绘自 M. Rubinstein，R. H. Colby：*Polymer Physics*，Oxford University Press，2003

再重排为：

$$\xi = \frac{Nl^2}{r_x} \tag{2.33}$$

将其代入式(2.32)，可得到：

$$g = \frac{N^2 l^2}{r_x^2} \tag{2.34}$$

最后这些公式表明，在更强的形变（更大的 r_x）下，链滴会逐渐变得更小，这意味着热能屏蔽形变的长度标尺也变小；因此，当然这些链滴也会变得更多，因为如果链滴变得更小，就需要更多链滴才能构建一条链。在最大形变（$r_x = Nl$）下，链滴的尺寸为 $\xi = l$（$g = 1$），这意味着在极端形变下，链滴已经缩小到单体的实际尺寸；于是，形变在整个长度尺度上都是显著的。

当将一条链构想为那样的一条链滴串，然后在 x 方向上拉伸，链滴串逐渐变为有序，从无规变为按此方向排直成一列。这种有序的出现，伴随每个链滴失去一个方向的自由度，由此使链的自由能提高了完全相同的量。所以，在 x 方向上拉伸的自由能 F_x 对每一个链滴其增量是 $k_B T$：

$$F_x = k_B T \frac{N}{g} = k_B T \frac{r_x^2}{Nl^2} \tag{2.35}$$

对于概念上仅由少量大链滴组成的链，在拉伸程度较弱时这种能量很小，这意味着形变能量很小，因此在相当大的链滴长度标尺上，形变被热噪声 $k_B T$ 屏蔽。而在拉伸程度较强时，链在概念上由许多小链滴组成，这意味着形变能量很大，因此仅在非常小的链滴长度标尺上，它才被热噪声 $k_B T$ 屏蔽。将自由能对拉伸距离进行微分，可得出中等拉伸限制下的形变力 f_x：

$$f_x = \frac{\partial F}{\partial r_x} \approx k_B T \frac{r_x}{Nl^2} \tag{2.36a}$$

这个结果在定性上类似上一节中更冗长的精确推导，但通过 Rubinstein 和 Colby 的链滴概念和标度方法，能更快更容易得到。正如刚完成的那种讨论所示，这些标度讨论有巨大的优点：与通常更复杂的精确推导所得结果相比较，标度讨论结果与之半定量符合很好，但以如此简单和快速得多的方式来完成。另外还有一个优点是，标度讨论使我们清楚明了概念的基础。将式(2.33) 的结果代入上面最后式(2.36a) 中的 $r_x/(Nl^2)$，我们可以得出这种深刻的见解，由此得出式(2.36b)。因而，我们可以想象每个链滴的形变能是 $k_B T$。如上所示，随着形变的逐渐加强，由式(2.33) 可见，链滴变得越来越小（相应变得更多）。当链完全拉展成长度为 Nl 的棒状物体时，形变程度最大。在这种极端情况下，根据式(2.33)，链滴已经缩小到单体链段的长度 l。因此，根据式(2.34) 可知，每个链滴的单体数正好为1。在这种极端情况下，根据式(2.36b)，每个单体的形变能量是 $k_B T$。

$$f_x = \frac{\partial F}{\partial r_x} \approx k_B T \frac{r_x}{Nl^2} \approx \frac{k_B T}{\xi} \qquad (2.36b)$$

我们刚刚使用的标度变换是有效的，并且可以采用相同的数学公式来描述，其原因是高分子是分形和自相似的物体，在下一节中我们将讨论这一专题。

2.7 高分子的自相似性和分形本性

任何几何物体的质量和特征尺寸之间的关系可以用标度律来描述。例如，一个三维球体的标度表示为 $m \sim r^3$。一张二维纸片的标度表示为 $m \sim r^2$，一条一维金属线的标度表示为 $m \sim r^1$。一般说来，任何物体都会按照下式标度：

$$m \sim r^d \qquad (2.37)$$

式中 d 是物体的几何维数。

同样的原则适用于理想高分子；它们遵从我们在第 2.2.1 小节中发展的基本标度律 $R \sim N^{1/2}$，N 与高分子的质量（$m = N \cdot m_{\text{monoment}}$）成比例；因此，与一般关系 $m \sim r^d$ 相比，可以认为：理想高分子的维数为 2。这是所谓的**分形维数**，因为它与几何维数不同，在我们的三维世界中，高分子的几何维数为 3。以这种形式引入的分形维数是**质量分形**的维数，因为它建立了物体的质量与尺寸之间的关系。这种分形性不仅限于理想高分子链。正如我们将在下一章中看到的那样，真实高分子链的一般标度律为：

$$R \sim N^\nu \qquad (2.38)$$

式中 $\nu = 1/d_{\text{fractal}}$，即 **Flory 指数**。

表 2.4 汇总了各种高分子类型的分形维数。通常来说，一个较小的分形维数表示所属物体的密度较小。如果我们将理想高分子链的分形维数（为 2）与带有短程排斥的真实链的分形维数（为 5/3）进行比较，我们可以看到后者更小。这意味着真实链比理想链更稀疏。这是由于真实链中单体链段之间的短程相互排斥，从而使它们彼此互相推拒，结果线团溶胀，在线团内部呈现出更低的链段密度。

表 2.4 具有线形或支化结构的理想和真实高分子链的分形特征

链的类型	相互作用	空间维数	分形维数
线形	无	任意维数	2
线形	短程排斥	2	4/3
线形	短程排斥	3	5/3
支化	无	任意维数	4
支化	短程排斥	2	8/5

链的类型	相互作用	空间维数	分形维数
支化的	短程排斥	3	2

分形物体同样也是**自相似**的。这个概念可以通过图 2.15（A）的示例来说明。一个二维正方形的边长为 L、面积为 A，其面积的标度律 $A=L^2$。平面内的子正方形，边长为 l、面积为 a，也具有相同的基本形状，并且它也显示面积的标度律 $a=l^2$。因此，如果我们没有所观察的实际长度标尺的信息，我们无法区分是在看整个物体还是它的一个子部分。这种现象称为自相似性。自然界中许多物体都是自相似的：云、海岸线、西蓝花表面等等。对于所有这些物体，当展示它们的图片时，你无法确定所看到的是该物体的一小块还是一大块，因为它在不同的标尺上具有相同的外观。

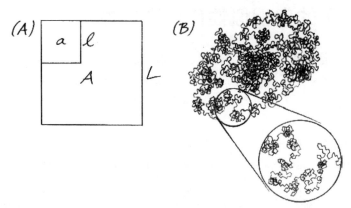

图 2.15　自相似概念的说明。（A）考虑一个边长为 L、面积为 A 的二维正方形，在此正方形内，有一个边长为 l、面积为 a 的子正方形。这两个正方形的面积具有相同的标度律，但在不同的长度标尺上：$A=L^2$ 和 $a=l^2$。这些定律是自相似的定律。（B）同样的原理也适用于高分子的实际：理想链的基本标度律是 $R\sim N^{1/2}$，对于链的子段标度律变为 $\xi\sim g^{1/2}$。再说一次，这些定律是自相似的。图（B）重绘自 M. Rubinstein, R. H. Colby：*Polymer Physics*，Oxford University Press，2003

理想高分子线团的形状同样也是自相似的，如图 2.15（B）所示。尽管图中显示的整个链的形状与放大的子链的形状并不精确相同，但平均而言，在这些不同的长度标尺上可以看到相同的无规行走型序列。因此，理想链的标度律也适用于这两种（和更多的）不同长度标尺。对于具有 N 个单体的整条链，我们有一种 $R\sim N^{1/2}$ 的标度。对于只有 g 个单体的子链，我们有一个类似的 $\xi\sim g^{1/2}$ 的标度。重新排列这两个标度公式得到：

$$R=N^{1/2}l \Leftrightarrow l=RN^{-1/2} \qquad (2.39a)$$
$$\xi=g^{1/2}l \Leftrightarrow l=\xi g^{-1/2} \qquad (2.39b)$$

我们可以通过它们共同的变量将这后两个公式组合起来，并得出：

$$RN^{-1/2}=\xi g^{-1/2} \Leftrightarrow R=\left(\frac{N}{g}\right)^{1/2}\xi \qquad (2.40)$$

这个公式与我们开始所用的那个公式具有相同的形式：它将高分子线团尺寸 R 与一个无量纲数乘以一个基本单元尺寸的平方根联系起来。在这个符号表示中，可以将一条链视为尺寸为 ξ 的（N/g）个链段的序列，这也正是在第 2.6.1 小节中发展的链滴概念所采用的符号，其中 ξ 被设定为链滴尺寸。

式（2.40）描述了我们的链，实际上是由 N 个尺寸为 l 的链段组成的无规行走，被视为由（N/g）个尺寸为 ξ 的微粒组成的新的概念性无规行走。之前在第 2.2.4 小节中，我们也做过类似的事情：在 Kuhn 理论中，我们将由 N 个尺寸为 l 的链段组成的真实链，作为由 N_K 个尺寸为 l_K 的链段组成的新的概念链。现在，我们将链滴作为新的概念链段也进行同样的操作。由于高分子链的自相似性，这种重正化于任何新标尺都可以进行，只要我们保持在大于 Kuhn 长度 l_K 的尺度上，因为一旦低于此长度，高分子链不再是普适的和自相似的，而是显著地表现出其化学特殊性。一般来说，这种**标尺变换**适用于任何自相似的物体，因而这些物体是**标度不变性**的，其含义是它没有自然的长度标尺来确定其更深层的性质（如其质量或表面积）。标尺不变性是自然界中的一种基本现象，类似于对称性。

总结一下，在 Kuhn 模型和链滴概念的两种讨论之中，我们都是按照新的概念上的重复单元，而并非真实的重复单元，组成一个序列，将链段长度和链段数移位至新的标尺，从而使一条链重正化。允许执行这种重正化的唯一数学函数是幂律，因此也称为标度律。如果另一种函数（例如，超越函数❷ $R = R_0 \ln(N/N_0)$）描述 R 的 N 依赖性，则数学上不可能进行这种标度。再次说明一下，原因在于具有标度不变性的物体中不存在自然尺度（在上述虚拟公式中表示为 N_0 和 R_0），所以，对于高分子那样的自相似物体（因而也是标度不变性物体），其特征总是符合幂律型。这本教科书整篇都有幂律，原因正是如此。幂律是高分子固有的，因为高分子本身就是自相似的和分形的。[另一点说明：通常总是单项幂律描述自相似物体特征之间的关系（例如高分子 R 的 N 依赖性），而不是许多幂项之和。例如，想象一下，如果用两个幂律项的总和来描述 R 对的 N 依赖性，采用 $R = A \cdot (Nl) + B \cdot (Nl)^2$ 的形式，这样一来，必然有不同物理量纲的系数 A 和 B，其中 A 是无量纲的，而 B 必然具有 m^{-1} 量纲，它们二者的比值 A/B 于是具有 m 的量纲，其比值再次反映出所讨论物体的自然长度标尺。]

第3讲 选择题

（1）讨论一个由 100 个链段组成的线团 A 和一个由 300 个链段组成的线团 B。下列哪一个陈述是正确的？

a. 线团 A 相比线团 B 的径向密度下降得更快，因为线团 B 中链段的数量较多，导致更明显的球形径向密度分布。

b. 与线团 B 相比，线团 A 的中心部分不那么紧密，因为较短的链条通常较为疏松。

c. 与线团 A 相比，线团 B 的中心部分不那么紧密，因为较长的链条通常扩展到更大的空间，并且"推拒自己"。

d. 与线团 B 相比，线团 A 的分布更为宽泛，因为链条越长，其卷曲程度越高；因此，B 比 A 更加卷曲。

（2）关于无规行走，下列哪个陈述是错误的？对于一维无规行走_____

a. 一定步数之后位置的概率是二项分布的，也就是说，它们可以通过帕斯卡三角形

---

❷　在超越函数中，其自变量（argument）不允许有物理单位；典型的例子有 exp、ln、sin、cos 等。

来预测。

b. 出现在距原点很远的位置的概率是最高的。

c. 对于单次行走，不可能预测它最终会在哪个位置结束。

d. 出现在原点位置的概率是最高的。

（3）当拉伸一个理想线团时，内能会发生什么变化？

a. $\Delta U < 0$

b. $\Delta U = 0$

c. $\Delta U > 0$

d. 如果不知道相互作用的类型，就不能估计 ΔU。

（4）理想高分子链的自由能_____

a. 不依赖于链的末端距。

b. 由于链段相互作用势有距离依赖性，因此自由能依赖于链的末端距。

c. 由于有距离依赖的能量项和有距离依赖的熵项，因此自由能依赖于链的末端距。

d. 仅由于熵应归于无规行走概率分布，因此自由能依赖于末端距。

（5）熵弹簧常数_____

a. 不依赖于温度。

b. 依赖于温度，随 T 而变。

c. 依赖于温度，随 T^{-1} 而变。

d. 依赖于温度，随 T^{-2} 而变。

（6）一个理想线团_____

a. 也被称为高斯线团，因为根据无规行走统计，末端距分布的概率是高斯型的，因此线团的链段密度分布也呈高斯钟形。

b. 也被称为高斯线团，因为线团的链段密度分布是高斯型的。

c. 也被称为高斯线团，因为末端距分布的概率按无规行走统计而呈高斯型。

d. 是与高斯线团不同的某种东西。

（7）关于理想高分子的形变行为，下列哪个陈述是正确的？

a. 在低温下，理想高分子更容易形变，因为此时使线团回到初始位置的回复力较低。

b. 在低温下，理想高分子不容易形变，因为热能太低，不能使链段改变位置。

c. 在高温下，理想高分子可以更容易形变，因为熵通常随着温度的增加而增大，因此线团需要更多的空间。

d. 理想高分子在其形变行为上与金属固体相似，温度依赖性也是如此。

（8）高分子的自相似性导致了什么结果？

a. 相应物理关系的标度因子对应于分形维数。

b. 相应的物理学语境总是对长度呈线性标度。

c. 相应的物理关系在不同的长度标尺上同样有效，也就是说，它们是标度不变的。在数学上，这体现为幂律依赖性本身的形式。

d. 相似的高分子总是可以通过相似的方式来合成。

（陈谊、雷玲玲、杜晓声、杜宗良 译）

第 3 章
真实高分子链

　　既然已经学过并理解了理想链模型，现在我们可以再前进一步，去模拟与真实世界更加相似的一条高分子链，这就引出了**真实链模型**。通过重新调整我们假设的前提，可以实现这一目标。到目前为止，我们已经设想一条高分子链是由无体积的单体链段组成，并且不显示任何相互作用，链段彼此之间或与周围的溶剂均无相互作用。现在，让我们来克服这些简化假设，并明确认为链段具有有限的共体积，且它们也有相互作用[28]。我们讨论的第一个焦点是：如何评估这两种效应对真实高分子链形状的影响。仅仅单凭纯粹的直觉，我们可以得出初步概念。假若真实链的单体链段具有一定有限的体积，那么其中任何两个链段都不可能占据空间中的同一点，但对于理想的虚幻链则假设可能如此，因为后者具有可自交的无规行走型线团的形状，如图 3.1 左侧的示意图。相比之下，真实链具有**自回避无规行走**的形状，如图 3.1 的右侧所示。在这种链中，每个单体单元的空间位置不能再被其他单体单元占据（即自回避），导致部分体积成为**排除体积**。因此，链的排列自由度较小，线团必须溶胀。事实上，图 3.1 中的自回避行走比自交行走具有更大的末端距。在此基础上，我们同样还应当考虑，真实链中单体链段彼此之间以及与周围环境之间表现出吸引和排斥相互作用[29]，那么这些单体-单体（M-M）与单体-溶剂（M-S）的吸引和排斥相互作用之比将进一步决定线团溶胀的程度；这一比值同样也将决定高分子的溶解性或相溶性。

3.1　相互作用势和排除体积

　　首先，让我们来考察，在同一链上彼此不是直接化学键合的两个单体链段（即沿链不是直接近邻的链段），它们之间有什么样的相互作用势。事实上，我们甚至无需考虑这些单体已经连接为链的形式；相反，只需将它们视为分子实体就足够了，它们通过空间具有距离依赖性的相互作用，既有吸引又有排斥。描述这些相互作用适当的函数形式是Lennard-Jones 势；它量化了两个分子有距离依赖性的相互作用能量 U（r），其形式类似于图 3.2 中的插图形式。这个函数通常称为 **6-12 势**，因为吸引相互作用的能量贡献与分

---

　　[28]　我们的简化模型向更真实模型的这种扩展，在概念上与初等物理化学中从理想气体到真实气体的步骤相同。此时，气体分子也被认为具有有限的体积和相互作用。这是通过纳入这两个效应的两个参数来实现的，从而将理想气体定律转变为范德瓦耳斯方程。

　　[29]　所谓环境，如果我们讨论高分子溶液，是溶剂分子；如果我们讨论高分子熔体，则是其他链的链段。

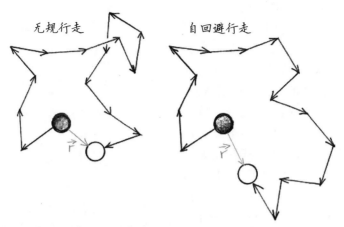

图 3.1 自交无规行走的轨迹，对应于理想高分子线团的形状（左图）；自回避行走，对应于真实高分子线团的形状，其中每个单体单元周围的部分体积排除了其他单元来占据（右图）

子间距离标度为 r^{-6}，而排斥相互作用的能量贡献标度❸为 r^{-12}。因此，排斥相互作用在短距离上更有影响力，在那里它们贡献了大的 $U(r)$ 正值。相比之下，在较远的距离上，吸引相互作用占主导，并产生 $U(r)$ 负值（其绝对值大于由排斥相互作用贡献的小正值）。两者的叠加❸产生了一个势阱，其中极大的负 $U(r)$ 值表示最有利的平衡距离。在无限远的距离上，势于零，因为在那里分子相距太远而彼此无法"相见"。

在一个真实的高分子体系中，我们需要考虑以下两种物体的吸引和排斥相互作用：单

---

❸ Lennard-Jones 势的排斥部分反映了如果原子或分子接触得如此之近以至于它们的被占轨道开始重叠时产生的强大能量惩罚；这基本上就是泡利原理所表达的，之后两个电子的所有量子数都不相同（实际上，这是通过量子力学中称为交换相互作用的现象来表达的）。该强排斥性能量具有距离依赖性，实际上不一定是 r^{-12} 型；我们也可以用 r^{-11} 或 r^{-13} 来表示。r^{-12} 指数的选择有些随意，因为它是一个偶数，对距离更有依赖性。Lennard-Jones 势的吸引部分得到了更多的证实。这是由于静电相互作用。在你的基础化学教育中，你知道这种类型的相互作用的一个特别强的代表：离子键，通过库仑相互作用联系在一起。不过，这里并不是指这种类型的键。但是有三种相关的静电相互作用构成了 Lennard-Jones 势的吸引部分，这三种相互作用均涉及偶极矩所影响的电中性分子。第一种涉及具有永久偶极矩的分子，如果它们的键是共价的但又是极化的，就会出现永久偶极矩；一个例子是氯化氢。这种偶极与偶极之间的相互作用，也被称为 Keesom 相互作用，其尺度为 r^{-6}。如果一个偶极性分子在一个非极性的相邻分子中诱导出一个互补的偶极性，从而使这些偶极矩可以配对，那么就会出现第二种类型的相互作用。这种相互作用也是以 r^{-6} 为尺度的；它被称为德拜（Debye）相互作用。第三种类型涉及完全中性的分子：即使是那些有静电诱导的吸引力的相互作用。这是由所谓的相关量子涨落造成的。几乎所有量都存在波动，例如：氩原子的偶极矩。如果这些是纯粹随机的，偶极矩会抵消。但情况并非如此，因为如果两个或更多的偶极矩成对或成组排列，能量将降低，使这种排列变得有利。这种间接机制导致了分子之间的吸引；它被称为伦敦色散相互作用（London dispersion interaction）。这种相互作用的强度随着分子的极化率的增加而增加，而极化本身又随着壳内电子数的增加而增加。这就是为什么氩气的沸点比氖气高，尽管两者都是完全非极性的惰性气体。伦敦色散相互作用的距离依赖性又是一个 r^{-6} 规律。Keesom、Debye 和 London 相互作用被总称为范德瓦耳斯相互作用。

❸ 这是通过将两部分相加来实现的，其中有吸引力的部分带有负号，因为它降低了总能量，而有排斥力的部分带有正号，因为它增加了总能量。准确的公式是 $U(r)=U_0+\varepsilon\left[\left(\dfrac{r}{r_e}\right)^{-12}-2\left(\dfrac{r}{r_e}\right)^{-6}\right]$。在这个方程式中，$r_e$ 是电位最小时的平衡距离，ε 是该分离处能量井的深度。请注意，有吸引力的项需要数值预因子 2，因为只有这样，势才会在平衡距离 r_e 处具有 $-\varepsilon$ 的值，在该距离处具有势最小值（即一阶导数为 0）。

体（M）和周围的介质［即溶剂（S）］。因此，我们必须讨论 M-M 和 M-S 之间的相互作用，既有彼此的吸引，又有排斥。为了简化，我们只讨论 M-M 的有效相互作用，其中包括 M-M 和 M-S 二者的贡献。因为 M-S 和 M-M 两种相互作用产生同一种效应：单体更优于彼此靠近，而不是优于与溶剂靠近，所以只需将 M-S 排斥相互作用按 M-M 吸引相互作用重新加以定义，就可以得出 M-M 的有效相互作用。反之亦真：M-S 的吸引相互作用好像是 M-M 的有效排斥相互作用一样；在这两种情况下，单体彼此更优于分离，而不是优于与溶剂分离。于是，最终 M-M 的有效相互作用势有一种距离依赖性，看起来仍然是一种 Lennard-Jones 型，如图 3.2 所示。

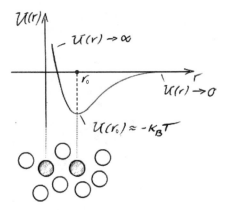

图 3.2 具有有效吸引相互作用的两个分子之间的 Lennard-Jones 有效相互作用势［$U(r)$］。其最低$U(r_0)$值的最佳距离取决于两个分子本身（阴影圈）和与周围介质（白色圆圈）之间的相互作用。示意图源自 ❸：M. Rubinstein, R. H. Colby：*Polymer Physics*，Oxford University Press，2003

基于这个前提，我们可以划定三种边界情况：

（1）在绝大多数情况下，M-M 接触优于 M-S 接触，因此我们得出有 M-M 的有效吸引相互作用的极小值 $U(r)$，如图 3.2 所示。这是由于两个单体单元 M 彼此之间的结构完美匹配，而 M 和 S 的结构匹配并不完美，最多只是相似。因此，无论 M 经历何种类型的相互作用（无论是氢键、随机波动、诱导或永久偶极相互作用，或者其他），它都会在另一个 M 中找到完美的匹配。与此相比，在 S 中只能找到一个不太完美的匹配（最多只是较好，但绝不完美），于是 M-M 比 M-S 更可取❸。在绝大多数高分子中，M-M 相互作用确实是范德瓦耳斯类型的偶极力，源于 M-M 的有效相互作用其能量约为 k_BT 的量级；这个数值量化了 M-M 的有效相互作用势能 $U(r)$ 的势阱深度。

（2）在第二种边界情况下，M-M 相互作用等于 M-S 相互作用；如果 M 和 S 实际上具有相同的化学结构，则会遇到这种情况，从而允许 M-M 彼此之间或 M-S 彼此之间建立相同的相互作用。因此，M-M 的有效相互作用为零。那么，$U(r)$ 势就不会表现出任何势阱，而只是在 $\lim r \to 0$ 下有［$U(r) \to \infty$］即出现"硬球"排斥。

（3）在第三种边界情况下，M-M 相互作用劣于 M-S 相互作用。这是在聚电解质中可能出现的一种罕见的特殊情况，其中每个单体单元都带有同类电荷，这样单体单元就会相互排斥❸。同样，$U(r)$ 中也不存在势阱，但相比之下，在固有的"硬球"排斥之上又增加了一个附加的（静电）排斥项。

在下一步推导中，我们来计算在一定距离 r 处发现两个单体的概率 p。这只是通过从

---

❸ 译文草图对原书略有改动——译校者注。

❸ 这一普遍原则反映在谚语"物以类聚"中。

❸ 如果存在特定的有吸引力的 M-S 相互作用，也可能有这种情况，它表现为好像存在排斥的 M-M 相互作用。如果单体和溶剂在某种程度上是相互补充的，例如，如果一个带有氢键供体位点，而另一个带有氢键受体位点，从而能够彼此形成异质互补的结合，而不是单独在它们之间起作用，就可能是这种情况。

相互作用能量势 $U(r)$ 简单得出一个玻尔兹曼项即可完成[35]：

$$P \sim \exp\left(\frac{-U(r)}{k_B T}\right) \qquad (3.1)$$

对于 M-M 为有效吸引相互作用的情况，此项的示意图表示于如图 3.3（A）。我们可以看到，在很短的距离内，发现两个单体的概率为零，这与相互作用能量势的"硬球"排斥项相对应，此处 $U(r) \to \infty$。最高的概率可以在最有利的距离 r 处找到，该距离对应于势阱中的最小值。在这个区域，$U(r)$ 的值约为 $-k_B T$，这就意味着玻尔兹曼项的值约为 e（＝2.718）。在非常长的距离上，概率与 r 无关，因为彼此分离很远，两个单体之间并无有效的相互作用。此处，U（r）是其值为 0 的平台，因此玻尔兹曼项的恒定值为 1。

当我们把玻尔兹曼表达式归一化，使 $r \to \infty$ 的极限等于 0 而不是 1 时，我们会产生一个辅助函数，称为 Mayer f 函数，如图 3.3（B）所示：

$$f(r) = \exp\left(\frac{-U(r)}{k_B T}\right) - 1 \qquad (3.2)$$

通过对 Mayer f 函数的积分，我们可以计算出**排除体积**，它相当于曲线下的面积，即在图 3.3（B）中涂为灰色的区域：

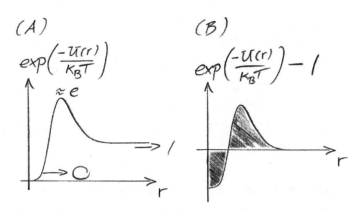

图 3.3 （A）对于单体-单体（M-M）有效吸引相互作用的情况，在特定距离 r 处发现两种单体的概率。在短距离内，M-M 排斥相互作用非常强，以至于在这个距离上发现两种单体的概率几乎为零。相反，概率在势能 $U(r)$ 极小值处最高；同时，当 $r \to \infty$ 时，概率与 r 无关。（B）Mayer f 函数图；它将图（A）中表示的玻尔兹曼项在 $r \to \infty$ 处归一化为零值。从这个函数形式来看，排除体积可以通过图线下方总面积（即灰色阴影区域）的积分来计算。示意图源自：M. Rubinstein，R. H. Colby：*Polymer Physics*，Oxford University Press，2003

$$v_e = -\int f(r) \mathrm{d}r^3 = -\int 4\pi r^2 f(r) \mathrm{d}r \qquad (3.3)$$

[35] 一般来说，一个已知能量 U 的状态或情况的可能性（以及随之而来的人口或发生频率）是由玻尔兹曼分布来估计的：$\frac{n_u}{n} = \exp\left(\frac{-u}{k_B T}\right)$ 同样的原则适用于我们感兴趣的情况，即两个单体之间有一定距离 r 的可能性，如果它伴随着 U（r）的能量。

排除体积是每个链段所占据邻近空间大小的量度，其原因在于：（i）首先，链段自身有一定体积。（ii）当这些有效相互作用为排斥，占有的空间进一步加大；而当为吸引，所占空间会缩减。势能为其极小值处为平衡距离 r_e，在 $r<r_e$ 处，势能的排斥项对 Mayer f 函数的积分贡献值为负。与此相反，在 $r>r_e$ 处，吸引项对 Mayer f 函数积分的贡献为正，即对排除体积有负贡献。图 3.3(B) 中的例子表示出一种情况，其中吸引和排斥部分大体上相互平衡，导致排除体积接近于零。这是一种非常特殊的状态，被命名为 θ 状态，在这种状态下，链显示出一种准理想的构象。这种特殊状态在高分物理学领域非常重要，我们将在下文中更深入地探讨它。

3.2　溶剂的分类

基于对 M-M 和 M-S 相互作用已有的了解，根据链所具有最终排除体积 v_e 的大小，我们可以对溶剂进行分类。

当 M-M 相互作用等于 M-S 相互作用时，溶剂被称为**无热溶剂**。这个术语是因为当相互作用相同时，它们的温度依赖性也相同，这样，任何温度的变化都不会对 M-M 的有效相互作用产生影响。这种溶剂与高分子的单体重复单元在结构上相同；一个最好的例子是可溶解聚乙烯的乙苯，它实际上等于聚苯乙烯的重复单元。在无热溶剂中，M-M 不存在有效吸引；在其 M-M 有效相互作用势 $U(r)$ 中，只剩下短距离中的硬球排斥，当 $r{\rightarrow}0$ 时，$U(r){\rightarrow}\infty$。因此，对 Mayer f 函数的积分没有正贡献，即对排除的体积没有负贡献。结果出现一个极大的正排除体积；它等于单体链段的共体积：$v_e=l^3$。

在**良溶剂**中，M-M 相互作用略优于 M-S 相互作用。这导致 M-M 有效相互作用势 $U(r)$ 中存在一个小的势阱，这在一定程度上补偿了固有的 M-M 硬球排斥力。因此，排除体积仍将为正，但小于无热情况下的值：$0<v_e<l^3$。良溶剂的典型例子是用于溶解聚苯乙烯的甲苯。

一个非常特殊的情况是 **θ 状态**，它是存在于 **θ 溶剂**中的状态。在该状态下，M-M 存在相当大的有效吸引相互作用[36]，导致相互作用势 $U(r)$ 中出现明显的势阱，这恰好完全平衡了 M-M 势中短距离的硬球排斥，如图 3.2(B) 所示。在这种平衡下，对 Mayer f 函数积分的负贡献和正贡献相互抵消。对于高分子线团，它看起来好像既不存在硬球排斥力，即单体共体积，也没有 M-M 的有效相互作用——就像它是由点状和无相互作用链段组成的理想链一样。因此，在该情况下，排除体积为零，$v_e=0$，链处于（伪）理想状态[37]，并采用具有无规行走构型的高斯线团的形状。所以，θ 状态受到理论家的喜爱，因为这允许他们通过简单的理想高斯统计来模拟高分子线团的构象。相比之下，实验者并不那么喜欢 θ 状态，因为它有很高的温度依赖性，并且只能在一种特殊的温度下出现，即 θ

---

[36]　这意味着存在着相当排斥性的 M-S 相互作用，这意味着溶剂 S 与单体重复单元 M 有相当大的差异。

[37]　一个真正的理想状态是没有任何相互作用的状态。伪理想状态或准理想状态是一种有吸引力和排斥性相互作用的平衡状态。

温度[38]。该温度标志着非溶剂状态的边界，即使温度向错误方向轻微变化也会导致高分子沉淀，需要在进行实验之前进行繁琐的再溶解和重新平衡。θ状态一个著名的例子是溶于环己烷中的聚苯乙烯，$T_\theta = 34.5℃$。

在**不良溶剂**中，M-M相互作用比M-S相互作用要有利得多，于是M-M有效吸引非常大，这导致M-M的有效相互作用势$U(r)$出现极小值，并且在$-l^3 < v_e < 0$的范围内得出负的排除体积。一个例子是用于溶解聚苯乙烯的乙醇。

在更极端的**非溶剂**情况下，M-M相互作用比M-S相互作用有利得多，所有溶剂都从高分子线团中排出，排除体积变成负的极大值：$v_e = -l^3$。对于聚苯乙烯，水是非溶剂的一个实例。

后两种情况在实践中无法实现，因为这两种情况实际上不会导致高分子溶解，因此只能通过计算机模拟进行研究。然而，它们对从事高分子化学工作的人来说确实具有实际的适用性；例如，通过适当改变温度或加入过量的不良溶剂或非溶剂，将良溶剂或θ溶剂变成不良溶剂或非溶剂，可以通过沉淀将高分子从混合物中分离出来，这是高分子纯化的一种简单的手段。

要完全列举上述分类，请注意M-M相互作用劣于M-S相互作用的另一种特殊情况。聚电解质溶液中出现这种情况，其中每个单体单元都带有同类电荷，于是单体单元就会彼此排斥。如果M-S存在特种吸引相互作用，例如相互异质互补的氢键，我们也同样有这样的情况，本身表现为与M-M为排斥相互作用的情况一样。在这种情况下，就像在无热的情况下一样，相互作用能势$U(r)$中不存在势阱，最重要的是，在固有的"硬球排斥"中增加了一个附加的排斥项。结果，排除体积甚至大于无热情况下的体积：$v_e > l^3$。

3.3　高分子熔体中 θ 状态的普适性

θ状态不仅在溶液中于某一特定温度下实现，而且在任何温度下都始终存在于高分子熔体中。这可以通过以下思路来理解：让我们来讨论高分子熔体，其中一条链在颜色上与众不同，但在结构上与其他链是全同的。我们可以将其称为"黑链"基体中的一条"蓝链"[39]，如图3.4所示。

由于链结构的全同特性，这是一种无热状态：M-M相互作用与M-S相互作用相同，因为"溶剂"高分子黑链的链段与我们的"溶质"蓝链的链段是同一类。因此，高分子蓝链有强烈的扩张倾向。然而，高分子黑链有同样的倾向。因此，体系内的所有链同时都想扩张，结果并没有链真正能够扩张。整个扩张的倾向彼此相互平衡。因此，所有高分子链都表现为无扰的理想构象。换句话说，每个高分子线团的排除体积相互作用被其他高分子

---

[38]　同样，我们可以找到与气体的类比：真实气体与理想气体的区别在于，前者中气体粒子之间存在着吸引和排斥的相互作用，而且气体粒子有一个有限的共体积，实际上共体积只不过是相互作用能量势在短距离下强烈排斥的代名词。这两种相互作用都由状态方程式中的两个参数a和b来量化，通过它们，理想气体状态方程式变成了范德瓦耳斯方程式。然而，在特殊温度下，即**波义耳温度**（T_{Boyle}），这些相互作用处于平衡状态，使得范德瓦耳斯方程式变回理想气体状态方程式。因此，气体的波义耳温度类似于高分子溶剂系统的θ温度。

[39]　这是对本书电子版的彩色图而言，此处这幅黑白示意图中，"黑链"线条较粗；中间一条稍细的线条代表"蓝链"——译校者注。

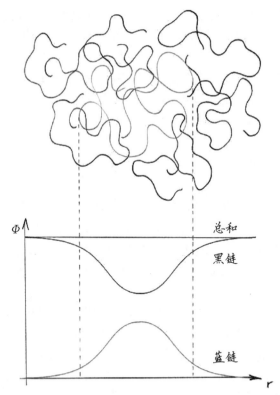

图 3.4　在高分子熔体中，一条标识链为蓝色，组成环境的各链为黑色，标识链的排除体积相互作用受到环境链的交叠链段的屏蔽（见彩图）。示意图源自 P. G. de Gennes：*Scaling Concepts in Polymer Physics*，Cornell University Press，1979

线团的重叠链段所**屏蔽**。

第 4 讲　选择题

（1）对于 Lennard-Jones 势，哪个说法不正确？

a. 吸引相互作用的标度为 $-r^{-6}$。

b. 吸引相互作用是基于范德瓦耳斯力。

c. 排斥相互作用的标度为 $+r^{-12}$。

d. 排斥相互作用在短距离内构成硬球势。

（2）什么是"排除体积"？

a. 由于链无规行走形状中的自回避条件，对于真实高分子链段有一种不可及的体积，这是单体-单体有效相互作用势的排斥部分引起的。

b. 由于高分子链段的自交叠无规行走，高分子不能占据的体积。

c. 由于高分子链段的理想无规行走，高分子不能占据的体积。

d. 高分子链的所有单体体积之和所产生的体积。

（3）关于单体-单体有效相互作用，哪个说法不正确？

a. 单体-单体有效相互作用包括两种相互作用：对应的单体-溶剂相互作用和实际的单

体-单体相互作用。

b. 单体-单体有效相互作用基本上只包括对应的单体-溶剂相互作用，并将其"转化"为只与一个物料（即单体）有关的相互作用。

c. 单体-溶剂实际吸引相互作用可理解为单体-单体有效排斥性相互作用。

d. 单体-溶剂实际排斥相互作用可理解为单体-单体有效吸引性相互作用。

（4）根据溶解于其中高分子的排除体积，请将不同的溶剂类别按升序排列。

a. θ 溶剂、良溶剂、无热溶剂、不良溶剂、非溶剂。

b. 无热溶剂、良溶剂、θ 溶剂、不良溶剂、非溶剂。

c. 非溶剂、不良溶剂、无热溶剂、良溶剂、θ 溶剂。

d. 非溶剂、不良溶剂、θ 溶剂、良溶剂、无热溶剂。

（5）排除体积_____。

a. 仅导致高分子线团的压缩。

b. 越大，溶剂就越差。

c. 可以通过对 Mayer f 函数的积分来确定。

d. 在无热溶剂中是极小的。

（6）请将溶剂类型的给定序列与给定的性质加以匹配（从上到下）

① 高分子的形状是高斯线团。

② Mayer f 函数的积分是正数，但不是正的极大值。

③ 不存在单体-单体有效有吸引相互作用。

④ 单体-单体相互作用比单体-溶剂相互作用略为有利。

⑤ 在这种溶剂中的状态与无热状态相反。

a. ① θ 溶剂　② 不良溶剂　③ 无热溶剂　④ 良溶剂　⑤ 非溶剂。

b. ① 无热溶剂　② 不良溶剂　③ 非溶剂　④ θ 溶剂　⑤ 良溶剂。

c. ① θ 溶剂　② 非溶剂　③ 良溶剂　④ 无热溶剂　⑤ 不良溶剂。

d. ① 无热溶剂　② 良溶剂　③ θ 溶剂　④ 不良溶剂　⑤ 非溶剂。

（7）关于溶剂和所得高分子溶液的状态，哪种说法是正确的？

a. 无热溶剂代表了一种准理想状态，因为这里的单体-单体相互作用等于单体-溶剂相互作用。

b. 无热溶剂代表理想状态，因为它与温度无关。

c. θ 溶剂代表了一种准理想状态，因为这里的相互作用势的排斥和吸引部分相互平衡。

d. θ 溶剂代表一种理想状态，因为没有有效的相互作用。

（8）在高分子熔体中，始终是一种 θ 状态，而不是无热状态，以下哪一项并不是必要条件？

a. 高分子的环境都是它的同类。

b. 高分子链彼此相互阻挡，无法溶胀。

c. 单体-单体相互作用等于单体-溶剂的相互作用。

d. 所有高分子链都有相同的结构。

3.4 真实链的构象

第 5 讲 Flory 指数

上一讲介绍的排除体积使高分子线团在良溶剂中溶胀。在这一讲中，你将了解这种溶胀严重到什么程度，以及线团的尺寸如何用普适标度律来体现，由此引入高分子科学最基本的参数之一：**Flory 指数**。

3.4.1 高分子线团的溶胀

为了量化高分子真实链与理想链之间尺寸的差异，须引入一个溶胀因子 α：

$$\langle R_{\mathrm{g}}^2 \rangle_{\mathrm{real}}^{1/2} \approx \alpha \langle R_{\mathrm{g}}^2 \rangle_{\mathrm{ideal}}^{1/2} \tag{3.4}$$

对于无热溶剂和良溶剂，这个因子的数值大于 1，即 $\alpha > 1$，在这种情况下高分子线团会溶胀。对于 θ 溶剂，其值正好是 1，即 $\alpha = 1$；在 θ 溶剂中，线团具有与高分子理想链相同的尺寸。对于不良溶剂或非溶剂，溶胀因子小于 1，即 $\alpha < 1$。

但这种溶胀有多严重呢？让我们以 $N_{\mathrm{K}} = 50$ Kuhn 链段的聚乙烯为例。在第 2.2.8 小节中，这种高分子的特征比为 $C_\infty = 6.87$（也见图 2.5），因此我们得到每个 Kuhn 链段的长度为 $l_{\mathrm{K}} = C_\infty l = 6.87 \times 0.154\,\mathrm{nm} = 1.06\,\mathrm{nm}$。

在 M-M 有效吸引相互作用很强的情况下，即在非溶剂条件下，高分子会塌缩成一个体积为 $V \approx N_{\mathrm{K}} l_{\mathrm{K}}^3 = 60\,\mathrm{nm}^3$ 的致密球体，这对应于 $R = V^{1/3} = N_{\mathrm{K}}^{1/3} l_{\mathrm{K}} = 3.9\,\mathrm{nm}$ 的线性尺寸，如图 3.5(A) 所示。因此，在这种塌缩状态下，球体的横截面直径大约是其一条 Kuhn 链段长度的 8 倍 [如图 3.5(A) 所示]，这体现出在这个实体中材料堆积的密度有多大。

通过平衡的 M-M 相互作用，或其值为零的 M-M 有效相互作用，我们实现了 θ 状态。如上所述，高分子因此具有高斯无规线团的形状，并遵循理想链的标度律 $R = N_{\mathrm{K}}^{1/2} l_{\mathrm{K}} = 7.5\,\mathrm{nm}$，如图 3.5(B) 所示。于是，在这种状态下，与前面讨论的非溶剂情况相比，无规线团溶胀到大约是塌缩球体的两倍。

当我们把高分子链放入一种良溶剂中时，这条链则具有 M-M 有效排斥相互作用，表现为正的排除体积 v_e。线团现在具有自回避行走的形状，并遵循标度律，可得：$R = N_{\mathrm{K}}^{3/5} l_{\mathrm{K}} = 11\,\mathrm{nm}$，如图 3.5(C) 所示。（此标度律将在下一节中推导。）现在我们可以看到，高分子的尺寸正好属于典型的胶体范围。

在极大强排斥性 M-M 有效相互作用下，意味着排除体积 v_e 为极大值，链处于最溶胀的构象，这是一根棒状的物体，如图 3.5(D) 所示。它的尺寸可以根据 $R = N_{\mathrm{K}} l_{\mathrm{K}} = 53\,\mathrm{nm}$ 计算，这比之前讨论的其他状态的尺寸要大得多。

从上面的例子中我们看到，溶解品质较好的良溶剂会导致高分子线团显著溶胀，从几个纳米到几十个纳米。然而，这是以线团内部较低的链段密度为代价的。在以上的讨论中，我们处理的是同一条高分子链；我们没有给它增加新的链段，而只是给它更多的空间来安排自己。当我们这样做时，我们得到了更大的溶胀的线团；但反过来，自然减少了单

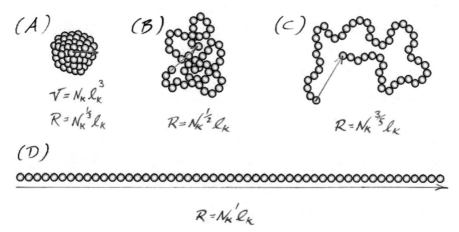

图 3.5　对于 50 个 Kuhn 链段组成的高分子，不同溶胀阶段的示意图：（A）在完全塌缩的状态下，高分子是一个致密的球体（$R = 3.9\,\text{nm}$）；（B）在 θ 条件下，它是一个具有无规行走形状的线团（$R = 7.5\,\text{nm}$）；（C）M-M 有效排斥相互作用导致线团溶胀到自回避行走的形状（$R = 11\,\text{nm}$）；（D）若 M-M 排斥相互作用为极大值，高分子完全扩张为一根硬棒（$R = 53\,\text{nm}$）。每幅示意图下面都列出体积和尺寸对 Kuhn 链段数量 N_K 和其长度 l_K 的依赖性

位体积中单体链段的数量。图 3.6 表示出聚苯乙烯在 θ 态或良溶剂下的链段密度。

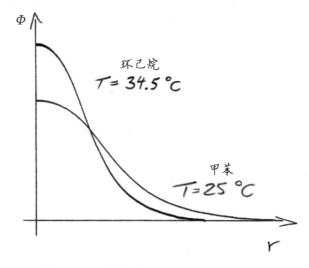

图 3.6　在良溶剂和 θ 溶剂中聚苯乙烯线团的链段密度。与 θ 溶剂相比，良溶剂会使线团溶胀，导致更多地占据远离线团中心的体积，但反过来，也导致其核心部分的链段密度降低

　　通常，我们可以根据以下普适标度律，通过其均方根末端距来评估高分子线团在所有溶胀状态下的尺寸：

$$\langle r^2 \rangle^{1/2} \approx N^\nu l \tag{3.5}$$

在这个定律中，ν 是 **Flory 指数**，按我们上面的思路，根据溶剂的品质，其值在 1/3 和 1 之间变化。正是这个幂律指数导致高分子在不同溶解状态下的尺寸差异，因为在幂律式（3.5）中，对于给定的 Kuhn 链段数 N，大的 ν 值与小的 ν 值相比，将产生更大程度的溶胀。由于幂律的数学本性，当链中的链段数很大时，这种不同程度的溶胀更加明显。例如，如果我们再次讨论聚乙烯，但这次有 20000 个重复单元（就像我们在第 2.2.8 小节中所做的那样），我们就有一种高分子，它有 $N_K = N/C_\infty = 2899$ 个 Kuhn 链段，链段长度为 $l_K = C_\infty l = 1.06nm$。在完全塌缩状态下，这种高分子的尺寸为 $R = N_K^{1/3} l_K = 15nm$，而在 θ 状态下，它的尺寸为 $R = N_K^{1/2} l_K = 57nm$（正如在第 2.2.8 小节中已经计算的那样）。在良溶剂中，它甚至会进一步溶胀，达到 $R = N_K^{3/5} l_K = 127nm$ 的尺寸，当完全溶胀成棒状时，高分子的尺寸为 $R = N_K^1 l_K = 3080nm$（在第 2.2.8 小节中也已经计算过）。这种高分子与图 3.5 示例中的高分子相比其尺寸差异更大，依赖于其溶解状态的不同，其尺寸大小为从几纳米到几微米之间，跨越胶体的整个范围。

3.4.2 良溶剂中高分子的 Flory 理论

让我们来讨论一个溶胀高分子线团，它由 N 个单体单元组成的，但其尺寸 R 大于理想高斯线团的尺寸 R_0，$R > R_0 = N^{1/2} l$。

按照平均场的图景，对于一个给定的单体链段，在溶胀线团中与另一个单体链段的 M-M 接触概率 ϕ^* 可用下式估算[40]：

$$\phi^* = v_e \cdot \frac{N}{R^3} \tag{3.6}$$

式中 v_e 是一个单体链段的排除体积，这正是我们在这里要考虑的体积，N/R^3 是线团中每单位体积的链段数，换句话说，这是线团中链段的平均数量密度。一般说来，排除体积的引入会带来能量损失，对于每一个这种不利的 M-M 接触此损失为 $k_B T$：

$$F_{excl, permonomer} = k_B T \phi^* = k_B T v_e \frac{N}{R^3} \tag{3.7}$$

然而，排除体积中每增加一个 M-M 接触，就会使链增加另一个 $k_B T$ 增量。因此，需要附加的能量。这通常是不利的，使得体系倾向于避免这种 M-M 接触，这可以通过线团溶胀来实现。经过这样的溶胀，式(3.7) 中的 R 会变大，这样 $F_{excl, permonomer}$ 就会减小，这意味着它的不利性降低。

在具有 N 个单体的链中，式(3.7) 评估的排除体积相互作用能应该变大 N 倍：

$$F_{excl, perchain} = k_B T v_e \frac{N^2}{R^3} \tag{3.8}$$

同样，这里唯一可以调整的非恒定参数是高分子线团的尺寸 R。由于 R 在公式的分母中，高分子链可以通过其尺寸增加（即 $R \to \infty$）来使这个能量的贡献达到极小。因此，线团有**溶胀的倾向**。

另一方面，线团溶胀会产生一种熵回复力，对应于能量 F_{elast}，因为线团溶胀会失去微构象自由度，正如我们在第 2.6 节中了解到的那样。这可以估算为：

$$F_{elast} = F_0 + \frac{3}{2} \cdot \frac{k_B T R^2}{N l^2} \tag{3.9}$$

---

⑩ 原书此段正文和式(3.6) 有误，现按 Rubinstein 和 Colby 的 *Polymer Physics* 第 97 页稍有删增——译校者注。

同样，尺寸 R 是唯一可调整的参数，在这种情况下，它在公式的分子中。由此可见，高分子链可以通过减小其尺寸（$R \to 0$）来极小化这一能量。因此线团有**收缩的倾向**。

为了计算上述两种效应对各链总能量的影响，我们必须将排除体积相互作用能 F_{excl} 和弹性能 F_{elast} 相加：

$$F = F_{\text{excl}} + F_{\text{elast}} = k_B T \left(v_e \frac{N^2}{R^3} + \frac{3R^2}{2Nl^2} \right) \tag{3.10}$$

为了按照总能量取极小值而求出线团尺寸，我们计算上式的导数并令其为零：

$$\frac{\partial F}{\partial R} = k_B T \left(-3v_e \frac{N^2}{R^4} + \frac{3R}{Nl^2} \right) \overset{!}{=} 0 \Rightarrow R \sim v_e^{1/5} l^{2/5} N^{3/5} \tag{3.11}$$

由此，我们已经证明，在良溶剂中，线团的 R 对 N 依赖性的标度为：

$$R \sim N^{3/5} \tag{3.12}$$

这里还有一个问题：到目前为止，我们总是发现长度一次方依赖性的标度 $R \sim l^1$。这与我们求出的式(3.11) $R \sim l^{2/5}$ 相矛盾。造成这种差异的原因是上述推导中的一个错误。在式(3.9) 中，我们已经在分母中使用了理想链的标度 $\langle r^2 \rangle = Nl^2$，而我们上述一切论证的实际目标，是估算一种非理想的溶胀线团的尺寸。这个错误导致了 $R \sim l^{2/5}$ 的错误结论。尽管如此，我们发现的 $R \sim N^{3/5}$ 是正确的。这是为什么呢？这是因为从 N 依赖性的观点看来，我们的一个错误被另一个错误所补偿。在式(3.6) 中，我们估算线团中的链段密度是均匀的（以 N/R^3 的形式），而我们从第2.3节中知道，它实际上具有高斯径向分布剖面。对式(3.6) 中链段密度的这种错误估计补偿了式(3.9) 分母中因为 R 的 N 依赖性的不正确标度，而从 R 的 l 依赖性看来，它并没有被抵消。

式(3.12) 是 R 作为 N 函数的一种形式，现在可以写成一种普适的标度律：

$$R = \langle \vec{r}^2 \rangle^{1/2} \sim N^\nu \tag{3.13}$$

式中 ν 为 Flory 指数，对于在良溶剂中的高分子，我们刚刚推导出是 $\nu = 3/5$。对于一条理想链，即处于 θ 条件下的链，在前面［第2.2节，式(2.5)］我们已经证明 $\nu = 1/2$。对于一个完全塌缩成致密球状的线团，即非溶剂中的链，我们在前面（第3.4.1小节）已经证明 $\nu = 1/3$，而对于另一个极端，一根完全溶胀的棒状链，我们已经证明 $\nu = 1$。

如果我们对 d 维空间的一般情况进行上述估算，我们必须在式(3.6)～式(3.8) 中使用 R^d，在式(3.9) 中使用 $d/2$ 的数字因子。于是，我们得到：

$$R = \langle \vec{r}^2 \rangle^{1/2} \sim N^{3/(d_{\text{geometrical}} + 2)} \tag{3.14}$$

在这种一般形式下，Flory 指数为 $\nu = 3/(d_{\text{geometrical}} + 2)$，这使我们能够举例说明几何维数 $d_{\text{geometrical}}$ 的作用，如下所述。在前面的章节中，我们已经讨论过三维的情况，$d = 3$，其中 Flory 指数为 $3/5$。在二维情况下，$d = 2$，这稍微有点不同。在这里，根据式(3.14)，Flory 指数的值为 $3/4$，稍大于 $3/5$，表明给定 N 的线团在二维上比在三维上具有更大的 R。原因是高分子线团在二维空间中排列的自由度比在三维空间中要小，因为它只有两个空间方向可以占据。因此，为了避免不利的 M-M 接触，线团必须在二维空间中比三维空间中更多地溶胀。在一维的情况下，这种倾向甚至更加极端，$d = 1$。现在，根据式(3.14)，Flory 指数是 $3/3 = 1$。这是因为在一维空间中，线团除了将自己完全扩张成 $R = Nl$ 的棒状物体外，没有其他方法来避免 M-M 接触。与此形成鲜明对比的是，在四维情况下，$d = 4$，线团有很大的自由度来安排自己，所以 M-M 非常不可能发生。因此，线团可以调整自己高斯型的无规形状，成为一条理想链，或 θ 状态的真实链。所以，这里的 Flory 指数是 3/6＝1/2。[如果我们进一步遵循这一思路，甚至更高的几何维数，如 d＝5，6，…预示将有更小的 Flory 指数，如 ν＝3/7，3/8，…，表明如此高维度下线团会收缩。按照刚刚讨论过的完全相同的基础，这一点很容易理解：几何维数越大，线团尺寸越小，而不会造成不利的 M-M 接触。因此，更高的维度使得 R 很小，这根据式(3.9)使弹性能极小化（其中 R 以 R^2 的形式引入，与 d 无关），而不会根据式(3.8)过度增加体积排除的相互作用能（其中 R 以 R^{-d} 的形式引入，这意味着如果 d 很高，不太需要大 R 来使此能量项变小）。]

除了前面对几何维数的讨论之外，我们还可以对分形维数进行讨论，这是我们在第 2.6.2 小节中引入的一个概念。通过这个分形维数，我们可以得到：

$$R=\langle \vec{r}^{\,2}\rangle^{1/2}\sim N^{1/d_{\text{fractal}}} \tag{3.15}$$

因此，Flory 指数无非只是分形维数的倒数。当查看上面几何维数为 1～4 时的 Flory 指数的汇总时，我们看到这些指数的倒数，即分形维数，越来越低。一般来说，较小的分形维数表示它所属的物体密度较小。如果将几何维数为 4 的分形维数为 $d_{\text{fractal}}=1/\nu=1/(1/2)=2$，几何维数为 3 的分形维数为 $d_{\text{fractal}}=1/\nu=1/(3/5)=5/3$，几何维数为 2 的分形维数为 $d_{\text{fractal}}=1/\nu=1/(3/4)=4/3$ 相比，我们得到一系列的数值越来越小，这意味着低几何维数的链比高几何维数的链密度低。其原因是单体链段之间排除体积的排斥，它使链段彼此推拒以避免 M-M 接触；这在更高的几何维度中不那么明显，因为这种接触在那里通常不太可能。一个特殊的情况是在非溶剂中球状的密集塌缩高分子；在这里，我们的 Flory 指数为 $\nu=1/3$，对应的分形维数为 $d_{\text{fractal}}=1/\nu=1/(1/3)=3$。这个分形维数与几何维数相匹配，因此表示一个非模糊的致密物体，塌缩的高分子球确实如此。

Paul John Flory（图 3.7）1910 年 6 月 19 日生于美国伊利诺伊州的 Sterling。他曾在曼彻斯特学院（Manchester College）学习，在大萧条时期获得了理学学士学位，并以各项兼职勤工俭学。在此期间，他对科学，特别是化学的兴趣，受到 Carl W. Holl 教授的启发，Holl 教授在 1931 年鼓励他进入俄亥俄州立大学的研究生院。Flory 遵循这一建议，在俄亥俄州立大学攻读研究生，并在 1934 年获得了博士学位。从 1933 年到 1948 年，他在几个公司的工业研究实验室工作，如杜邦（Du Pont）、标准石油（Standard Oil）和固特异（Goodyear）等公司。在 1948 年，他得到了康奈尔大学的一个教职，在此任职至 1957 年。其后转入匹兹堡的梅隆工业研究所（Mellon Institute）并担任领导工作，直到 1961 年，他成为斯坦福大学的正教授，然后在 1975 年退休。刚好在他退休前一年，他因"在大分子物理化学的理论和实验两方面的根本性成就"获得了诺贝尔化学奖。他于 1985 年 9 月 9 日于加州 Big Sur 逝世，享年 75 岁。

图 3.7　Paul J. Flory 肖像。图片经斯坦福大学图书馆特藏和大学档案部许可转载（SC0122，Stanford University News Service records，Box 90，Folder 48，Paul Flory）

3.5 真实链的形变

正如在第 2 章中所做的那样，在对一条真实链的尺寸和形状有了清晰的认识之后，我们现在希望把结构信息转换为性质信息，特别是，转换为链形变时的弹性性质信息。除第 2.6 节中处理理想链的简单情况外，对真实链的这种讨论在数学上是有难度的。为了简化，在第 2.6.1 小节中，已经使用过 Rubinstein 和 Colby 巧妙的**标度论证**，这里可以再次应用，采用链滴概念可以对高分子链进行概念性的重整化处理。这种方法对理想链（见第 2.6.1 小节）和真实链都有效，所以下面同时处理这两种链。

高分子链的均方根末端距可计算为：

$$理想链：\langle r^2 \rangle_0^{1/2} = R_0 = N^{1/2} l \tag{3.16a}$$

$$真实链：\langle r^2 \rangle^{1/2} = R_F = N^{3/5} l \tag{3.16b}$$

由于高分子链的自相似性，同样的标度关系也适用于仅含 n 个单体的子链：

$$理想链：r_0 = n^{1/2} l \tag{3.17a}$$

$$真实链：r_F = n^{3/5} l \tag{3.17b}$$

我们现在考虑这个特殊子链的尺度，令其为 ξ。在小于 ξ 的尺度上，外部形变能量比永恒的热噪声 $k_B T$ 更弱；因此，在小于 ξ 的尺度上，子链构象表现为无扰的无规行走型（在理想链的情况下）或排除体积溶胀（在真实链的情况下），但它们没有"感觉"到任何外部形变。相比之下，在大于 ξ 的尺度上，外部形变是有效的，因为其能量高于那里的 $k_B T$。因此，尽管在小于 ξ 的尺度上子链不受外部形变的影响，但整个链却受到影响。因此，可以设想它是一个尺寸为 ξ 的形变链滴的定向序列，每个链滴内部是含 g 个单体的子链段，它不会受到形变的影响，如图 3.8 所示。这样一来，即使在形变的外部约束下，此链也能使其熵值极大化。通过将式（3.17）代入链滴尺度，链滴的尺寸可表示为：

$$理想链：\xi = g^{1/2} l \tag{3.18a}$$

$$真实链：\xi = g^{3/5} l \tag{3.18b}$$

在大于 ξ 的长度标尺上，该链是一个形变链滴的定向序列；因此，它的末端距可以近似为链滴尺寸 ξ 乘以链滴的数量（N/g），然后我们可以采用式（3.18）（重新排列为 g，然后用 N/g 代换 g）和式（3.16）（然后将分数的分子代换为 $Nl^{1/\nu}$ 的类型），进一步改写：

$$理想链：R_f \approx \xi \frac{N}{g} = \frac{Nl^2}{\xi} = \frac{R_0^2}{\xi} \tag{3.19a}$$

$$真实链：R_f \approx \xi \frac{N}{g} = \frac{Nl^{5/3}}{\xi^{2/3}} = \frac{R_F^{5/3}}{\xi^{2/3}} \tag{3.19b}$$

将这些公式重新排列，可以得到链滴尺寸 ξ 的表达式：

$$理想链：\xi = \frac{R_0^2}{R_f} \tag{3.20a}$$

$$真实链：\xi = \frac{R_F^{5/2}}{R_f^{3/2}} \tag{3.20b}$$

正如我们在第 2.6.1 小节中已经了解的，每个链滴的形变自由能 F 是 $k_B T$。使用式

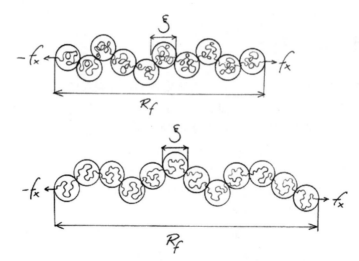

图 3.8 受到外部拉伸力 f_x（导致末端距为 R_f）的高分子理想链（上图）和真实链（下图）的模型：链视为由尺寸 ξ 的链滴组成概念上虚构的物体。若标尺小于 ξ，高分子链不经受形变，表现出的构象是理想无规行走型（理想链）或溶胀型（真实链）。与此相反，若标尺大于 ξ，对于这两种情况，高分子是一串链滴的有向序列，因为在这种标尺上外部形变是有效的。
示意图源自 M Rubinstein，R. H. Colby：*Polymer Physics*，Oxford University Press，2003

（3.19）和式（3.20）进一步改写，我们可以得到：

$$\text{理想链:} F_{\text{ideal}} = k_B T \frac{N}{g} = k_B T \frac{R_f}{\xi} = k_B T \left(\frac{R_f}{R_0}\right)^2 \tag{3.21a}$$

$$\text{真实链:} F_{\text{real}} = k_B T \frac{N}{g} = k_B T \frac{R_f}{\xi} = k_B T (\frac{R_f}{R_F})^{5/2} \tag{3.21b}$$

我们同样还了解，使链形变导致 R_f 的距离所需的力对应于热能 $k_B T$ 与链滴尺寸 ξ 的比值，我们可以用式（3.20）表示，得到：

$$\text{理想链:} f = \frac{k_B T}{\xi} = \frac{k_B T}{R_0^2} R_f = \frac{k_B T}{R_0} \cdot \frac{R_f}{R_0} \tag{3.22a}$$

$$\text{真实链:} f = \frac{k_B T}{\xi} = \frac{k_B T}{R_F^{5/2}} R_f^{3/2} = \frac{k_B T}{R_F} \cdot \left(\frac{R_f}{R_F}\right)^{3/2} \tag{3.22b}$$

从这个表达式中我们认识到，与理想链形变所需的力相比，真实链形变所需的力随着 R_f 的增大而增加。然而，对于高分子真实链来说，力的绝对值总是较小，因为它们有更大的溶胀，或者说原始形状有"预拉伸"，图 3.9 直观体现了这一事实。高分子链形变的普适公式可以用 Flory 指数 ν 来表示：

$$F = k_B T \left(\frac{R_f}{N^\nu l}\right)^{\frac{1}{1-\nu}} \tag{3.23}$$

总结一下，上述标度讨论表明，理想链和真实链二者形变时都会失去构象自由度，在其熵弹簧常数 $k_B T / \xi$ 上有所反映。然而，它们是以不同的方式进行的：理想链从其高斯线团尺寸 R_0 开始形变，而真实链由于排除体积相互作用已经被预拉伸到更大的尺寸 R_F。由此可见，真实链的形变力比理想链的形变力要小，尽管这种力在形变时增加得更快。

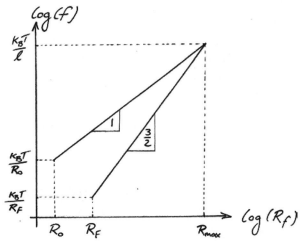

图 3.9　高分子理想链和真实链形变所需的力 f 与末端距离 R_f 的关系。对于一条理想链，所需的力随着形变距离 R_f 呈标度变化，幂律指数为 1，如式(3.22a) 所示；而对于一条真实链，所需的力随着形变距离 R_f 的变化也呈标度变化，幂律指数为 3/2，如式(3.22b) 所示。因此，真实链形变所需的力比理想链增加得更快。然而，对于真实链而言，力的绝对值总是较小的，因为它们有更大的溶胀或原始形状受到"预拉伸"。示意图源自 M. Rubinstein，R. H. Colby：*Polymer Physics*，Oxford University Press，2003

第 5 讲　选择题

（1）请将下列标度律与下列适当的高分子-溶剂条件相匹配（从左到右）：

$R = (N_K)^{\frac{1}{2}} l_K$	$R = (N_K)^{\frac{3}{5}} l_K$	$R = (N_K)^{1} l_K$	$R = (N_K)^{\frac{1}{3}} l_K$

a. 无单体-单体有效相互作用
   单体-单体有效排斥相互作用
   单体-单体有效极大排斥相互作用
   单体-单体有效极大吸引相互作用

b. 无单体-单体有效相互作用
   单体-单体有效极大吸引相互作用
   单体-单体有效极大排斥相互作用
   单体-单体有效排斥相互作用

c. 单体-单体有效极大吸引相互作用
   单体-单体有效排斥相互作用
   单体-单体有效极大排斥相互作用
   无单体-单体有效相互作用

d. 单体-单体有效极大排斥相互作用
   单体-单体有效排斥相互作用

单体-单体有效极大吸引相互作用

无单体-单体有效相互作用

（2）一条高分子链含 30000 个 Kuhn 链段，另一条含 10000 个 Kuhn 链段，链长长度相等，二者均处于 θ 溶剂中，试问前者的尺寸是后者的多少倍？

a. $\sqrt{3}$
b. $\dfrac{1}{3}$
c. 3
d. 3^2

（3）对于含 30000 个 Kuhn 链段的一条高分子链，它在良溶剂中与在 θ 溶剂中相比，其尺度之比大约是多少？

a. $3^{\frac{3}{5}}$
b. $30000^{\frac{1}{10}}$
c. $3^{\frac{1}{2}}$
d. $3^{\frac{5}{3}}$

（4）对于真实线团的溶胀起决定性作用的能量，下列哪种说法是正确的？

a. 占据排除体积的能量和溶胀产生的熵弹性回复力的能量，二者均为正值，这就是为什么高分子显示出收缩倾向，以达到极小的总能量。

b. 占据排除体积的能量以及溶胀时产生的熵弹性回复力产生的能量都是正值，这就是为什么高分子显示出溶胀倾向，达到极大总能量。

c. 占据排除体积的能量导致高分子的收缩倾向，而溶胀时熵弹性回复力产生的能量则导致溶胀倾向。总体能量的极小值给出了最佳组合，因此也给出最佳线团尺寸。

d. 占据排除体积的能量导致了高分子的溶胀倾向，而溶胀时熵弹性回复力产生的能量则导致收缩倾向。总能量的极小值给出最佳组合，因此也给出线团最佳尺寸。

（5）Flory 理论对真实链的线团尺寸 R 提出正确的描述_____

a. 仅对 Kuhn 链段数 N_K 而言，因为该理论假定理想链的熵弹性和链段密度的高斯分布剖面曲线，这些假定对 N_K 提出了正确描述，但却不能正确描述 Kuhn 链段长度 l_K。

b. 仅对 Kuhn 链段数 N_K 而言，因为该理论假定理想链的熵弹性和均匀的链段密度，这两种简化的近似值正好幸运地相互补偿，得出 N_K；但不能得出 Kuhn 链段长度 l_K。

c. 对 Kuhn 链段数 N_K 和 Kuhn 链段长度 l_K 二者而言，因为该理论假定理想链的熵弹性和均匀的链段密度，这两种简化的近似值正好幸运地相互完全补偿，得出最终的指数。

d. 对 Kuhn 链段数 N_K 和 Kuhn 链段长度 l_K 二者而言，因为假定理想链的熵弹性和链段密度的均匀分布剖面，而对 N_K 的依赖性正好补偿这两个简化的近似，另外一个附加的 l_K 依赖性只需假定是理想链，由此产生正确的指数 $\dfrac{2}{5}$。

（6）Flory 理论同样也可应用于聚电解质（即带电荷的高分子）。为此，必须在 Flory 理论方法中加入一个附加的能量项。这个附加项的效力是什么？

a. 该项对应的是库仑相互作用，其贡献为线团的收缩倾向。

b. 该项对应于库仑相互作用，其贡献为线团的溶胀倾向。

c. 该项对应于范德瓦耳斯相互作用，其贡献为线团的溶胀倾向。

d. 该项对应于范德瓦耳斯相互作用，其贡献为线团的收缩倾向。

（7）关于高分子的分形维数，下列哪个说法不正确？

a. Flory 指数是分形维数的倒数。

b. 更高的分形维数会导致更密集的线团。

c. 几何维数越高，分形维数就越低。

d. 在极大收缩处，分形维数等于几何维数。

（8）关于真实高分子链的形变，下列哪个说法是正确的？

a. 真实链形变所需的力总是大于理想链相同形变所需的力。

b. 真实链形变所需的力总是小于理想链相同形变所需的力。

c. 一条真实链和一条对应的理想链相比，其 Kuhn 长度和链段数相同，假若施加相同的力 f，真实链比理想链的形变大 $N^{3/5}$ 倍。

d. 真实链形变所需的力随着 Flory 指数而呈指数增长。

3.6 高分子链动力学

第 6 讲　高分子链动力学
　　本书到此为止，对高分子链是从静力学的角度来看的。本章将超越这一观点，介绍两个基本框架来模拟和量化链的动力学：Rouse 模型和 Zimm 模型。两种模型都将证明，需要一定的时间链才能作为一个整体移动，若时间不够，只有链的一部分可以移动。这个时间是一个标尺，可以界定高分子是黏性流体，还是黏弹性体。

3.6.1 扩散

　　在上述章节中，我们研究了高分子理想链和真实链的形状；我们还讨论了它们的形状在形变中如何变化。在本章中，我们还将重点讨论高分子链的运动，即动力学。作为一个基础，我们首先回顾一下初等物理化学的某些内容。对分子状或胶体状的热扩散平移运动的基本描述是无规行走[❹]，这个概念在第 2.4.1 小节我们已经讨论过了。这种无规行走的轨迹可表示如图 3.10。

　　无规行走的一个特征量是它们的**均方位移**（$\langle \vec{R}^2 \rangle$），它由**爱因斯坦-斯莫卢霍夫斯基公式**表示[❹]：

$$\langle \vec{R}^2 \rangle = \langle [\vec{r}(t) - \vec{r}(0)]^2 \rangle = 2dDt \tag{3.24}$$

式中 d 表示几何维数，D 是平移扩散系数，此量表示运动分子或粒子的可迁移度。根据式（3.24），D 的单位是 $m^2 \cdot s^{-1}$，从而量化了运动物体单位时间通过的均方距离。扩散

[❹]　通常，扩散分子运动同义于布朗运动。但请注意，这其实是不一样的。苏格兰植物学家罗伯特·布朗观察到，漂浮在水面上的植物花粉表现出看似自我驱动的随机运动。然而，这种布朗运动实际上是周围介质中分子扩散运动的结果，这一点后来被阿尔伯特·爱因斯坦和马里安·斯莫卢霍夫斯基正确解释。在布朗的实验中，植物花粉被周围的水分子撞击，但由于撞击是随机的，对每个颗粒每次来自不同方向的撞击数量不等。结果，每个时间点的总体动量传递将花粉颗粒推向随机变化的方向，导致布朗看到的看似自我驱动的随机摆动运动。

[❹]　在图 3.10 中，移动粒子的位移对应于序列中最后一个箭头到行走起点的距离。它的均方是通过对许多这样的行走进行平均而得到的，在这个平均中，每个位移首先被平方以摆脱方向性的依赖。否则，如果不这样做，平均值将始终为零，因为每个位移将被一个在大集合中完全向相反方向显示的位移所抵消。因此，感兴趣的数量是平均平方位移——许多单个位移的平均值，以平方形式出现。通常情况下，为了重新线性化物理维度，人们会进一步取平方根，从而得到均方根位移。我们在第 2 章和第 3 章中谈到高分子链的根均方末端距时也是这样做的。

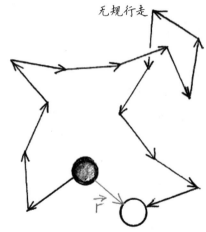

无规行走

图 3.10　二维无规行走的轨迹

系数可以通过**爱因斯坦公式**计算：

$$D = \frac{k_B T}{f} \tag{3.25}$$

该式将 D 与驱动扩散的热能 $k_B T$ 和阻止扩散的摩擦力之比联系起来；后者由摩擦系数 f 表示，它将摩擦力 $\vec{f}$ 与运动物体的速度 $\vec{v}$ 联系起来：$\vec{f} = f \cdot \vec{v}$。球形物体的摩擦系数由**斯托克斯定律**给出：

$$f = 6\pi\eta r_h \tag{3.26}$$

式中 η 表示周围介质的黏度（这是实际施加摩擦的因素），r_h 表示流体动力学半径，即运动物体本身的半径加上运动过程中被拖动的溶剂壳（以及内部潜在的溶胀介质）。

后面两个公式可以结合起来，得到**斯托克斯-爱因斯坦公式**：

$$D = \frac{k_B T}{6\pi\eta r_h} \tag{3.27}$$

式(3.27)是物理化学中的一个基本公式，因为它将运动分子或粒子的尺寸（用 r_h 表示）与它的迁移性（用 D 表示）联系起来。与爱因斯坦-斯莫卢霍夫斯基公式(3.24)一起，这使我们能够确定在规定的时间 t 内，一个给定尺寸 r_h 的扩散分子或粒子可以移动多远，或者反过来说，移动给定距离 R^2 需要多长时间。在许多科学领域中，这是一种基本的关系，例如，在药物输送领域，当需评估药物到达细胞或组织环境中受体的时间，或者反之；评估药物在给定的时间范围内能移动多远时。同样的问题也与化学工艺等领域有关，特别是涉及评估非均相反应的效率时，反应物必须通过扩散跨越相界找到对方；或者在化学工程中，涉及评估扩散的拖尾效应，了解它对缩微成像或 3D 打印精度损失的程度。

在高分子和胶体科学领域，式(3.24)有一种特定形式是相关的，其中此式被重新表述，以表达一个移动（大）分子或（胶体）粒子的位移恰好精确等于其尺寸所需的时间尺度 τ：

$$\tau = \frac{R^2}{2d \cdot D} = \frac{R^2 f}{2dk_B T} \tag{3.28}$$

在小于这个特征时间 τ 的时间尺度上，材料的胶体或高分子结构实体所移动的距离最多不能超出它们本身的尺寸，这意味着它们实际上是静态的。相比之下，在大于 τ 的时间尺度上，该材料的结构实体宏观上是可移动的。因此，τ 是一个时间尺度，可以将材料分划为固体或液体的区域。对于高分子和胶体物质来说，这个限定时间往往正是实验上相关的一个数量级，此时这些材料既像固体，又像液体，究竟像哪一种则依赖于观测的时间尺度。

到目前为止，上述一切讨论都是针对简单的分子或粒子。然而，当谈到柔性高分子线团的动力学时，除了线团的整体运动外，我们还必须考虑到线团内部动力学的多重性，因为它是一个大型的多体物体。为了说明这种复杂性，已经发展出两种不同的模型：**Rouse 模型**和 **Zimm 模型**。

3.6.2　Rouse 模型

Rouse 模型在概念上将高分子链描述为 N 个球形珠粒，代表单体单元，通过长度为 l 的弹性弹簧连接，弹簧代表单体链段之间的键合，如图 3.11 所示。每个球珠都有一个单独的链段摩擦系数 f_{segment}。这些球珠共同构成了一个**自由穿流线团**，这意味着只有球珠感觉到与周围介质的摩擦，而弹簧则没有。因此，溶剂可以自由地穿过高分子线团，但要撞击每个球珠，由此赋予了摩擦增量 f_{segment}。所以，线团的总摩擦系数只是这些单独摩擦全部的总和 $f_{\text{total}} = N \cdot f_{\text{segment}}$。由于球珠受弹簧拖曳和溶剂摩擦，根据它的运动方程式，可以得出耦合的微分方程组。如果我们在爱因斯坦公式(3.25) 中用 $N \cdot f_{\text{segment}}$ 代替 f_{total}，可以得到：

$$D_{\text{Rouse}} = \frac{k_B T}{f_{\text{total}}} = \frac{k_B T}{N \cdot f_{\text{segment}}} \sim N^{-1} \tag{3.29}$$

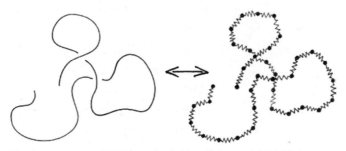

图 3.11　珠-簧模型是 Rouse 模型对一条链的模拟。示意图源自 M. Rubinstein，R. H. Colby：*Polymer Physics*，Oxford University Press，2003

现在我们写出类似于爱因斯坦-斯莫卢霍夫斯基公式的一种表达式，给出一个线团尺寸位移正好精确等于自身尺寸的时间尺度，即 **Rouse 时间**：

$$\tau_{\text{Rouse}} = \frac{R^2}{2d \cdot D_{\text{Rouse}}} = \frac{f_{\text{segment}}}{2d k_B T} N R^2 \tag{3.30}$$

这个 Rouse 时间表示整个弛豫时间谱的上限，我们将在下文更详细地讨论。在大于 τ_{Rouse} 的时间尺度上，线团可迁移的距离大于自身尺寸；从宏观上看，这意味着在这些时间尺度上，高分子材料的结构单元可以有效地相互运动，于是材料表现为流动。

特征弛豫时间谱的另一个极端，是每个单体链段位移的距离等于其自身尺寸 l 所需的时间：

$$\tau_0 = \frac{f_{\text{segment}} \cdot l^2}{2d k_B T} \tag{3.31}$$

在小于 τ_0 的时间尺度上，线团中不可能有任何运动。因此在这些短的时间尺度上，该材料是一种具有玻璃状外观的能量弹性固体。

高分子链是尺寸为 $R = N^{\nu} l$ 的一种分形物体（参见第 2.6.2 小节）。当我们将式 (3.31) 结果代入上述 Rouse 时间的公式(3.30) 时，我们可以得出一个将 τ_{Rouse} 与 τ_0 联系起来的普适表达式：

$$\tau_{\text{Rouse}} = \frac{f_{\text{segment}} \cdot l^2}{2d k_B T} N^{1+2\nu} = \tau_0 N^{1+2\nu} \tag{3.32}$$

此式结合了**弛豫时间谱**的两个特征极限值，从而划定动力学三个不同的区域。在小于 τ_0 的时间尺度上，即 $t < \tau_0$，高分子根本没有足够的时间来移动，无论是整个链还是任何链段。在这个时间尺度上，该高分子形成了一种具有**能量弹性**的**玻璃状固体**。在中等时间尺度上，即 $\tau_0 < t < \tau_{\mathrm{Rouse}}$，至少单体链段和它们的序列（即子链）可以在与它们自身尺寸相等的距离上移动。然而，此时间还没有长到足以让整个分子链有效地自我运动。在这个时间尺度上，该高分子是一种**黏弹性固体**。只有在大于 Rouse 时间的时间尺度上，即 $t > \tau_{\mathrm{Rouse}}$，整个高分子线团移动的距离才大于其自身尺寸。此时材料表现出流动性，是一种**黏弹性液体**。

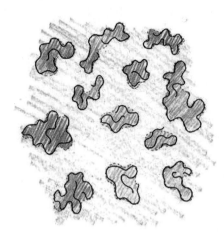

图 3.12　高分子线团可模拟为扩张体积内俘获一部分溶剂的微凝胶，有流体动力学的相互作用，还有在通过周围介质自由溶剂的运动中对链的拖拽。被俘获的那部分溶剂与周围的溶剂发生扩散交换，但是介质不会穿流过线团。示意图源于 B. Vollmert：*Grundriss der Makromolekularen Chemie*，Springer，1962

3.6.3　Zimm 模型

到目前为止，我们已经讨论过溶剂自由穿流的高分子线团。然而，这种观念并不总是正确的。M-S 相互作用可能引起移动高分子链的链段去拽动溶剂分子，使其与它一道运动。反过来，对于与它们邻近的溶剂分子，又发生相同的运动。这种阻拽作用从一个溶剂分子传递到下一个，以至最终达到高分子链的另一个链段。因此，即使是相距较远的链段也会通过**流体动力学相互作用**在空间中相互耦合。于是，在运动时每个线团都会拖拽其扩张体积内的溶剂；这些被俘获的溶剂与周围的介质进行扩散性交换，但不会穿出线团。结果是，线团看起来像充满溶剂的纳米凝胶颗粒，如图 3.12 所示。

Zimm 模型是 Rouse 模型基础上的一种发展，引入了这种流体动力学相互作用。它假定高分子线团和被困其中的溶剂作为尺寸为 $R = N^{\nu} l$ 的一个统一物体发生运动。将这个尺寸作为流体动力学半径 r_{h} 代入斯托克斯-爱因斯坦公式，得出：

$$D_{\mathrm{Zimm}} = \frac{k_{\mathrm{B}} T}{6 \pi \eta r_h} \approx \frac{k_{\mathrm{B}} T}{\eta N^{\nu} l} \sim N^{-\nu} \tag{3.33}$$

与 Rouse 模型相比，这里的幂律标度曲线斜率更小[43]，是 $-\nu$，而不是 -1。因此，在 Zimm 模型中，与 Rouse 模型相比，扩散系数对 N 的依赖性不太明显，原因是 Zimm 模型中没有溶剂穿流。在 Rouse 模型中，构成线团的每个球珠无论是线团前沿还是线团内部的球珠，都承受黏性阻力。在 Zimm 模型中，这只是由线团前沿面上的球珠（以及它们之间的吸引的溶剂）完成。因此，在 Rouse 模型中，球珠数量的任何变化都直接转化为对线团运动的摩擦，于是，导致其扩散系数与 N 成反比。相比之下，在 Zimm 模型中，

---

[43]　对于刚性棒状的链，$\nu = 1$；对于那样的高分子，Zimm 型标度与 Rouse 型标度相重合，因为高分子链中并没有被俘获的溶剂，它是完全解卷曲的。所以，对于这种类型的链，Zimm 型和 Rouse 型动力学是无区别的。

摩擦仅由线团前沿面承受，并且前沿面的尺寸与整个线团的尺寸按照 N^ν 标度，因此扩散系数仅与 $N^{-\nu}$ 成反比。

正如我们在 Rouse 模型中所做的那样，对于位移精确等于线团尺寸的时间尺度，我们可以写出类似于爱因斯坦-斯莫卢霍夫斯基公式的表达式，即 **Zimm 时间**：

$$\tau_{Zimm} = \frac{R^2}{2d \cdot D_{Zimm}} \approx \frac{\eta}{k_B T} R^3 \approx \frac{\eta l^3}{k_B T} N^{3\nu} \approx \tau_0 N^{3\nu} \tag{3.34}$$

同样地，与 Rouse 时间相比，Zimm 时间的幂律指数更小[14]：是 3ν 而不是 $(1+2\nu)$。同样，这意味着在 Zimm 模型中，最长的弛豫时间 τ 对单体链段数 N 的依赖性比在 Rouse 模型中更弱。因此，τ_{Zimm} 比 τ_{Rouse} 小。这是因为没有溶剂穿流，伴随着较小的黏性阻力；换句话说，与 Rouse 模型中更大黏性阻力的情况相比，对于 Zimm 模型，线团扩散至给定距离（例如其自身尺寸）所需的时间更短。

Bruno Hasbrouck Zimm（图 3.13）1920 年 10 月 31 日生于纽约的 Woodstock。他在哥伦比亚大学学习，1941 年获得学士学位，1943 年获得硕士学位，并于 1944 年在 Joseph. E. Mayer 的指导下获得博士学位。然后他迁居纽约市另一区，在布鲁克林理工学院（The Polytechnic Institute of Brooklyn）任 H. Mark 的博士后。1946 年，他转入加州大学伯克利分校，1950—1952 年任助理教授。此后，他成为通用电气公司 Schenectady 研究实验室的负责人。在 1960 年，他成为加州大学圣地亚哥分校的正教授。在 1991 年，他从研究工作中退休。他最著名的工作是光散射，发展出了 Zimm 图，他扩展了高分子动力学的 Rouse 模型，他还对蛋白质和 DNA 结构进行了开创性工作。2005 年 11 月 26 日，他在加州 La Jolla 逝世，享年 85 岁。

图 3.13　Bruno H. Zimm 肖像。图片经许可转载自 *Macromolecules* 1985，18（11），2095-2096. 版权归美国化学会（1985）所有

3.6.4　弛豫模式

在第 2.6.2 小节中，我们已经知道，高分子是自相似的分形物体。这种自相似性对于链动力学也同样成立：在由 N 个链段组成的整体中，一个含有 g 个链段子链的弛豫，与总共由 g 个链段组成的单独链的弛豫是相同的，可以用上述 Rouse 和 Zimm 形式来描述。这些子链的弛豫是通过所谓的**弛豫模式**来评估的，其阶用一个指数 p 来表示。在具有 N 个链段的整个链中，我们选取具有 N/p 个链段的子链，它们的相干运动（coherent motion）就对应于 p 阶模式。在 $p=1$ 时，可能发生整个链的相干运动，这意味着整个链可以弛豫，并移动等于其自身尺寸的距离；当 $p=2$ 时，只有每一半的链可以相干移动和弛豫，位移距离达到其自身尺寸；$p=3$ 时，只有三分之一的链可以相干移动和弛豫，因

---

[14]　同样，对于刚性棒状链，$\nu=1$，Zimm 型与 Rouse 型的标度一致。

此位移距离达到其自身尺寸，以此类推。在 $p=N$ 时，只有单个单体单元可以弛豫，并达到自身尺寸的相互位移。图 3.14 直观地显示了这种弛豫模式阶的等级。在突然形变后的某一时间 τ_p，指数高于 p 的所有模式都已经弛豫，而指数低于 p 的所有模式仍未弛豫。一般来说，形变时的能量储存量级为 $N \cdot k_B T$。在形变的黏弹性材料中，应力可以弛豫，其中每种模式弛豫了一份 $k_B T$。换句话说，在时间 τ_0，对每个链段的储存能量为 $k_B T$，在时间 τ_{Rouse} 或 τ_{Zimm}，对每条链为 $k_B T$，即从 τ_0 至 τ_{Rouse} 或 τ_{Zimm}，整个链总的储存能量从 $N k_B T$ 下降至 $k_B T$；在中等时间尺度 τ_p，储存能量只剩下 $p \cdot k_B T$。根据这个概念，还要根据模式阶数的时间依赖性的表达式——这个公式告诉我们，在所感兴趣的时间 τ_p，超过指数 p 阶的模式已经弛豫，我们对于高分子材料的时间依赖性的能量存储和弛豫能力，可以推导出定的表达式，这将在第 5.8.2 小节中完成。

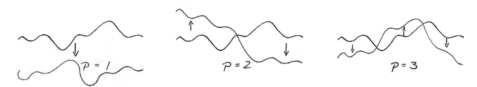

图 3.14　高分子链弛豫模式的示意图，数字 p 为模式的阶数。第一种模式，$p=1$，与整条链的弛豫有关。在第二种模式中，$p=2$，长度仅为链一半的子链可以弛豫。第三种模式，$p=3$，对应于长度仅为链三分之一的子链的弛豫，以此类推。在最后一种模式中，$p=N$，只有单一的单体单元可以弛豫（这里没有画出草图）。示意图源于 H. G. Elias：*Makromoleküle*，*Bd. 2*：*Physikalische Strukturen und Eigenschaften*（6. Ed.），Wiley-VCH，2001

表 3.1 汇总了我们对 Rouse 模型和 Zimm 模型已经求出的特征时间，以及模式指数 p 的时间依赖性。

表 3.1　**Rouse 模型和 Zimm 模型的特征参数**（该表可作为工具箱，用于第 5 章，可以推导出公式，以表达高分子溶液和熔体随时间变化的力学谱）

参数	Rouse 模型	Zimm 模型
最长弛豫时间	$\tau_1 = \tau_{\text{Rouse}} = \tau_0 N^{1+2\nu}$	$\tau_1 = \tau_{\text{Zimm}} = \tau_0 N^{3\nu}$
p 阶模式弛豫时间	$\tau_p = \tau_0 \left(\dfrac{N}{p}\right)^{1+2\nu}$	$\tau_p = \tau_0 \left(\dfrac{N}{p}\right)^{3\nu}$
最短弛豫时间	$\tau_N = \tau_0$	$\tau_N = \tau_0$
模式指数 P 的时间依赖性[①]	$p = \left(\dfrac{\tau_p}{\tau_0}\right)^{\frac{-1}{1+2\nu}} \cdot N$	$p = \left(\dfrac{\tau_p}{\tau_0}\right)^{\frac{-1}{3\nu}} \cdot N$

① 通过代入 τ_p 的值，我们可以计算出在感兴趣的时间 τ_p 之后，弛豫已经进行到了什么模式。这些公式是由第二行所列的公式对于给定 p 值简单重新排列而得。

3.6.5　亚扩散

让我们回到在第 3.6.1 小节介绍的爱因斯坦-斯莫卢霍夫斯基公式。实际上，它还没有完全完成。为了使它普遍适用，我们必须用一个指数 α 来扩展它：

$$\langle [\vec{r}(t) - \vec{r}(0)]^2 \rangle = 2dDt^{\alpha} \tag{3.35}$$

当 $\alpha=1$ 时，我们得到常规的爱因斯坦-斯莫卢霍夫斯基公式，描述了正常的 Fick 扩散。

然而，在许多情况下，$\alpha \neq 1$。如果$\alpha < 1$，扩散为受限扩散，这种情况称为**亚扩散**。亚扩散的一个典型原因，是扩散的分子有暂时的滞留，当它们在运动路径上遇到结合点时就会出现这种情况[45]。相比之下，如果$\alpha > 1$，扩散会受到促进，这种情况称为**超扩散**。超扩散的一个典型原因是，扩散分子可以在载体的背面停留一段时间，然后在途中快速跨越很远的距离[46]。现在让我们来讨论一条有N个链段的高分子链，以及其中有N/p个链段的子链。在时间τ_p内，这条子链移动了一段距离$R = \vec{r}_j(\tau_p) - \vec{r}_j(0)$，其长度为$l \cdot (N/p)^\nu$，相当于它自己的尺寸。现在想象一下，我们以某种方式在子链上标记一个单体链段j，并跟踪其位移。在τ_p之后，其位移值为：

$$\text{按照 Rouse 模型：} \langle [\vec{r}_j(\tau_p) - \vec{r}_j(0)]^2 \rangle = l^2 \left(\frac{N}{p}\right)^{2\nu} = l^2 \left(\frac{\tau_p}{\tau_0}\right)^{\frac{2\nu}{1+2\nu}} \tag{3.36a}$$

$$\text{按照 Zimm 模型：} \langle [\vec{r}_j(\tau_p) - \vec{r}_j(0)]^2 \rangle = l^2 \left(\frac{N}{p}\right)^{2\nu} = l^2 \left(\frac{\tau_p}{\tau_0}\right)^{2/3} \tag{3.36b}$$

在上述两个公式中，我们首先将距离$R = \vec{r}_j(\tau_p) - \vec{r}_j(0)$写成此处所考虑的为长度$l \cdot (N/p)^\nu$的均方形式，然后我们必须将模式指数$p$的时间依赖性代入分式的分母，对于 Rouse 模型或 Zimm 模型相关的表达式见表 3.1。对于 Rouse 模型，我们用这种方法所得的均方位移的时间依赖性的最终指数为$\frac{2\nu}{1+2\nu}$（在$\nu = 1/2$的理想状态下此指数为$1/2$），对于 Zimm 模型为$2/3$，如图 3.15 所示。这两个指数都小于 1。因此，**在短于τ_{Rouse}和τ_{Zimm}的时间内，链段运动是亚扩散的**。这是由于每个单体链段（例如我们标记的链段）的运动受由化学键合相邻链段的阻碍。只有当邻近单体也这样运动时，我们选定的标记单体链段才能向一个特定的方向移动。相反，当邻近的单体不向同一方向移动时，我们标记的单体被拖曳运动，从而迫使其时间依赖性位移是亚扩散的，而不是自由扩散的。作为类比，请记住我们在第 1.2 节中将高分子的概念示意为一连串的人手牵手。在这样一条链中，如果某一个人想向所想的一个方向迈出几步，只有当相邻人们加入这一运动，这才有可能。如果他们不这样做，那么这个运动就会受限。再一次，Rouse 的运动比 Zimm 的运动要慢，在图 3.15 中也可以看到，斜率为 1/2 的直线与斜率为 2/3 的直线相比，在给定时间之内产生较小的位移。再一次，其原因是：在 Rouse 模型的情况下，自由穿流的溶剂产生较大的黏性阻力；而在 Zimm 模型的情况下，仅在充满溶剂的线团前沿正面存在溶剂阻力。

3.6.6 模型的有效性

现在我们已经处理了描述高分子链的动力学的两种不同模型，于是自然要出现一个问

---

[45] 作为一个比喻，考虑一个在 Mainz 参加葡萄酒节的人，他已经享用了太多的葡萄酒，因此按无规行走回家。根据爱因斯坦-斯莫卢霍夫斯基公式，此人的均方位移与时间成线性标度。然而，如果这个人在路上被困住了，例如，遇到其他的人聊天（如果在那个状态下这仍然是可能的），或者被更多的酒摊吸引，那么均方位移将不再与时间成正比。

[46] 作为一个类比，再考虑一下我们在酒会上喝醉的朋友。这个人可能会在路上乘坐公共汽车，从而来加速无规行走回家。

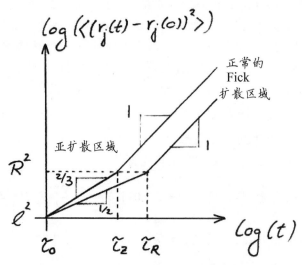

图 3.15　在 Rouse 和 Zimm 模型中，"标记为 j 的"单体单元的均方位移的时间依赖性。在小于 Rouse 或 Zimm 时间的时候，两个标度定律中的幂指数小于 1，表明标记链段的亚扩散。示意图源自 M. Rubinstein，R. H. Colby：*Polymer Physics*，Oxford University Press，2003

题：两者之中，哪一个能够做出更准确的预测？事实证明，两种模型都可行，但它们的有效性取决于高分子周围的环境。在高分子浓度较低的稀溶液中，线团中链段之间的流体动力学相互作用很强。在这种情况下，Zimm 模型是更有效的模型。我们可以在图 3.16 的左图找到佐证，此图表示三种高分子在稀溶液中扩散系数摩尔质量依赖性的标度关系。每一条直线都表示按照某一负值的 Flory 幂指数进行标度，其指数值应用于特定高分子-溶剂组合，与式（3.33）完全一致。相比之下，在亚浓体系中或在熔体中，两者都以线团的

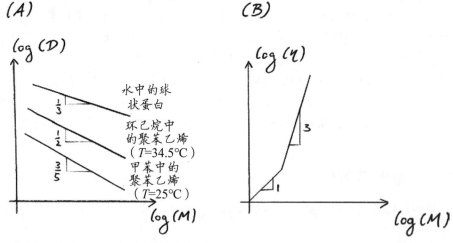

图 3.16　两种标度关系：（A）在稀溶液中高分子链的平移扩散系数 D；（B）高分子熔体黏度 η。两者都是高分子链长度的函数，这里用高分子摩尔质量 M 来表示。尽管稀溶液显示出 $D \sim M^{-\nu}$ 的标度，正如 Zimm 模型所预示；但对于长度小于某个临界值的链，其熔体却显示出 $\eta \sim M^1$，正如 Rouse 模型所预示（关于这种特定标度的全面、详细解释，请见第 5.10.1 小节）

显著相互贯穿为特征，流体动力学相互作用受到其他高分子链交叠链段的屏蔽。这种效应类似于高分子熔体中排除体积相互作用的屏蔽，因此总是显示 θ 型线团构象。在这些区域中，Rouse 模型更适合描述高分子链动力学❼。我们可以在图 3.16 的右图发现其佐证，它表示不同高分子熔体黏度的摩尔质量依赖性。在低摩尔质量体系中，黏度随摩尔质量线性上升，在第 5.10.2 小节中将基于 Rouse 模型证明这一点（在高摩尔质量的区域中，这种标度直线的斜率明显变大，表明链的运动有一种不同的机理：蛇行机理，我们也将在第 5.10.2 小节中再来讨论）。

第 6 讲　选择题

（1）如果我们给一个正在扩散的分子或粒子 2 倍的时间，它的根均方位移有什么不同？

a. 大了 2 倍。

b. 大了 $\sqrt{2}$ 倍。

c. 大了 2^2 倍。

d. 需要进行更广泛的计算。

（2）Rouse 模型不是基于哪个基本假设？

a. 线团被周围的介质自由穿流。

b. 链被建模为一串由弹簧连接的球珠。

c. 总的摩擦系数是单个链段摩擦系数 $f_{segment}$ 的总和。

d. 球珠和弹簧在流经周围介质时都会一起受到摩擦。

（3）将适当的时间尺度与材料的行为匹配。

① 单个链段或短链可以移动；该材料具有黏弹性固体的性质。

② 甚至单个链段也不能移动；该材料具有玻璃的性质。

③ 时间足以让整个高分子链移动，从而发生超出链尺寸的位移；该材料具有黏弹性流体的性质。

a. ① $\tau_0 < t < \tau_{Rouse}$　② $t < \tau_0$　③ $t > \tau_{Rouse}$

b. ① $\tau_0 < t < \tau_{Rouse}$　② $t > \tau_{Rouse}$　③ $t < \tau_0$

c. ① $t < \tau_0$　② $\tau_0 < t < \tau_{Rouse}$　③ $t > \tau_{Rouse}$

d. ① $t > \tau_{Rouse}$　② $\tau_0 < t < \tau_{Rouse}$　③ $t < \tau_0$

（4）Zimm 模型不是基于哪个基本假设？

a. 可以认为链是充满溶剂的纳米凝胶颗粒。

b. 移动的链段对邻近的溶剂分子产生黏性阻力。

c. 夹带的溶剂留在线团中。

d. 由于流体动力学的相互作用，即使是相距较远的链段也会相互影响。

（5）关于弛豫模式的哪种说法是正确的？

a. 在某个时间 τ_p；所有指数小于 p 的弛豫模式都已经弛豫，而所有指数大于 p 的模

---

❼ 实际上，在亚浓体系中，高分子同时显示出 Rouse 型和 Zimm 型动力学，这取决于所考虑的长度尺度。

式仍未弛豫。

b. 第零阶弛豫模式（指数 $p=0$）对应于整个链的弛豫。

c. 弛豫模式的概念只适用于 Rouse 模型框架，而不适用于 Zimm 模型，因为它没有考虑到流体动力学耦合。

d. 链的弛豫可以设想为子链的连续弛豫，随着时间指数的增加，这些子链变得更大。

（6）将 Rouse 模型与 Zimm 模型相比，为什么弛豫时间尺度对 N 的依赖性有更高的指数？

a. 在 Zimm 模型中，由于非穿流条件，只有线团穿流正面的链段会受到摩擦；而在 Rouse 模型中，由于溶剂通过线团穿流，所有链段都会受到影响。

b. 这纯粹是相应公式推导的结果，没有具体的物理意义。

c. 在 Zimm 模型中，弛豫时间因流体动力学的相互作用而缩短，因为即使在较远的距离上，各链段也能相互作用。

d. 在 Zimm 模型中，流体动力学相互作用补偿了由溶剂引起的摩擦，这使得与 Rouse 模型相比，单个链段上的摩擦更小。

（7）将所提到的性质分配给亚扩散或超扩散现象，请选择正确的分配顺序。

① 广义爱因斯坦-斯莫卢霍夫斯基公式中的指数大于 1。

② 扩散的粒子在遇到结合点时，会暂时减慢速度。

③ 扩散性颗粒临时以定向方式运输，例如，通过与活细胞中的运输系统对接。

④ 广义爱因斯坦-斯莫卢霍夫斯基公式中的指数小于 1。

a. ①亚扩散　②亚扩散　③超扩散　④超扩散

b. ①超扩散　②亚扩散　③超扩散　④亚扩散

c. ①超扩散　②超扩散　③亚扩散　④亚扩散

d. ①亚扩散　②超扩散　③亚扩散　④超扩散

（8）高分子链内单个链段的运动是亚扩散性的，_____

a. 因为这种运动被溶剂的吸引相互作用所抑制。

b. 因为时间尺度小于 τ_0（单体的弛豫时间）。

c. 因为单个链段由于相互键合而限制了彼此的自由迁移性。

d. 因为满足良溶剂的条件。

（许胤杰、王双、杜宗良　译）

第 4 章
高分子热力学

本书中对于高分子已有的全部讨论，都仅限于单链。下面的这一讲将超越这种限制，对于多链与小分子溶剂或与另一高分子样品的混合热力学，将引入一个概念进行建模和量化。从这个模型中你会看到，对于经典化学中许多物质的易混合性，混合熵起主导作用；而在高分子科学中混合熵只起次要作用，以至于仅有非常高焓相容性的高分子才会混合。这体现于一个基本量：**Flory-Huggins 相互作用参数**。

通过本书，至此我们已经研究了高分子链会有什么样的形状，也已经了解链如何与自身和与溶剂相互作用，并且还已经得到高分子如何运动的图景。到目前为止，上述一切有一个共同点，我们只专注于单链。在下文中，我们希望将观点扩展到多链体系，不禁要自问：多链彼此如何相互作用？它们又如何与溶剂相互作用？回答这些问题将是一项复杂的工作，由于需要评估大量的相互作用，因此数学上很难描述。此外，整个多链体系会经历不断发生的动态变化，使我们更难加以适当描述。那么，我们该如何解决这个问题呢？

我们通过考虑单体-单体和单体-溶剂的平均相互作用来应对这一挑战。简而言之，我们不去评估在体系中在某一时刻有多少 M-M 和多少 M-S 相互作用，也不去评估它们在体系中的确切位置，而是满足于我们平均（在空间和时间上）有多少这样的相互作用。有一种简化的确非常方便，即这种平均相互作用数只是简单正比于体系中 M 和 S 各自的体积分数。这种方法称为平均场处理。

4.1　Flory-Huggins 平均场理论

使用平均场方法，我们能够完整构思高分子-溶剂和高分子-高分子共混物的热力学。上述平均场方法是由 Maurice L. Huggins 和 Paul J. Flory 独立发展的，称为 Flory-Huggins 平均场理论[48]。它评估了混合的吉布斯自由能 ΔG_{mix} 的变化，只有它是负数，两个成分彼此才会容易相互混合：

$$\Delta G_{mix} = G_{AB} - (G_A + G_B) = \Delta H_{mix} - T\Delta S_{mix} \qquad (4.1)$$

式中 G_{AB} 是混合物的自由能，而 G_A 和 G_B 是混合前各组分的自由能。ΔG_{mix} 也可以用混合焓和混合熵来表示，分别为 ΔH_{mix} 和 ΔS_{mix}。一般来说，熵总是有利于混合，因为那会增加体系的混乱度，而焓通常不利于混合，因为那会迫使各成分彼此之间相互作用而不是与自身相互作用，在绝大多数情况下，那是一种不太完美的相互匹配。

在低摩尔质量化合物的经典混合物中，即在式(4.1)中，固有熵有利的影响足以超过焓通常不利的影响，从而发生混合〔如果在室温下没有发生这种混合，通常可借助于加热，因为这会使式(4.1)中的熵项更加重要〕。但是，对于高分子体系，有利的熵项的作用要小得多。这是因为高分子是长链状分子，只需将大量单体单元以链的形式简单连接在

---

   ❹ Flory 本人曾建议应将 Huggins 的姓氏放在第一（即 Huggins-Flory 理论）（见 *J. Chem. Phys.* 1942，10（1），51-61），因为 Huggins 实际上是这两位科学家中最早发表平均场理论的作者（Huggins 的论文于 1941 年 5 月发表在 *J. Chem.*，而 Flory 的论文出现在该杂志的 8 月刊上）。不过，在 Flory 提出此建议的时候，他在科学界已经大名鼎鼎，以至于今天仍沿用 Flory-Huggins 这个次序。

一起，即使它们产生相当大的预序（preorder）。在这种状态下，这些单体单元在溶剂中不能像未聚合时那样有很大自由度的排列，因此，在聚合状态下与溶剂混合后的熵增要比在非聚合状态下的熵增少得多。于是，正如我们在第 3.2 节已经了解到的那样，高分子的溶解和相互混合主要依赖于焓项。

Maurice Loyal Huggins（图 4.1）1897 年 9 月 19 日生于加州的伯克利。他在加州大学伯克利分校学习化学，并于 1920 年获得了硕士学位。两年后，即 1922 年，他在 Charles M. Porter 的指导下，因研究苯的结构而获得博士学位。随后，他在不同的研究所工作，包括斯坦福研究所、约翰斯·霍普金斯大学（马里兰州巴尔的摩）。在 1939 年，他加入 Eastman Kodak 公司（纽约州罗切斯特）。从 1959 年起，他又回到斯坦福研究所，最后于 1967 年从研究工作中退休。在他活跃工作期间，他于 1919 年独立构思了氢键的概念，对于氢键在稳定蛋白质二级结构中的作用，他是早期倡导者，Linus Pauling、Robert Corey 和 Herman Branson 直到 1943 年，才提出一种 α 螺旋的模型，Huggins 的模型比他们的现代模型大约早 8 年就问世了。他还发展了高分子溶液的平均场理论，即 Flory-Huggins 理论。他于 1981 年 12 月 17 日在加州的伍德赛德去世。

图 4.1 Maurice L. Huggins 肖像。图片经许可转载自 Oregon State University Libraries Special Collections & Archives Research Center

---

现在，采用 Flory-Huggins 平均场理论来独立估算式(4.1)的熵和焓的贡献，该理论基于**格子模型**，如图 4.2 所示。成分 A 用黑珠表示，而成分 B 用白珠表示。将这些珠粒放入格子，可能是每种样品分开的格子（图 4.2 左侧），代表非混合状态；也可能是两种样品共同的格子（图 4.2 右侧），代表混合状态。我们假设所有参与的分子，无论是溶剂（白珠）还是溶解的成分（黑珠；注意：如果此化合物是一种高分子，珠粒就是它的单体单元！），都具有相同的体积。

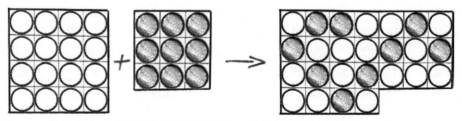

图 4.2 黑珠和白珠在格子上等体积混合。示意图源自 M. Rubinstein，R. H. Colby：*Polymer Physics*，Oxford University Press，2003

基于这一假定，在混合前单独格子的体积为 V_A 和 V_B，在混合后体积是可加和的，其和就是组合格子的体积 V_{mix}，即有：

$$V_{mix} = V_A + V_B \tag{4.2}$$

当混合在热力学上是有利的（我们正是对此加以评估），所有的珠粒将在新的组合体积 V_{mix} 中随机地占据新的位置。由此产生的组分 A 和 B 所占的体积分数[49]分别为 ϕ_{A} 和 ϕ_{B}，如下所示：

$$\phi_{\mathrm{A}} = \frac{V_{\mathrm{A}}}{V_{\mathrm{A}} + V_{\mathrm{B}}} \tag{4.3a}$$

$$\phi_{\mathrm{B}} = \frac{V_{\mathrm{B}}}{V_{\mathrm{A}} + V_{\mathrm{B}}} = 1 - \phi_{\mathrm{A}} \tag{4.3b}$$

我们可以定义每一个单独格座占据单位体积 v_0。那么，格座的总数 n 为

$$n = \frac{V_{\mathrm{A}} + V_{\mathrm{B}}}{v_0} \tag{4.4}$$

成分 A 占据 $n\phi_{\mathrm{A}}$ 个格座，而成分 B 占据 $n\phi_{\mathrm{B}}$ 个格座。我们也可以使用 v_0 来计算两个组分的链体积，即 v_{A} 和 v_{B}：

$$v_{\mathrm{A}} = N_{\mathrm{A}} v_0 \tag{4.5a}$$

$$v_{\mathrm{B}} = N_{\mathrm{B}} v_0 \tag{4.5b}$$

式中 N_{A} 和 N_{B} 分别是成分 A 或 B 的每个分子占据的相邻格座的数量。对于一个高分子样品，N_{A} 和 N_{B} 对应于高分子链的聚合度（其尺寸的标度为 $R_{\mathrm{A}} \sim N_{\mathrm{A}}^{\nu}$ 和 $R_{\mathrm{B}} \sim N_{\mathrm{B}}^{\nu}$）。

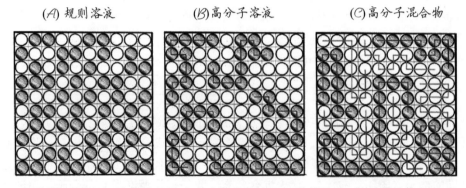

图 4.3　三种计算方案：50 个黑珠和 50 个白珠排列在 10×10 的格子上，格子单元体积为 v_0，用来模拟两种组分在（A）两种低摩尔质量组分 A 和 B 的规则溶液中的二元混合，这两种组分都由分子尺寸等于格座尺寸的分子所组成，（B）低摩尔质量化合物 A 组成的一种高分子溶液，其中 A 由一个单体单元构成（图中每一条链对应 10 个 A），每一个单元占据一个格座，而整个样品中的每一条大分子则占据 N_{A} 个相邻格座，且溶解于其尺寸等于格座尺寸的分子所组成的低分子溶剂 B 中。（C）一个高摩尔质量组分 A 与另一个高摩尔质量组分 B 混合而成的高分子共混物，两者都占据多个相邻的多个格座，其数目为 N_{A} 和 N_{B}（图中对于两种高分子每条链的 N 都是 10）。示意图源自 M. Rubinstein, R. H. Colby：*Polymer Physics*，Oxford University Press，2003

根据 N_{A} 和 N_{B} 的相对大小，我们可以划定三种不同的情况，均示于图 4.3。在第一种情况下，如图 4.3(A) 所描述，N_{A} 和 N_{B} 都是 1。在这种情况下，我们所讨论的是低

---

[49]　体积分数是高分子科学中常用的浓度测量方法。它表示一个感兴趣的组分所占系统体积的比例。从基础物理化学中我们知道一个相关的量：摩尔分数。如果有两个分量 A 和 B，则计算为 $x_{\mathrm{A}} = \frac{n_{\mathrm{A}}}{n_{\mathrm{A}} + n_{\mathrm{B}}}$ 和 $x_{\mathrm{B}} = \frac{n_{\mathrm{B}}}{n_{\mathrm{A}} + n_{\mathrm{B}}} = 1 - x_{\mathrm{A}}$。

摩尔质量化合物的**规则溶液**。这样的混合过程是高度熵驱动的，从（A）的相当混乱的外观也可以看出。这与图 4.3(B) 中所示的图景二有很大不同。这里，$N_A \gg 1$（在图中，是 $N_A=10$），对应于长的高分子链；$N_B=1$，对应于溶剂分子。这就是**高分子溶液**的情况。由于高分子链的连通性，与第一种情况相比，单体链段现在只能有更少的可能性来排列自己，从（B）中黑珠与（A）中相比有更整齐的分布，可以看出这一点；在这种体系中，只有溶剂分子仍然可以相当自由地排列自己。在第三种情况下，如图 4.3(C) 所示，N_A 和 N_B 都是 $\gg 1$（在图中，$N_A=N_B=10$）。两种不同高分子的混合物（即**高分子共混物**）就是这种情况。在这种情况下，黑珠和白珠的排列自由度是相当有限的，因为两者都受制于链的连通性。

4.1.1 混合熵

实现混合和非混合两种宏观状态有不同的微观状态数，由此可以估算混合熵 ΔS_{mix}。这是一种统计学的方法，通过这种方法，我们可以根据玻尔兹曼公式计算熵，$S=k_B \ln(W)$。在一个均匀的 A-B 混合物中，每个珠粒在共同格座上有 n 个可能的位置。换句话说，每个珠粒可以放在格座上的任何位置。在非混合相中，组分 A 在 A 相中只有 $n\phi_A$ 的可能位置；其余的被组分 B 在 B 相中占据。由此，我们可以得到单个珠粒 A 的混合熵 ΔS_A，即为[50]：

$$\Delta S_A = k_B \ln n - k_B \ln n\phi_A = k_B \ln \frac{1}{\phi_A} = -k_B \ln \phi_A \tag{4.6a}$$

式中 $k_B \ln n$ 关联于混合状态，而 $k_B \ln n\phi_A$ 关联于非混合状态。类似地，单个珠粒 B 混合熵为：

$$\Delta S_B = -k_B \ln \phi_B \tag{4.6b}$$

通过这两个表达式，我们可以计算出总混合熵 ΔS_{mix}：

$$\Delta S_{mix} = n_A \Delta S_A + n_B \Delta S_B = -k_B(n_A \ln \phi_A + n_B \ln \phi_B) \tag{4.7}$$

如果我们在式(4.7) 中把分子 A（在低摩尔质量物质的情况下是单个珠粒，在高分子的情况下是由多个珠粒组成的链）的数量 n_A 表示为 $n \cdot \phi_A/N_A$，把分子 B 的数量 n_B 表示为 $n \cdot \phi_B/N_B$，然后除以 n，我们就得到每个格座的混合熵：

$$\Delta \bar{S}_{mix} = \frac{\Delta S_{mix}}{n} = -k_B \left(\frac{\phi_A}{N_A} \ln \phi_A + \frac{\phi_B}{N_B} \ln \phi_B \right) \tag{4.8}$$

再次应当注意：式中 ϕ_A 和 ϕ_B 是组分 A 和 B 的体积分数，而 N_A 和 N_B 是它们的聚合度，也就是每个分子 A 和（大）分子 B 占据多少个相邻的格座。如果我们将这个公式应用于一种规则混合物，若 $N_A=N_B=1$，并且珠粒 A 和珠粒 B 的摩尔体积相等（无论如何，我们在目前的讨论中一直假设这一点），我们可以用摩尔分数代替式(4.8) 中的体积分数，于是得出你从初等物理化学中知道的公式的形式：$\Delta \bar{S}_{mix} = -k_B(x_A \ln \phi_A + x_B \ln \phi_B)$。

在考察式(4.8) 时，我们可以从概念上得到一些见解。由于 ϕ_A 和 ϕ_B 二者的数值都是在 $[0,1]$，式(4.8) 中的对数值将总是为负（或最多为零）。再加上式右端的减号，这将总是导致一个正的混合熵。这是有道理的，因为熵总是有利于混合。然而，正的程度取

---

[50] 不要混淆：k_B 中的 B 表示 Boltzmann（玻尔兹曼）；而在 n_B、N_B 和 ϕ_B 中指数的 B 是对组分 B 而言。

决于分母的 N_A 和 N_B。它们越大，混合熵的正值就越小。这意味着，尽管熵总是有利于混合，但对于高分子长链，它的贡献较小。这一见解与我们刚进行的定性讨论完全吻合。

图 4.3 共给出三种计算方案，对其中的每一种我们都可以估算出混合熵，通过这些定量计算，我们可以深化对概念的理解。这里，令 A 和 B 的体积分数相等，即 $\phi_A = \phi_B = 0.5$。在我们的第一个方案（A）中，我们有 50 个白珠和 50 个黑珠，它们可以在格座上自由排列。这意味着，有 $100!/(50!\,50!) = 10^{29}$ 种不同的可能微观状态来实现宏观状态"混合"。在这种情况下，每个格座的混合熵按玻尔兹曼常数归一化，$\Delta \overline{S}_{mix}/k_B = 0.69$。在我们的第二个方案（B）中，我们保留了 50 个溶剂白珠，但改变了由黑珠代表的组分 A 的结构，现在使其为含 10 个链段的高分子，因此现在由 5 条含 10 个链段的黑珠链来代表。由于黑珠以这种方式相互连通，归一化的混合熵明显减少，$\Delta \overline{S}_{mix}/k_B = 0.38$。在最后一种方案（C）中，仍继续这一趋势。现在，白珠同样也连通为 5 条高分子链，每条链有 10 个链段。因此，两种组分在格座上可能的排列数下降到只有约 10^3。于是，归一化的混合熵也进一步减少，$\Delta \overline{S}_{mix}/k_B = 0.069$。

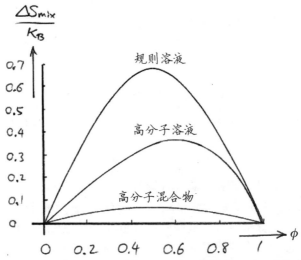

图 4.4　示于图 4.3 中三种不同情况对应的（归一化）混合熵（随组分体积分数 ϕ 的变化）

为了直观地理解这些发现，把归一化混合熵作为组分 A 的体积分数的函数来作图，如图 4.4 所示。同样，我们从此图中意识到，高分子与溶剂混合的熵增大大低于低摩尔质量化合物的规则混合物。此外，我们看到，高分子共混物的熵增几乎可以忽略不计。我们从该图中还认识到，熵增的程度也取决于体积分数；如果混合组分具有相等的尺寸，则对于体积分数比为 50∶50 混合物（$\phi_A = 0.5$），熵增最大；对于情况（A）（$N_A = N_B = 1$）和情况（C）（$N_A = N_B = 10$）就是如此。如果混合物由不同尺寸的化合物组成，就像情况（B）一样，我们有 $N_A = 10$ 但 $N_B = 1$，则熵极大值处于不同的 ϕ_A（约 0.65）。

高分子与溶剂或其他高分子混合时，仅仅获得微小的熵增，这是自然界依靠高分子构件建立复杂结构的两个原因[51]之一：既然它们的混乱排布只会带来微小的熵增，那么将它

---

[51]　原因之二是，由于它们的相互作用能只有几个 RT，高分子构件可以用来建立足够稳定的实体，但也有足够的可塑性，可以在没有太多能量输入的情况下解体和重构。

们变成有序结构也不会付出太大的代价。

4.1.2 混合焓

现在让我们集中讨论两个组分 A 和 B 混合的能量贡献。为此，我们必须量化所有可能的相互作用，即 A-A、B-B 和 A-B。然而，这无法通过数学分析式来完成。请记住，即使只是 50 颗 A 珠和 50 颗 B 珠按 1∶1 规则混合，也会有 10^{29} 种可能的组合。为了应对这一挑战，我们采用了平均场方法。在这种方法中，我们从概念上将高分子"水解"成与周围分子尺寸相同的不连通的链段，并令它们随机地分布在格子上。然后我们只讨论这个格子上两个直接相邻者之间的相互作用，这里有三种不同的相互作用能量 u，我们必须讨论：u_{AA}、u_{BB} 和 u_{AB}。

单体 A 与其相邻格座之一的**平均对（pairwise）相互作用能**为

$$U_A = u_{AA}\phi_A + u_{AB}\phi_B \tag{4.9a}$$

式中 u_{AA} 是 A-A 接触情况下的相互作用能，ϕ_A 是所考虑的单体 A 的邻接位点确实被另一个 A 占据的概率，此概率值等于体系中 A 的体积分数。第二项则表示，对于 A-B 接触的情况也是如此。

类似地，组分 B 与其一个格座的平均对相互作用能量为：

$$U_B = u_{AB}\phi_A + u_{BB}\phi_B \tag{4.9b}$$

这样的论证体现出平均场方法的简单性和优势。在通常情况下，组分 A 的一个分子（或珠粒）的相互作用要么正好是 u_{AA}，要么正好是 u_{AB}，这取决于坐在它旁边的分子（或珠粒）的类型。然而，我们并不知道，在某一给定时刻和格子的某一点上，这两种相互作用究竟是哪一种，所以我们假定：可以根据体系中二者发生的频率（即 ϕ_A 和 ϕ_B），采用一种平均场相互作用。

我们知道，n 个格座中的每一个都有 z 个最邻近的格座可以与之相互作用。从单组分的平均对相互作用能中，我们可以计算出混合状态下的总平均相互作用能：

$$U = \frac{z \cdot n}{2}(U_A\phi_A + U_B\phi_B) \tag{4.10a}$$

U_A 和 U_B 是由式(4.9a) 和（4.9b）给出的平均对相互作用能量。系数 1/2 正好抵消了对相互作用的重复计算。

同样，也可以求出非混合状态下的平均相互作用能。在这种情况下，我们使用单组分的相互作用能 u_{AA} 和 u_{BB} 代入式(4.10a)，得出：

$$U_0 = \frac{z \cdot n}{2}(u_{AA}\phi_A + u_{BB}\phi_B) \tag{4.10b}$$

利用混合和非混合状态下的相互作用能，我们可以计算混合时的能量变化。首先计算能量的差值，并通过将其除以格座数 n 来归一化，我们可以得到：

$$\Delta\bar{U}_{mix} = \frac{U-U_0}{n} = \frac{z}{2}(2u_{AB} - u_{AA} - u_{BB})\phi_A\phi_B = k_B T \chi \phi_A \phi_B \tag{4.11}$$

这个公式为讨论高分子热力学引入了一个非常重要的量：Flory-Huggins **相互作用参数**，即

$$\chi = \frac{z}{2} \cdot \frac{2u_{AB} - u_{AA} - u_{BB}}{k_B T} \tag{4.12}$$

此参数是混合前（u_{AA} 和 u_{BB}）和混合后（$2u_{AB}$）对相互作用能差的无量纲度量，将其按照格点几何参数（$z/2$）和基本热能增量（$k_B T$）进行归一化。在 A 和 B 的混合过程中，我们打破了 A-A 和 B-B 的接触，但反过来，每次打破都会建立两个新的 A-B 接触。这意味着我们"失去"了 u_{AA} 和 u_{BB}，但我们获得了 $2u_{AB}$。因此，根据式（4.12），当 $\chi < 0$ 时，这意味着在这种交换中能量增益多于能量损失。在这种情况下，$2u_{AB}$ 比 u_{AA} 和 u_{BB} 加起来还要小，这意味着其差值要么是较小的正值（＝热力学上较小的不利），要么（甚至更好）是负值（＝热力学上更为有利），这对应于一个**放热混合**过程。相反，当 $\chi > 0$ 时，混合时损失的能量多于获得的能量。在这种情况下，$2u_{AB}$ 比 u_{AA} 和 u_{BB} 加起来还要大，这意味着其差值要么是更大的正值（＝热力学更大的不利），要么是较小的负值（＝热力学较小的有利），这对应于**吸热混合**过程。Flory-Huggins 相互作用参数 $\chi = 0$，表示混合中没有能量变化。于是，混合过程只由其熵贡献驱动，这种情况通常被称为**理想混合物**[52]。大多数情况下，A 和 B 两种组分的混合通常是不利的，因为两个 A-B 接触不可能像 A-A 和 B-B 接触那样完美匹配[53]，这对应于吸热混合过程，其特征是 χ 为正值。

作为简化，如果我们假设混合过程是等容的，这意味着总体积在混合时不发生变化，$\Delta V_{mix} = 0$，那么我们可以用式（4.11）中的 ΔU_{mix} 代换式（4.1）中的焓项 ΔH_{mix}，这就得出，混合前后吉布斯自由能的变化：

$$\Delta \overline{G}_{mix} = k_B T \left(\frac{\phi_A}{N_A} \ln \phi_A + \frac{\phi_B}{N_B} \ln \phi_B + \chi \phi_A \phi_B \right) \tag{4.13}$$

我们已经说过，ΔG_{mix} 必须是负的，混合才会发生，所以让我们再仔细看一下后一个方程式。组合熵项总是贡献一些负值，因为 ϕ_A 和 ϕ_B 二者的数值都是在 [0,1] 的范围，所以式（4.13）中的对数总是负值（或者最多是零）。这是有道理的，因为熵总是倾向于混合。然而，对于焓项，它取决于混合前后对相互作用能量的差异，由 Flory-Huggins 参数 χ 加以表示。如上所述，在绝大多数情况下，$\chi > 0$，因为各组分宁可自己之间相互作用，也不愿意与其他组分相互作用。于是，焓项抵消了熵的贡献。因此，这取决于熵的贡献有多大，以及抵消的焓项有多大，这主要是由 χ 的大小来决定的。因此，χ 必须低于一个临界值（高分子溶液的临界值为 0.5，而高分子共混物的临界值接近于零，这将在第 4.2 节中说明），混合才会发生。只是在罕见的情况下，χ 可以小于 0。要做到这一点，A 和 B 之间必须有一个互补且有利的相互作用，这样，当两个组分相互作用而不是各自相互作用时，会有一个额外的能量增益。20 世纪 80 年代，Reimund Stadler 在 Freiburg 和 Mainz 巧妙证实了这一假设。他为高分子链配备了互补的氢键模体（motif），如图 4.5 所示。从

---

[52]　不要把这种理想混合物与我们在第 3.2 节介绍 θ 状态时所说的理想状态（准确地说，是伪理想状态）混淆起来。在理想的混合物中（有时同义为"理想溶液"），A-A、B-B 和 A-B 的各类相互作用都是相同的；我们把它称为"理想混合物"，因为在这种情况下，混合只由熵驱动。在高分子系统中，这种情况相当于一个 M-M、S-S 和 M-S 相互作用都相同的系统；我们在第 3.2 节中把它称为"无热溶剂"。相比之下，一个理想状态是没有任何相互作用的状态，这只是理论上的。一个真正存在的变体是一种伪理想状态，它显示出相当强的有效 M-M 吸引，强到它们正好平衡了 M-M 的硬球排斥；我们把这种状态命名为伪理想或准理想状态，因为它不是没有相互作用，而是显示出有效 M-M 吸引和 M-M 硬球排斥的微妙平衡（就像在波义耳温度下，真实气体显示出 A-A 有效吸引和硬球 A-A 排斥的平衡）。要注意有一种风险，容易将理想状态（θ 温度下 θ 溶剂中的高分子）与理想混合物（无热溶剂中的高分子）这两个术语混淆。

[53]　"物以类聚，人以群分"。

这些瞬时的相互作用中获得的能量非常有助于这些高分子的混合。

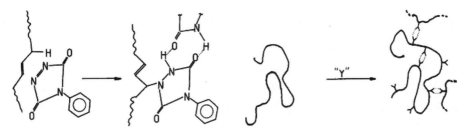

图 4.5　Reimund Stadler 的方法：高分子具备自互补氢键的模体，为混合自由能提供有利的焓贡献。图片经许可转载自 R. Stadler, L. L. de Lucca Freitas, *Coll. Polym. Sci.* 1986，264（9），773-778，版权归 Steinkopff Verlag（现在为 Springer Nature, 1986）所有，和 R. Stadler, L. L. de Lucca Freitas, *Macromolecules* 1987，20（10），2478-2485，版权归美国化学会（1987）所有。

Reimund Stadler（图 4.6）1956 年 10 月 9 日生于德国的 Stühlingen。他在阿尔伯特-路德维希-费赖堡大学（Albert Ludwigs University Freiburg）专修化学，在那里他获得了毕业证书和博士学位，论文题目是《热塑弹性体的黏弹性和晶体熔化》。然后，他成为巴西 Porto Alegre 大学的博士后，后于 1989 年回到 Freiburg，在 Hans Joachim Cantow 的指导下获得任教资格。Stadler 被任命为约翰内斯·古腾堡大学美茵茨分校（the Johannes Gutenberg University Mainz）的正教授，然后转到特罗伊特大学（the University of Bayreuth），仅一年后，他就在那里突然去世，时间是 1998 年 6 月 14 日。为了纪念他，德国化学会以他的名字命名了一个奖项，每隔一年颁发给高分子科学领域的研究新星。

图 4.6　Reimund Stadler 肖像。图片经许可转载自 *Designed Monomers and Polymers* 1999，2（2），109-110. 版权归 Taylor & Francis（1999）所有

4.1.3　作为一种函数的 Flory-Huggins 参数

Flory-Huggins 理论是高分子热力学的一种简化方法：它根据组合论证来估算混合熵，并根据平均场处理中的平均相互作用来估算混合能。到目前为止，一切都还顺利。但是，还有一些特征，那种理论完全没有体现出来，或者说至少没有适当体现出来。例如：彼此相互作用的分子，产生有利的相互取向，这种需要就是额外的熵效应；该理论中焓的部分有一些错误，这些错误源于平均场处理方法，忽略了体系中两种组分相当不均匀的分布，系统中高分子线团内部有高密度的高分子组分，但在线团之间则没有。所有这些与实际情况的偏差都勉强归结为 Flory-Huggins 参数 χ。因此，它不是一个给定的常数，而是一个函数，其本身由熵的部分 χ_S 和温度加权的焓的部分 χ_H 组成。

$$\chi = \chi_S + \frac{\chi_H}{T} \tag{4.14a}$$

因此，正是 χ_S 和 χ_H 这两个贡献和温度共同起作用，决定了高分子和溶剂的相溶或不相溶。χ 的熵部分和焓部分的作用可以基于以下思路来理解：让我们考虑对混合自由焓的所有贡献，也就是说，不仅考虑 Flory-Huggins 公式（4.13）中简单的构型熵项和简单的对相互作用焓项，而且考虑平均场方法没有考虑到的所有进一步的特定熵和焓效应；我们将这一整套贡献命名为 $\Delta G_{\mathrm{mix,excess}}$。然后，我们可以写出以下公式，将其与唯象学参数 χ 联系起来：

$$\Delta G_{\mathrm{mix,excess}} = \Delta H_{\mathrm{mix,excess}} - T \cdot \Delta S_{\mathrm{mix,excess}} = k_{\mathrm{B}} \cdot T \left(\chi_S + \frac{\chi_H}{T} \right) \tag{4.14b}$$

在此基础上，我们将 $-k_{\mathrm{B}} \cdot \chi_S$ 定义为超额混合熵 $\Delta S_{\mathrm{mix,excess}}$，它不是基于简单的统计组合考虑，而是将作为溶剂和溶质高分子的分子的所有特异性集合起来。$k_{\mathrm{B}} \cdot \chi_H = \Delta H_{\mathrm{mix,excess}}$ 仍然反映了基于平均场平均对相互作用的混合焓，其形式为 $\chi_H = (z/2k_{\mathrm{B}})(2u_{\mathrm{AB}} - u_{\mathrm{AA}} - u_{\mathrm{BB}})$，因此 $\Delta H_{\mathrm{mix,excess}} = (z/2)(2u_{\mathrm{AB}} - u_{\mathrm{AA}} - u_{\mathrm{BB}})$。（注意，在这个概念中，$\chi_H$ 有一个物理单位 [K]，而 χ_S 则没有物理单位。）

让我们更仔细地研究一下对 Flory-Huggins 参数的焓贡献 χ_H。在非极性体系中，它通常是正的，$\chi_H > 0$。其原因在于，在这些体系中，分子内相互作用多为范德瓦耳斯相互作用的那种吸引，每一种组分自身构建更好一些，而不同组分相互构建就那么完美，因此这种分子内相互作用反对混合[54]。但是，这些相互作用在高温下可以克服，因此高温促进混合。在数学上，这种情况反映于式（4.14a）分母中的温度依赖性。如果 $\chi_H > 0$，然后我们加大为正值的 χ_S，这样我们的总 χ 变得更大；这对混合不利，为了发生混合 χ 必须很小，要小于某一临界极限（我们将在下一节中讨论）。但是，温度 T 在公式中是分母的位置，所以高温会使 χ_H 的贡献减小，χ 中不利的部分在高温下发生衰减。在相反的情况下，通常在极性、质子体系中遇到，χ_H 可以是负的，即 $\chi_H < 0$。如果在组分间我们有特殊相互作用，如氢键或偶极-偶极相互作用，就会遇到这种情况。这些瞬时键有利于混合，但它们在高温下被打破。在数学上，我们可以从式（4.14a）分母中的温度依赖性再次看到这一点。如果 $\chi_H < 0$，那么我们在 χ_S 上增加一些负值，这样我们的总 χ 就会变小；这对混合是有利的。然而，由于 T 通过其在分母中的位置减少了 χ_H 的贡献，高温下 χ 的这一有利部分发生衰减。

后一种情况的一个典型实例是聚（N-异丙基丙烯酰胺）（pNIPAAm）的水溶液，其结构示于图 4.7。这种高分子主要含有非极性主链和非极性侧基，二者都不利于与水的相互作用，但它同样还有极性酰胺基，可以与水分子形成氢键。这在整体上促进了混合，但仅限于温度低于 32℃。在更高的温度下，氢键断裂，高分子沉淀，因为此时，所谓的疏水效应开始发挥作用：水分子发现自己接近疏水区域，如接近 pNIPAAm 中的异丙基部分，会形成团簇，因此呈现出比它们在自然状态下更有序的分子间排列，因为在这种有序排列中，可以避免不利的疏水-亲水接触。这种效应导致出现附加的也是不利的超额混合熵 $\Delta S_{\mathrm{mix,excess}} < 0$。随着温度的升高，我们发现这种超额熵对 $\Delta G_{\mathrm{mix,excess}}$ 的贡献（即

---

[54] 后文 4.2.1 小节的脚注[63]将给出：对于组分内接触优于组分间接触的系统，其定量判据是 $\chi_H > 0$。

$-T \cdot \Delta S_{\mathrm{mix,excess}}$）呈线性增加，因此超额混合自由焓 $\Delta G_{\mathrm{mix,excess}}$ 可以补偿通常构型产生的 Flory-Huggins 混合自由焓，最终导致 $\Delta G_{\mathrm{mix,total}} > 0$，从而诱发相分离。

这种溶解度-温度的屏垒称为**最低临界溶液温度**（LCST）。有一大类 LCST 型高分子，如 pNIPAAm，它们都表现出相当接近人体温度的 LCST[55]。这使得这些高分子在生物医学方面的应用很有趣，特别是在药物定向释放体系中可能存在应用前景。例如，考虑到炎症组织的温度比健康组织高一点，如果一种 LCST 高分子被设计成在该温差范围内显示出线团-链球转变[56]（即溶胀-消溶胀转变），那么就可以用这种高分子制成纳米胶囊体系，使其能够塌缩，从而只在炎症组织区域释放抗炎药物，而不在健康区域释放。此外，我们可以预期，这些

图 4.7　聚（N-异丙基丙烯酰胺）是一种高分子，主要含非极性主链和非极性侧基，二者皆疏水，而中间的极性酰胺基由于氢键可以促进与水混合。但是，在高温下这些氢键会被打破，于是高分子从溶液中沉淀析出

高分子的质子化或去质子化可能会进一步大幅影响其 LCST，以及它们在水中的可溶性和不可溶性区域。因此，我们也可以将这些高分子用于依赖 pH 值的活性体系，例如做成纳米胶囊，只在癌症组织中释放药物，而在健康组织中不释放，因为这两类组织之间存在 pH 值不同的环境。

作为小结，请注意，除了温度依赖性之外，Flory-Huggins 参数还经常表现出浓度依赖性，该依赖性可以表示为级数形式：

$$\chi = \chi_S + \frac{\chi_H}{T} + \chi_1 \phi + \chi_2 \phi^2 + \cdots \tag{4.15}$$

这更加强调了我们的上述论断，即 χ 并非是独一无二的常数，而只是一个唯象学参数，它本身取决于多种影响因素，最相关的是温度［式（4.15）中的变量 T］、体系的组成［式（4.15）中的变量 ϕ］和链长［没有包括在式（4.15）中；可能进一步采用一些项来考虑这个变量］。

---

[55]　这是因为氢键相互作用有几个到几十个 RT 的强度，在 30～50℃ 的温度窗口中容易被激活打开。大自然将同样的原理用于免疫反应（如发热，通过破坏氢键相互作用使敌对的蛋白质变性）或按要求结合和解除功能实体，如 DNA 的双链。

[56]　原文为 coil-to-globule，中文对 globule 有多种译名，目前尚难统一。首先应了解，本书与大多数文献一样，对这一术语 globule 前置的形容词是 dense 或 collapsed，即说明这是溶液中一条高分子链紧密堆积的、由线团塌缩而形成的球体，所以本书中从第 2.3 节开始出现的均译为"链球"，细心的读者也许已经体会到：这是链（紧密塌缩）球（体）的简称。当涉及这个术语的时候，就必须这样理解才正确。显然，对这种单链相转变的基础研究，涉及科学界对高分子最根本的认识，是高分子物理学最新的篇章。对于如此重要的现象，在 20 世纪 60 年代，最早由杰出的美国高分子理论家 Stockmayer 和著名的苏联理论物理学家 Lifshits 等提出假设的理论预示，但其实验证实极其漫长且困难。后来，主要是我国香港中文大学化学系的吴奇用巧妙设计的光散射实验，首次确切证明：对于溶液中的长链，确实要发生这样的线团-链球转变，并观察到中间的皱褶线团（crumpled coil）和融（熔）球（molten globule）的不同阶段，最后才成为完全塌缩的链球。此外，他还从动力学上解释其形成有成核和粗化的子过程。由此，他全面证明了这种溶液中单链的相变，被誉为高分子物理学的"新地标"。有兴趣的读者可以参阅一本优秀的教材：吴奇《大分子溶液》，高等教育出版社，北京，2021——译校者注。

4.1.4 微观分层

我们已经看到，高分子-高分子共混物的熵增是可以忽略的。因此，几乎不可能将一种高分子溶解在另一种高分子中。即使高分子在化学上几乎全同，焓罚仍然很高，足以导致脱混[57]（demixing）。当两种高分子彼此相互在化学上连通，如在嵌段共聚物的情况中，这种不相溶性对体系将产生严重的后果。在这些体系中，这两种嵌段通常想要分层，但只能在纳米尺度上完成，因为它们（在化学上）是连接在一起的。因此，嵌段共聚物体系将显示**微相分离**[58]，其形态取决于嵌段长度和体积分数，如图 4.8 所示。当两组分体积分数大致相等时，如图 4.8 中央的示意图，两种嵌段都将自己排列为层状相，假如一种嵌段要短一些，它就倾向于卷曲，而较长的另一种嵌段卷曲程度应更小，从而调整片层的厚度。假如嵌段体积分数相差十分严重，将产生另外不同形态的结果，如图 4.8 靠左右两端的示意图。在微观和介观两种尺度上，都有一种惊人的有序性，决定于链中嵌段相互分配产生的局部微相分离的相互定位。所以，整个相的微结构是一种共同的结果，包括每一种嵌段的长度、卷曲度和分配的含量。于是，图 4.8 所表示出不同形态的惊人有序性，并不是因为对那样的状态的瞬时自组装，而是因为不相溶性高分子因其连通性产生的受阻解体（disassembly）。

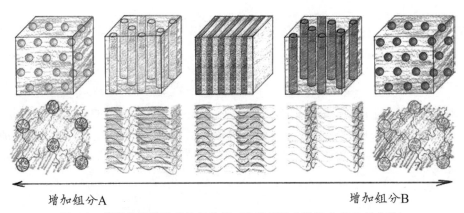

增加组分A   增加组分B

图 4.8　嵌段共聚物形成的各种相（决定于组成嵌段 A 和 B 的分数）

请注意，与嵌段共聚物形成鲜明对比的是无规共聚物或交替共聚物，这些共聚物设法在其链上加入两种化学上不同的构件组分。因此，它们可以在一个高分子体系中加入这两种成分，而不存在链与链的不相溶性问题。这种情况使得无规或交替共聚合反应非常有吸引力，因为它往往是实现材料那种组合的唯一途径，而实现上述高分子共混物又极端困难。可以这么说，在无规或交替共聚物中，不同化学组分的混合是"沿主链"进行的。

---

[57]　聚苯乙烯和氘化聚苯乙烯是这方面的一个典型例子。两者的化学性质几乎相同（它们只是在氢与氘的交换上有所不同），但它们仍然有一个正的，尽管非常小的 Flory-Huggins 参数，$\chi = 10^{-4}$。如果这两种高分子的摩尔质量大于约 $M = 3 \times 10^6 \, \text{g} \cdot \text{mol}^{-1}$，就会导致它们不相溶。

[58]　以下原文正文稍有误，译文已改正——译校者注。

4.1.5 溶度参数

Flory-Huggins 参数可以量化高分子与溶剂的相互作用；但是，对这种相互作用只能成对进行量化，因此将其制成表格有点不方便。更实用的是成对的两种参数，一种是高分子的参数，另一种是溶剂的参数，可以独立制成表，然后一起来评估两种化合物的相容性。Hildebrandt 和 Scott 已经引入过这类参数。这些参数的基础是：通过它们的**内聚能** ΔE_A，去量化溶剂分子或高分子链的单体单元与其自身的吸引相互作用，而 ΔE_A 又可以通过测量燃烧热加以确定。因此，Hildebrandt 和 Scott 定义出：

$$\delta_A = \sqrt{\frac{\Delta E_A}{v_A}} \tag{4.16}$$

式中 δ_A 是化合物 A 的溶度参数，ΔE_A 是其内聚能，而 v_A 是其分子体积。

在我们上面已经讨论过的格子模型中，在纯 A 体系中，一个给定格座的相互作用能量是 $\frac{z}{2}u_{AA}$，它等于 $-v_0\frac{\Delta E_A}{v_A}$，因此，根据式（4.16），也等于 $-v_0\delta_A^2$：

$$\frac{z}{2}u_{AA} = -v_0\frac{\Delta E_A}{v_A} = -v_0\delta_A^{\ 2} \tag{4.17a}$$

在纯 B 体系中，第二种组分的相互作用能量可进行类似计算：

$$\frac{z}{2}u_{BB} = -v_0\frac{\Delta E_B}{v_B} = -v_0\delta_B^{\ 2} \tag{4.17b}$$

通过两个参数的几何平均值 δ_A 和 δ_B，我们可以估算相互作用能量 u_{AB}：

$$\frac{z}{2}u_{AB} = -v_0\delta_A\delta_B \tag{4.17c}$$

严格来说，上面定义的溶度参数只存在于液体物质，也就是说，只存在于溶剂，而不存在于高分子，因为后者不表现为燃烧。不过可以推测，这只归因于单体的共价键连通性，假若失去这种连通性，就会出现其结构与高分子重复单元结构相匹配的分子，由这些分子组成的独立物质就必然可以燃烧。因此，高分子的溶度参数与这种假想流体的溶度参数相匹配[39]。换句话说，尽管溶剂的溶度参数可以直接通过其燃烧热测量出来，但通过寻找一种与高分子中的单体单元具有最佳全同结构的流体，然后估计该流体的溶度参数就可以评估高分子的溶度参数。作为一个实际的替代方案，我们同样也可以只寻找一种最能溶解高分子的流体，通过在该溶剂中线团极大溶胀来评估，借助光散射或黏度法加以测定，然后假定这种高分子-溶剂的混合物是一种无热的，具有 $u_{AA} = u_{BB} = u_{AB}$ 的相互作用能量，于是我们可以假定：高分子的溶度参数实际上等于溶剂的溶度参数。

Flory-Huggins 参数（χ）与溶度参数的关系为：

$$\chi = \frac{v_0}{k_B T}(\delta_A - \delta_B)^2 \tag{4.18}$$

使用此式，可以根据感兴趣的高分子和溶剂的 δ 参数直接计算 χ。因此，溶度参数的优点是它们可以单独用于这两种组分，而不必像 Flory-Huggins 参数那样为每一对可能的组分

---

[39]　根据我们在第 3.2 节的分类，该液体为高分子的无热溶剂。

分别指定。通过这种方式，可以编制诸如表 4.1 之类的表格，其中收集了许多不同的溶度参数，然后可以使用这些集合为给定的高分子选择良溶剂。为此，我们只需要选择其溶度参数与高分子溶度参数相似的溶剂。这甚至适用于溶剂混合物，因为净 δ 值是混合物各组分的平均值。通过这种方式，可以按照高分子溶度参数轻松定制溶剂混合物（或称混合溶剂）[⑥]。

表 4.1　一些典型溶剂和高分子的溶度参数[①]　（由 Hildebrandt 和 Scott 提出）

溶剂	$\delta/(\mathrm{cal \cdot cm^{-3}})^{1/2}$	高分子	$\delta/(\mathrm{cal \cdot cm^{-3}})^{1/2}$
环己烷	8.2	聚乙烯	7.9
苯	9.2	聚氯乙烯	8.9
氯仿	9.3	聚苯乙烯	9.1
丙酮	9.9	聚（甲基丙烯酸甲酯）	9.5
甲醇	14.5	尼龙-66	13.6
水	23.4	聚丙烯腈	15.4

[①] 溶度参数的单位是 $(\mathrm{cal \cdot cm^{-3}})^{1/2}$，通常被称为 1 Hildebrandt。

可以看出，根据式(4.18)，χ 只能是正数。这意味着：当 $\delta_A = \delta_B$ 时，两个组分完全可溶，因此 $\chi = 0$，根据谚语 "similia similibus solvuntur"，意思是 "相似相溶"。请注意，对于极性溶剂来说，δ 值很大，因为这些溶剂具有很高的内聚能 ΔE_A。这种极性溶剂实际上需要一种三维的溶度参数，由此考虑到三类可能的次级相互作用（分别为范德瓦耳斯、偶极-偶极和氢键相互作用）：

$$\delta_{3d} = (\delta_{\mathrm{vdW}}^2 + \delta_{\mathrm{Dipole\text{-}Dipole}}^2 + \delta_{\mathrm{H\text{-}Bonds}}^2)^{1/2} \tag{4.19}$$

第 7 讲　选择题

（1）对于理想混合物来说，以下哪一项是正确的？

a. 混合过程是受熵控制的，因为 A 和 B 两种组分的混合将使熵增加，而从能量观点上看，A-B 型的相互作用不如 A-A 型和 B-B 型的相互作用。

b. 混合过程是纯粹的熵控制，因为 A 和 B 两种组分的混合将使熵增加，而从能量观点上看，A-B 型的相互作用与 A-A 型和 B-B 型的相互作用相等。

c. 混合过程是受熵控制的，因为 A 和 B 两种组分的混合将使熵增加，而从能量的角度来看，A-B 型的相互作用尽管是有利的，但其贡献小于熵。

d. 混合过程是受焓控制的，因为两个相溶组分的相互作用能量数值上明显大于它们混合所导致的熵增程度。

（2）什么是 "规则溶液"？

a. 此种溶液中，组分 A 的粒子和组分 B 的粒子不是随机分布，且 A 和 B 之间的相互作用能量不同。

b. 此种溶液中，$H^E \neq 0$ 和 $S^E = 0$ 均成立。

[⑥]　最有趣的是，对于一种高分子，即使是它的两种非溶剂，其混合物也可以构成它的溶剂，只需高分子的 δ 在表 4.1 位列中间范围，即如果该混合物结合了一种 δ 过大的非溶剂和另一种 δ 过小的非溶剂，其平均值就会位于中间，从而与高分子的 δ 相匹配。

c. 此种溶液中，$V^E \neq 0$ 成立，即混合时有超额体积。

d. 此种溶液处于热力学上的正规条件（标准压力和标准温度）。

（3）高分子的混合过程和低分子量化合物的混合过程有什么不同？

a. 无任何区别，两个混合过程都是完全由熵驱动的。

b. 无任何区别，两个混合过程主要是由焓驱动的。

c. 高分子的混合过程与低分子量化合物的混合过程相比，更多是受熵的驱动，因为摩尔质量更大，意味着熵在混合过程中的参与更强。

d. 高分子的混合过程与低分子量化合物的混合过程相比，更少受熵的驱动，因为单体在链中给定排列限制了它们在混合物中的排列自由度。

（4）对于混合熵，以下哪项不正确？

a. 它可借助玻尔兹曼公式进行计算。

b. 一方面是高分子溶液，另一方面是规则溶液，对二者而言其混合熵的数值没有区别；溶液之所以存在这是决定性的因素。

c. 混合熵的值总是正的，也就是说，熵总是对混合物有利。

d. 对于高分子来说，混合熵非常低，这也是为什么自然界许多有序结构基于高分子，这是一种解释方式。

（5）Flory-Huggins 相互作用参数 χ 表示什么？

a. 混合前后的对相互作用能量之差值，按 $k_B T$ 和格子几何参数归一化。

b. 混合前与混合后的对相互作用能量之比值，按 $k_B T$ 和格子几何参数归一化。

c. 混合前后的对相互作用能量之差值，按 RT 和所有配对数归一化。

d. 混合前和混合后的对相互作用能量之比值，按 RT 和所有配对数归一化。

（6）对于 Flory-Huggins 相互作用参数 χ，以下哪个选项不正确？

a. χ 描述混合过程的能量平衡，与化学反应的能量平衡相当。

b. χ 可以取低于、高于和正好等于零的值。

c. χ 值通常为零。

d. $\chi = 0$ 的值只在理想混合物中实现。

（7）Flory-Huggins 理论并不包括熵和焓的所有方面。如果包括附加熵和附加焓的方面，Flory-Huggins 参数的结果是一个函数，它可以分成熵的部分 χ_S 和焓的部分 χ_H：$\chi = \chi_S + (\chi_H / T)$。对于非极性体系和极性质子体系来说，$\chi_H$ 的结果分别是什么？

a. 在非极性体系中，分子内的吸引相互作用占主导地位，由于分子的迁移性更好，在较高温度下可以形成更强的吸引，因此混合受到抑制。

b. 在非极性体系中，分子内相互吸引作用占主导地位；与熵相反，这与温度无关，因此相溶性仅取决于熵。

c. 在极性体系中，组分间相互作用占主导地位，是否有利于混合取决于相互作用的类型。

d. 在极性体系中，组分间相互作用占主导地位；由此产生的键会在高温下断裂，因此在低温下更有利于混合。

（8）在上一道问题中，提到一种效应，是关于非极性高分子在极性溶剂（如水）中产生的效应，也可以称为疏水效应。同样也可以从熵的角度来看此效应，下面哪句话正确地描述了这一点？

a. 在疏水组分溶解的情况下，由于水分子中缺少与之相互作用的配对分子，它们会尽可能散布更广，使其熵极大化。这就使得现有高分子的溶解过程更加困难——特别是在高温下。

b. 与高分子接触表面附近的水分子比"游离"的水分子更加有序。为了使这些接触极小化，熵导致高分子链球的形成，在温度升高时这一点会变得更加明显。

c. 在高温下，体系往往强烈倾向于熵极大化。但是在原则上，仅仅当高分子和溶剂处于分离状态，这才有可能。

d. 为了使熵极大化，存在的水合物壳层在高温下优先破碎，以便获得水分子排列的更多可能性，从而获得更高的熵。

4.2 相图

> **第 8 讲 相图**
> 基于上一讲引入的 Flory-Huggins 理论，这一讲将证明：相关的变量（主要是温度和组成）采用何种组合，高分子与溶剂或另一种高分子才能混合，或者不能混合。将这些参数作图，就得出相图。关于相图的这一讲，将介绍高分子体系的两种根本不同类型。

对于高分子与溶剂或与其他高分子的相溶性，Flory-Huggins 理论从概念上和定量上都向我们展示出一种洞察力。接下来，我们想要扩展这一理论，使其可以更详尽地定量预测，什么条件下高分子-高分子体系和高分子-溶剂体系是相溶的，或者是不相溶的。换言之，我们希望去构建相图。

相图是两个实际上相关的变量相对于彼此的一种作图，图中曲线划分不同区域，以表示这两个变量的何种组合，可以使体系达到何种状态。你可能还记得初等物理化学课上最简单的相图例子：这是一个单组分的相图，它是由压力对温度曲线构成的图，此图可以界定出在何种 p-T 配对之下，物质是固体、液体还是气体。相图甚至也还能界定出两个甚至三个相共存的区域。一般来说，相图的构建是基于寻找图中每个区域的自由能的极小值。接下来，我们对于高分子双组分共混物推导出那样的相图；我们所称两个相关变量之一将是体系的组成，为此，我们选择混合物中高分子的体积分数（用 ϕ 表示）。另一个变量可以量度不同组分之间的能量交换。当然，正如从下文我们将看到，这个变量一般来说是 χ，但实际上可以容易地转换为更实用的一种变量 T。

4.2.1 平衡和稳定性

对于 A 的初始组成（体积分数）为 ϕ_0 的一个体系，混合相的自由能 $F_{mix}(\phi_0)$ 与分离相的自由能 $F_{\alpha\beta}(\phi_0)$ 决定了是混合，还是分层。当 $F_{mix}(\phi_0) < F_{\alpha\beta}(\phi_0)$，体系趋于稳定；在这种情况下，当混在一起时，两种组分将自发混合并保持混合状态。相反，当 $F_{mix}(\phi_0) > F_{\alpha\beta}(\phi_0)$，混合物会因不稳定而发生分相，甚至从一开始各组分就无法混在一起。为了确定这个混合的比例，首先要确定描述 $F_{mix}(\phi_0)$ 和 $F_{\alpha\beta}(\phi_0)$ 的函数。

在相分离状态，体系初始组成确定为：

$$\phi_0 = f_\alpha \phi_\alpha + f_\beta \phi_\beta \qquad (4.20)$$

式中 f_α 是 α 相的相对分数，φ_α 是 α 相中组分 A 的体积分数，f_β 是 β 相的相对分数，ϕ_β 是 β 相中组分 A 的体积分数。

相分离状态的能量 $F_{\alpha\beta}(\phi_0)$ 是类似的简单求和：$F_{\alpha\beta} = f_\alpha F_\alpha + f_\beta F_\beta$。通过与式（4.20）联立，可推导出如下公式：

$$F_{\alpha\beta} = f_\alpha F_\alpha + f_\beta F_\beta = \frac{(\phi_\beta - \phi_0)F_\alpha + (\phi_0 - \phi_\alpha)F_\beta}{\phi_\beta - \phi_\alpha} \qquad (4.21)$$

这个表达式具有线性方程式的形式，而且对 ϕ_0 作图时，可得出一条直线，当然不是对单个组成的某一点，而是区间 $[\phi_\alpha, \phi_\beta]$ 之间的某一变量。

混合态的能量 $F_{mix}(\phi_0)$ 可以根据混合时能量的变化进行计算，如上一章的 Flory-Huggins 公式所示[式（4.13）]。我们代入 $\phi_A = \phi$ 和 $\phi_B = 1 - \phi$，可以推导出：

$$\Delta \overline{F}_{mix} = k_B T \left[\frac{\phi}{N_A} \ln\phi + \frac{(1-\phi)}{N_B} \ln(1-\phi) + \chi\phi(1-\phi) \right] \qquad (4.22)$$

当作图时，这个表达式具有曲线的形式[61]。

这两个函数 $F_{mix}(\phi)$[62] 和 $F_{\alpha\beta}(\phi)$ 均表示于图 4.9。对于分层更有利的情况，为左图（A）；而对于混合更有利的情况，为右图（B）。在（A）的相分离体系中，我们可以看到。在混合状态曲线上当组成为 ϕ_0 有某一 F_{mix} 值，此曲线位于分层状态直线的上方，在此直线上我们有对应的 $F_{\alpha\beta}$ 值。于是当混合一旦开始，体系将借相分离自发地降低其能量，所以，在组成为 ϕ_0 的情况，能量从 F_{mix} 降至 $F_{\alpha\beta}$。于是，我们将有两个分离的相 α 和 β，分别具有自由能 F_α 和 F_β，其平均值为 $F_{\alpha\beta}$。图 4.9(A) 中表示分层状态的直线连接两个点，这两个点的横坐标值表示目标组分 A 在两相中的体积分数，即 α 相中的 ϕ_α 和 β 相中的 ϕ_β。两相的相对分数可以由在直线上 $(\phi_0; F_{\alpha\beta})$ 点左右两段的长度求出，通常称之为杠杆法则。与之完全相反，我们可以来看一下图（B）的混合体系，混合体系在组成为 ϕ_0 处的能量 F_{mix} 是一条曲线，它位于表示分层状态直线的下方，在直线上我们有组成 ϕ_0 处的平均能量 $F_{\alpha\beta}$，它实际上是两个分离相 α 和 β 的一种平均，其自由能分别是 F_α 和 F_β，而对我们的目标组分 A，其体积分数是 α 相中的 ϕ_α 和 β 相中的 ϕ_β。在这种情况下，体系可以通过相互混合自发地降低能量，从直线上的 $F_{\alpha\beta}(\phi_0)$ 下降到曲线上的 $F_{mix}(\phi_0)$。

通过分析 ΔF_{mix} 曲线的曲率，我们可以区分图 4.9 中的两种不同状态，这可以由 ΔF_{mix} 的二阶导数来计算。在相分离体系的情况中，曲线具有凹曲率，意味着 ΔF_{mix} 的二阶导数为负，即 $\partial^2 \Delta F_{mix} / \partial \phi^2 < 0$；相反，混合状态呈现凸曲率，意味着 ΔF_{mix} 的二阶导数为正，即 $\partial^2 \Delta F_{mix} / \partial \phi^2 > 0$。

---

[61] 式（4.22）所表示的能量变化是对初始状态的增加，初始是相分离状态，其能量为 $F_{\alpha\beta}(\phi_0)$，混合发生时它的符号既可为正，也可为负，仅取决于混合是不利的（正号）或者是有利的（负号）。所以，混合后，自由能为 $F_{mix}(\phi) = F_{\alpha\beta}(\phi) + \Delta F_{mix}(\phi)$。

[62] 这是上一个脚注中刚推导出的函数：$F_{mix}(\phi) = F_{\alpha\beta}(\phi) + \Delta F_{mix}(\phi)$。它含有一个被加数 $\Delta F_{mix}(\phi)$，由 Flory-Huggins 公式（4.22）给出，将它加上（因此"叠加于"）相分离状态的直线 $F_{\alpha\beta}(\phi)$[式（4.21）]。在有利混合的条件下，曲线位于直线下方，因为被加数 $\Delta F_{mix}(\phi)$ 具有负值，反之亦然。

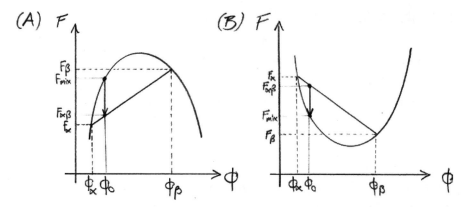

图 4.9　在混合或相分离的高分子体系中，自由能（F）作为目标组分体积分数（ϕ）的函数。在这两种作图中，直线对应于相分离状态，曲线（表示为 Flory-Huggins 公式）对应于混合态。在图（A）中，组成从 ϕ_α 到 ϕ_β 区间的凸形曲线位于直线上方，这意味混合状态不如相分离状态有利。因此，具有组成 ϕ_0 的混合体系将自发分解为分离的 α 相和 β 相，其中目标组分体积分数分别为 ϕ_α 和 ϕ_β。在图（B）中，从 ϕ_α 到 ϕ_β 区间的凹形曲线位于直线下方，这意味混合状态比相分离状态更有利。示意图源自 M. Rubinstein, R. H. Colby：*Polymer Physics*，Oxford University Press，2003

让我们看一些极限情况的例子来更好地理解这一点。对于理想混合物，焓贡献为零，即 $\Delta H_{\text{mix}} = 0$ 或 $\Delta U_{\text{mix}} = 0$。在这种情况下，就只有具有温度依赖性的熵贡献［参考式 (4.1)］。ΔF_{mix} 的二阶导数是：

$$\frac{\partial^2 \Delta \overline{F}_{\text{mix}}}{\partial \phi^2} = -T \frac{\partial^2 \Delta \overline{S}_{\text{mix}}}{\partial \phi^2} = k_B T \left[\frac{1}{N_A \phi} + \frac{1}{N_B(1-\phi)} \right] > 0 \tag{4.23}$$

此式所得结果在任何 ϕ 处都是正值，这意味着 $\Delta F_{\text{mix}}(\phi)$ 具有凸曲率。因此，混合总是有利的，这是合理的：熵总是有利于混合，而与混合物的成分组成无关。

在相反的例子中，让我们忽略熵的这一项，而只看能量贡献。ΔF_{mix} 的二阶导数是：

$$\frac{\partial^2 \Delta \overline{F}_{\text{mix}}}{\partial \phi^2} = \frac{\partial^2 \Delta \overline{U}_{\text{mix}}}{\partial \phi^2} = -2\chi k_B T \tag{4.24}$$

这相当于在上面章节中已经推导得出的结果，当 $\chi < 0$ 时，按照第 4.1.2 小节我们的讨论，表明混合是有利的，曲率是凸的，那么按照我们刚提到的上述说法，混合是有利的；当 $\chi > 0$ 时，按照第 4.1.2 小节我们的讨论表明混合是不利的，曲率是凹的，那么按照我们刚提到的上述说法，混合也是不利的[63]。

在实际的混合物中，能量项和熵项二者当然是相关的：

---

[63]　为了进一步地理解，我们将 χ 写成有温度依赖性的公式形式，即 $\chi = \chi_S + \chi_H/T$，代入式(4.24)：$\frac{\partial^2 \Delta \overline{F}_{\text{mix}}}{\partial \phi^2} = \frac{\partial^2 \Delta \overline{U}_{\text{mix}}}{\partial \phi^2} = -2\chi k_B T = -2\left(\chi_S + \frac{\chi_H}{T}\right)k_B T = -2 k_B T \chi_S - 2 k_B \chi_H$，当 T 趋近于 0 时，可以推导出：$\frac{\partial^2 \Delta \overline{F}_{\text{mix}}}{\partial \phi^2} = \frac{\partial^2 \Delta \overline{U}_{\text{mix}}}{\partial \phi^2} = -2 k_B \chi_H \stackrel{\text{def}}{=} -z \cdot (2 u_{\text{AB}} - u_{\text{AA}} - u_{\text{BB}})$。由此可以看到：如果 $u_{\text{AB}} > \frac{u_{\text{AA}} + u_{\text{BB}}}{2}$，对应于不稳定混合物，$\chi_H > 0$；如果 $u_{\text{AB}} < \frac{u_{\text{AA}} + u_{\text{BB}}}{2}$，对应于稳定混合物，$\chi_H < 0$。

$$\frac{\partial^2 \overline{\Delta F}_{mix}}{\partial \phi^2} = \frac{\partial^2 \overline{\Delta U}_{mix}}{\partial \phi^2} - T\frac{\partial^2 \overline{\Delta S}_{mix}}{\partial \phi^2} = k_B T \left[\frac{1}{N_A \phi} + \frac{1}{N_B(1-\phi)}\right] - 2\chi k_B T \quad (4.25)$$

让我们看看 $F(\phi)$ 相图中的曲线在这种条件下是什么样子的。

图 4.10 是不对称高分子共混体的一个例子（$N_A \neq N_B$），所表示的是：在不同温度下，混合自由能 ΔF_{mix} 与组分 A 的体积分数 ϕ 之间的函数变化关系。在高温条件下，熵项占主导地位，并且会在曲线上形成一个全局极小值。该曲线是完全凸的，这意味着对所有组分混合都有利。与此相反，在低温条件下，能量项通常不利于混合，会产生相溶性间隙。在该区域中，曲线只有局部是凹的；而且，通过相分离，体系可以将能量 F 降低到图中直线表示的值。这条直线连接能量极小值的点。这条直线就是**公切线**（common tangent），因为此类直线以最陡的斜率与曲线相切，使曲线的 $\partial F/\partial \phi$ 相等，是两相共存点之间的一条直线。实际情况一定会如此，因为 $\partial F/\partial \phi$ 对应于化学势，在发生平衡的共存点 ϕ' 和 ϕ'' 上，化学势必须相等。

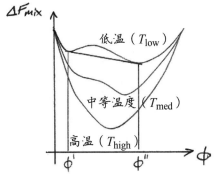

图 4.10　在不同温度下，高分子体系中混合自由能 ΔF_{mix} 与研究组分的体积分数 ϕ 之间的函数关系。在高温条件下，熵项占主导使 ΔF_{mix} 产生了一个明显的极小值，这有利于各组分之间的混合。在低温条件下，能量项通常不利于混合，在中等组分的区间产生相溶性间隙

根据这种思考，共切线划分出稳定的"ϕ-边缘区域"与不稳定的"ϕ-中心区域"。然而，存在一种"坏的"凹曲率，实际上只有拐点之间的最内侧的 ϕ 区域。所以，我们可以借此来划分三个不同的区域。第一个是超出共切线两个接触点的"ϕ-边缘区域"，分别对应左右两个区域，其一是左端边缘 ϕ 区域，其二是右端边缘 ϕ 区域，二者都可能是**稳定**的混合物。相反，两个拐点之间最内侧的第二个区域划分出混合物真正的**不稳区**，第三个区域位于上述两种极端之间，称为**亚稳区**。从这里看来，我们有凸曲率，表示出有利的混合，但它已经超越在可能斜率最陡曲线（即共切线）之上，这又表示出不利的混合。

现在让我们来讨论一种双组分的高分子对称共混物，所谓对称指两种高分子具有相同 N 值，这样可以更进一步了解相溶性间隙，请看图 4.11（A）。在拐点之间，即体积分数从 ϕ_{sp1} 到 ϕ_{sp2}，曲线的曲率是凹的，即（$\partial^2 \Delta F_{mix}/\partial \phi^2 < 0$），混合物不稳定，即使是最小的涨落也会导致相分离，这称为**亚稳相分离**。在拐点和共切线接触点之间[64]，体积分数分别从 ϕ' 到 ϕ_{sp1} 和 ϕ_{sp2} 到 ϕ''，曲线的曲率是凸的（$\partial^2 \Delta F_{mix}/\partial \phi^2 > 0$），但是仍然有 $F_{mix}(\phi_0) > F_{\alpha\beta}(\phi_0)$。在这个区域，混合物是亚稳态，意味着在小的涨落下是局部稳定的，而大的涨落会发生相分离。换句话说，在这里相分离需要**成核与生长**。

---

[64]　对称共混物的情况下，共切线是斜率为零的水平线，因此它与 $\Delta F_{mix}(\phi)$ 曲线的接触点是该曲线的极最小值。

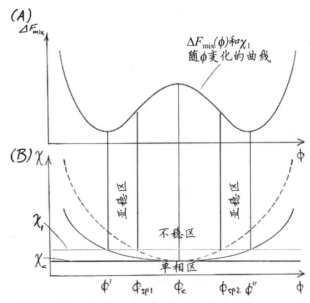

图 4.11　相溶性间隙可进一步细分为不稳定区域和亚稳定区域　（A）在相溶性间隙区域的边缘，$F(\phi)$ 曲线的曲率是凸的，这对应于稳定混合物，但仍然有 $F_{mix} > F_{phase-sep}$ 因此这是一个亚稳态域。（B）单相和亚稳区之间的分离线称为双节线[65]，而亚稳区和不稳定区之间的分离线则称为旋节线。这两条线在临界点（χ_c；ϕ_c）重合

图 4.11（B）是对此同一体系按 Flory-Huggins 参数作的图，表示了 χ 和高分子体积分数 ϕ 之间的函数关系，这就是一个相图。在 χ 小的情况下，不同组分彼此相亲或者甚少彼此相容，所以对所有组分都可以混合。相反，χ 值大，不同组分彼此不相亲，使得某些确定的组成下出现分层，其区域边界的划分与之前讨论 $F(\phi)$ 图相同。这种情况首先发生在一个坐标为（χ_c；ϕ_c）的**临界点**[66]。不稳定区域由两条线划分。**双节线（共存线）**将稳定区域与不稳定区域分开。不稳定（nonstale）区域本身由非稳定（unstale）和亚稳定域组成，并且由**旋节线（亚稳线）**相互限定。

4.2.2　相图的作图方法

到目前为止，我们已经按推理导出了 F 对 ϕ 的一种相图，采用的方式为：在某一给定温度，估算一下对于何种组成，体系是混合，还是分层；从而得出一系列有 T（温度）依赖性的曲线。然而，采用两个实际变量（温度 T 和组成 ϕ）来作相图，也许更有教益，因为在这种相图中，我们可以直接画出相溶性和不相溶性的区域。要按此种方法作图，我们可以分作两步：第一，我们要推导出 χ-ϕ 相图，如图 4.11（B）；第二，考虑到 Flory-Huggins 参数 χ 的温度依赖性，可以从 χ-ϕ 相图推导出 T-ϕ 相图。现在，我们来开始计

---

[65]　双节（binodal）线和旋节（spinodal）线是通常译名，文献上有人亦分别称共存（coexsttence）线和亚稳（metastable）线——译校者注。

[66]　该点在概念上与单组分相图中的临界点相同，也与相关的范德瓦耳斯方程式的临界点（p_c；T_c；V_c）相同，在该临界点处可以首先发生气体液化。

算第一种相图的双节线和旋节线。

列出公式好像是从工具箱中取出一把工具一样，我们需要混合能：

$$\Delta \overline{F}_{\mathrm{mix}} = k_{\mathrm{B}}T\left[\frac{\phi}{N_{\mathrm{A}}}\ln\phi + \frac{(1-\phi)}{N_{\mathrm{B}}}\ln(1-\phi) + \chi\phi(1-\phi)\right] \tag{4.26a}$$

一阶导数为：

$$\frac{\partial \Delta \overline{F}_{\mathrm{mix}}}{\partial \phi} = k_{\mathrm{B}}T\left[\frac{\ln\phi}{N_{\mathrm{A}}} + \frac{1}{N_{\mathrm{A}}} - \frac{\ln(1-\phi)}{N_{\mathrm{B}}} - \frac{1}{N_{\mathrm{B}}} + \chi(1-2\phi)\right] \tag{4.26b}$$

二阶导数为：

$$\frac{\partial^2 \Delta \overline{F}_{\mathrm{mix}}}{\partial \phi^2} = k_{\mathrm{B}}T\left[\frac{1}{N_{\mathrm{A}}\phi} + \frac{1}{N_{\mathrm{B}}(1-\phi)} - 2\chi\right] \tag{4.26c}$$

相边界或双节线由共切线给出。为了简便起见，以 $N_{\mathrm{A}} = N_{\mathrm{B}} = N$ 的对称共混物的情况来考虑，此时共切线是斜率为零的水平线。这可通过令 F_{mix} 的一阶导数为零来计算：

$$\left(\frac{\partial \Delta \overline{F}_{\mathrm{mix}}}{\partial \phi}\right)_{\substack{\phi = \phi' \\ \phi = \phi''}} = k_{\mathrm{B}}T\left[\frac{\ln\phi}{N} - \frac{\ln(1-\phi)}{N} + \chi(1-2\phi)\right] \overset{!}{=} 0 \tag{4.27}$$

将上式移项整理，可得到双节线 $\chi(\phi)$：

$$\chi_{\mathrm{Binodal}} = \frac{1}{2\phi-1}\left[\frac{\ln\phi}{N} - \frac{\ln(1-\phi)}{N}\right] = \frac{\ln\left(\frac{\phi}{1-\phi}\right)}{(2\phi-1)N} \tag{4.28}$$

拐点从不稳定区域中划分出了亚稳定区域，这可以通过令 F_{mix} 的二阶导数为零来计算：

$$\frac{\partial^2 \Delta \overline{F}_{\mathrm{mix}}}{\partial \phi^2} = k_{\mathrm{B}}T\left[\frac{1}{N\phi} + \frac{1}{N(1-\phi)} - 2\chi\right] \overset{!}{=} 0 \tag{4.29}$$

将 χ 移项整理，可得到旋节线 $\chi(\phi)$：

$$\chi_{\mathrm{Spinodal}} = \frac{1}{2}\left[\frac{1}{N\phi} + \frac{1}{N(1-\phi)}\right] \tag{4.30}$$

这两条曲线的极小值表示临界点（χ_{c}；ϕ_{c}），这个点标志着开始出现分层。在其值低于 χ_{c} 以下的区域，任何体积分数的组分都能相互混合。可以令旋节线的一阶导数为零来计算这个临界点：

$$\frac{\partial \chi_{\mathrm{Spinodal}}}{\partial \phi} = \frac{1}{2}\left[-\frac{1}{N\phi^2} + \frac{1}{N(1-\phi)^2}\right] \overset{!}{=} 0 \tag{4.31a}$$

当讨论到这一点时，我们实际上可以放弃上述等 N 值的简化，而再一次去讨论不对称共聚物的一般情况。虽然这在数学上是不严谨的，但它基于一种逻辑的论证：第一个被加数中的 N 属于混合物 A 的体积分数 ϕ（注意在本节中，我们将用 ϕ 表示从前的 ϕ_{A}），而第二个被加数中的 N 属于体积分数 $1-\phi$（即从前的 $1-\phi_{\mathrm{A}}$，这是化合物 B 的参数（因为 $1-\phi_{\mathrm{A}} = \phi_{\mathrm{B}}$）。因此，我们可以得到：

$$\frac{\partial \chi_{\mathrm{Spinodal}}}{\partial \phi} = \frac{1}{2}\left[-\frac{1}{N_{\mathrm{A}}\phi^2} + \frac{1}{N_{\mathrm{B}}(1-\phi)^2}\right] \overset{!}{=} 0 \tag{4.31b}$$

对于 ϕ 来求解这个方程式，可以得到 ϕ 的**临界组成** ϕ_{c}：

$$\phi_{\mathrm{c}} = \frac{\sqrt{N_{\mathrm{B}}}}{\sqrt{N_{\mathrm{A}}} + \sqrt{N_{\mathrm{B}}}} \tag{4.32}$$

根据这个公式，对于 $N_A = N_B$ 的对称共混物，其临界组成为 $\phi_c = 0.5$。这个值是可以理解的，因为在这样 50∶50 的一种组成中，我们体系中不利杂化接触为最大数量，因此这应该是最有可能首先发生分层的成分组成。准确地说，如果 χ 值非常不利于混合，即组分之间相容不足，就会发生这种情况；如果 χ 小于 χ_c，就是这种情况。再反过来，将式（4.30）中 ϕ 替换为 ϕ_c，可以将临界阈值 χ_c 量化：

$$\chi_c = \frac{1}{2}\left(\frac{1}{\sqrt{N_A}} + \frac{1}{\sqrt{N_B}}\right)^2 \tag{4.33}$$

让我们来更详细地考察这一个公式。

在 $N_A = N_B = 1$ 的小分子规则溶液中，**临界相互作用参数** $\chi_c = 2$。因此，体系满足 $\chi < \chi_c = 2$ 的所有物质都可以相互混合；但是如果 ϕ 在 ϕ_c 附近，且 $\chi > \chi_c = 2$，那么体系可能会分层。

在高分子溶液中，其中 $N_A \gg 1$ 且 $N_B = 1$，图景就不同了。这里的 $\chi_c = 1/2$，远低于小分子溶液的情况。凡是 $\chi < \chi_c = 1/2$ 的物质都会混合；而如果 ϕ 在 ϕ_c 附近，且 $\chi > \chi_c = 1/2$，体系都可能会分层。χ 正好等于 1/2 的高分子溶液处于 θ 状态，这意味着正好处于相溶性和不相溶性的分界线。

在高分子共混物中，其中 $N_A \gg 1$ 和 $N_B \gg 1$，临界 Flory-Huggins 参数基本上为零（$\chi_c \approx 0$）。因此，在这种情况下，混合几乎不可能发生，想要混合，χ 必须小于 χ_c，而当 $\chi_c \approx 0$ 时这很难实现。因此，实际上只有在 $\chi = 0$ 的情况下两种高分子才能混合，但这种情况是罕见的！所以，如果想要将不同高分子的性质组合在一起，我们不得不寻求混合方法之外的其他策略。为了实现这一目标，一种常见方法是将它们的不同单体共聚成一种共聚物（"即在分子链内的混合"），或者通过在待混合的高分子中加入有吸引作用的侧基，以帮助克服混合过程中熵的损失。

　　具体计算示例：对于一种高分子溶液，其中聚合度 $N_A = 1000$ 且 Flory-Huggins 相互作用参数 $\chi = 1.5$，要求我们计算在旋节线上相边界处的体积分数；因此，我们来讨论远离 χ_c 的一个体系，它已经表现出正规的两相区域态，并且旋节曲线将两相区域与亚稳态共存区域分开。从数学角度来看，它由函数 $\Delta F_{mix}(\phi_A)$ 的拐点集决定；并且这些点可以通过令此函数的二阶导数为零来计算。所求高分子体积分数对应于相分离产生的两个独立相的高分子浓度[57]。对于这个示例，计算如下：

$$\frac{\Delta F_{mix}}{k_B T} = \frac{\phi_A}{N_A} \cdot \ln\phi_A + \phi_B \cdot \ln\phi_B + \chi\phi_A\phi_B$$

$$= \frac{\phi_A}{N_A} \cdot \ln\phi_A + (1-\phi_A) \cdot \ln(1-\phi_A) + \chi\phi_A(1-\phi_A)$$

此函数的一阶导数如下：

---

[57] 注意，由于 Flory-Huggins 参数 $\chi(T)$ 的温度依赖性，这些体积分数与温度有关，下一段落中将对此进行讨论。

$$\frac{\partial\left(\dfrac{\Delta F_{\mathrm{mix}}}{k_{\mathrm{B}}T}\right)}{\partial\phi_{\mathrm{A}}}=\frac{1}{N_{\mathrm{A}}}\cdot\frac{\phi_{\mathrm{A}}}{\phi_{\mathrm{A}}}+\frac{1}{N_{\mathrm{A}}}\cdot\ln\phi_{\mathrm{A}}+(1-\phi_{\mathrm{A}})\cdot\frac{-1}{(1-\phi_{\mathrm{A}})}-\ln(1-\phi_{\mathrm{A}})+\chi-2\chi\phi_{\mathrm{A}}$$

$$=\frac{1}{N_{\mathrm{A}}}+\frac{1}{N_{\mathrm{A}}}\cdot\ln\phi_{\mathrm{A}}-1-\ln(1-\phi_{\mathrm{A}})+\chi-2\chi\phi_{\mathrm{A}}$$

进一步计算二阶导数，代入示例中的数字，并令整个等式为零：

$$\frac{\partial^{2}\left(\dfrac{\Delta F_{\mathrm{mix}}}{k_{\mathrm{B}}T}\right)}{\partial\phi_{\mathrm{A}}^{2}}=\frac{1}{N_{\mathrm{A}}}\cdot\frac{1}{\phi_{\mathrm{A}}}-\frac{-1}{(1-\phi_{\mathrm{A}})}-2\chi=\frac{1}{1000}\cdot\frac{1}{\phi_{\mathrm{A}}}+\frac{1}{(1-\phi_{\mathrm{A}})}-2\cdot1.5\stackrel{!}{=}0$$

进一步移项整理：

$$\frac{1}{1000}\cdot(1-\phi_{\mathrm{A}})+\phi_{\mathrm{A}}-3(1-\phi_{\mathrm{A}})\phi_{\mathrm{A}}=0\Leftrightarrow3\phi_{\mathrm{A}}^{2}+\left(1-\frac{1}{1000}-3\right)\phi_{\mathrm{A}}+\frac{1}{1000}=0$$

$$\Leftrightarrow\phi_{\mathrm{A}}^{2}-0.667\phi_{\mathrm{A}}+0.0003333=0$$

现在已经得出一个简化形式的二次方程式，并且可以使用标准公式求出它的两个解：

$$\phi_{\mathrm{A}}=\frac{0.667}{2}\pm\sqrt{\left(\frac{0.667}{2}\right)^{2}-0.0003333}=\frac{0.667}{2}\pm0.333=0.6665\ \text{和}\ 0.0005$$

正如从求出的体积分数中反映的那样，旋节线分离实际上不会产生纯溶剂相或纯高分子相，而是产生一个高分子浓相（此处为 67% 高分子）和一个高分子稀相（此处为 0.5‰ 高分子）。这意味着高分子浓相仍然含有大量溶剂（此处为 33%），因此需要适当干燥才能获得纯高分子。

　　在第 4.1.3 小节中，我们已经了解：Flory-Huggins 参数不是常数，而是有温度依赖性的一个函数，即式(4.14a)，这使我们能够将目前讨论的 χ-ϕ 所表示的相图[见图 4.11(B)]转换为更实用的 T-ϕ 相图（如图 4.12 所示）。这两种相图可能有完全不同的外观，具体取决于 χ_H 项的符号，分别对应于两种类型的相溶性。在第一种情况如图 4.12 左侧所示，$\chi_H>0$，意味着 χ 参数随着温度升高而降低，这些体系显示出依赖于体积分数的**最高临界溶解温度（UCST）**，高于此温度，可能混合。在第二种情况下，$\chi_H<0$，并且 χ 参数随着 T 的升高而增大，这样混合物表现出依赖于体积分数的**最低临界溶解温度（LCST）**，高于此温度就无法混合！

　　正如在第 4.1.3 小节中讨论的那样，出现 UCST 是缺少组分间特殊相互作用（例如互补的氢键）的高分子-溶剂混合物中的常见情况。如图 4.12 所示，UCST 的具体值取决于分子链的摩尔质量，在 UCST 图中，可以看到随着温度降低，溶剂的品质随之降低，使得 χ 大于 1/2，因此，长链比起短链从体系中更快析出；类似地，在 LCST 图中，可以看到随着温度的升高，溶剂的品质随之下降，使得 χ 大于 1/2，因此，长链也更快析出。在这两种情形下，这种条件都可用于**多分散样品的分级**，只需将样品溶解在溶剂中，然后逐步降低溶剂的品质即可，一般是通过适当改变温度或不断添加非溶剂来实现。在这个过程中，首先是最长的链沉淀，然后是下一种稍短链的级分，依此类推，在下一级短链沉淀之前分离出这些级分，从而可以将多分散性较宽的样品分成几级分散性较小的样品。通过光散射、渗透压和称重等方法可以计算每种级分的平均摩尔质量和含量，在制备中或至少

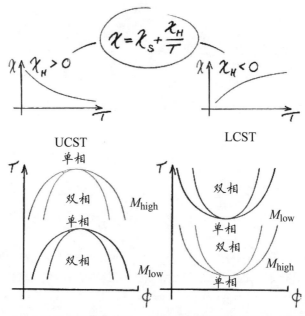

图 4.12　Flory-Huggins 参数具有温度依赖性，其焓分量的符号决定了在高温或低温下混合是有利还是不利，有两种相反的图景，左图所示由最高临界溶解温度（UCST）估量，右图所示由最低临界溶解温度（LCST）估量。在两个示意图中，我们看到分子链的摩尔质量同样也有影响

在分析中，这种沉淀分级可以用于测定粗略的摩尔质量分布。

　　由于 Flory-Huggins 相互作用参数有时具有复杂的温度依赖性，可能会多次改变其正负符号，因此在特殊情况下可能会出现更复杂的相图。图 4.13 就表示出其中一些特殊情况，图（A）表示的是同时具有 UCST 和 LCST 的混合物，图（B）是具有闭合相溶间隙的混合物，图（C）是一个沙漏形相图。图（D）是由 $\chi\text{-}T$ 表示的相图，可以对第一种情

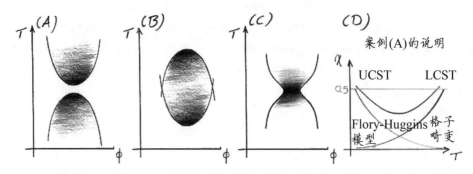

图 4.13　相图具有各种复杂的形状，其出现原因在于：在 Flory-Huggins 公式的焓项中具有温度依赖性的相互作用参数 χ，而且熵项中具有温度依赖性的 $T\Delta S$。（A）图可以有一种示意的解释，如（D）所示：χ 通常的 UCST 温度依赖性导致它在 T 升高时降低（对混合更有利，或者更好的说法是：在高温下对混合"不太不利"），而随着温度升高，溶剂和高分子的不同热膨胀率会导致能量和熵的损失向相反方向发展；综合来看，这将造就形成 χ（T）的极小值，对应于相图中闭合的相溶性间隙。图（D）的示意图源自 J. M. G. Cowie：*Chemie und Physik der synthetischen Polymeren*，Vieweg，1991

况作出相当简单的解释。首先，在温度升高时，我们看到正规的 Flory-Huggins 型 UCST。但是，除此之外，有另一种效应：温度升高通常会导致溶剂和高分子二者都发生热膨胀，溶剂通常比高分子的这种膨胀更明显。因此，在我们的格子模型图景之中，随着温度的升高，按溶剂与高分子的重复单元相比较，所需格座体积应有更大的增加，这意味着我们使格子发生扭曲变形（distor），以便满足二者的排布，这必然需要产生一种熵罚。假如这种熵罚太过显著，体系将再发生相分离，在过程中产生 LCST。所以，实际上我们总是有 LCST 和 UCST 二者并存，仅决定于它们和它们的两条双节线位于何处，于是我们得出（A）、（B）或（C）三种类型的相图。然而，我们经常（看似）只观察到那些更简单的相图（例如图 4.12 中所示的那些），其中只有一个临界温度（LCST 或 UCST，但不是两者），其原因是大多数高分子-溶剂体系实际上会存在两个临界温度，但其中之一通常是"隐藏的"，要么在 UCST 的形式中低于溶剂的熔点，要么在 LCST 的形式中高于溶剂的沸点。

4.2.3 相分离机理

4.2.3.1 亚稳相分离

在不稳定的两相区域中［参见图 4.11(B)］，任何浓度中的任何随机涨落都会自行放大，并最终导致宏观相分离。其原因在于：在此区域中，化学势 μ 的梯度与浓度的梯度相反。一般来说，一个体系中的浓度涨落由沿化学势 μ 梯度的扩散物质流来平衡，化学势定义为 $\mu = (\partial G/\partial n) = (\partial G/\partial \phi)$，在混合相中表现出单调的浓度依赖性：$\mu_{mix} = \mu_0 + RT\ln\phi$。在上述第二个公式中，体积分数 ϕ 迫使高浓度下有高化学势；反之，在低浓度下有低化学势。如果化学势存在梯度 $(\partial \mu/\partial \phi) = (\partial^2 G/\partial \phi^2) > 0$，扩散导致出现总的物质流量，从化学势高位流向低位，直至梯度达到平衡。在正常情况下，化学势的那种梯度与浓度梯度是一致的，所以扩散流从高浓度流向低浓度，称为**正扩散**（downhill diffusion）。相反，在两相亚稳，相分离区域中，化学势梯度与浓度梯度相反，$(\partial \mu/\partial \phi) = (\partial^2 G/\partial \phi^2) < 0$，扩散仍然沿着化学势梯度发生，但这种情况下它会逆着浓度梯度进行，由此产生的浓度差自行放大现象称为**负扩散**（uphill diffusion），最终导致宏观相分离，即所谓的**亚稳相分离**。当体系中浓度涨落达到特征长度标尺，将发生这种现象。如果长度标尺很大，则扩散必须覆盖很远的距离，这是不太可能的；如果长度标尺很短，则必须产生高分子-溶剂的许多新界面，这也是不利的。因此，亚稳相分离常发生于中等长度标尺，使得两种效应达成最佳折中，这一长度标尺起初保持不变，只是其振幅不断扩大。在该过程的后期阶段，长度标尺发散，相分离实际上演化为宏观上发生。如果其中一个组分是有色的，则可以通过光学显微镜观察到最后的那个相，并且早期阶段也可以通过中子散射或 X 射线散射等互补方法观察。

4.2.3.2 成核与生长

在亚稳态区域中［请再次参看图 4.11(B)］，体系能够容许小的浓度涨落，因此，禁阻了亚稳相分离。在这里，相分离的一种不同机理在起作用：**成核与生长**。不同于宏观相分离，局域形成高分子浓相的小团簇。从图 4.14 中可以看出，这些团簇需要生长到半径

为 r^* 的特定极小尺寸，以便在能量上有利于成核过程。这是因为团簇核不利的界面能首次超过它们有利的体积能，从这个团簇极小尺寸 r^* 开始，这个能量比会发生反转。即如果团簇核没有达到那个尺寸，则成核不会超过宏观相分离的极小尺寸，因此体系可以保持两相。相比之下，一旦达到极小尺寸 r^*，宏观相分离就会开始。因此，半径大于 r^* 的杂质，例如灰尘颗粒，通常充当成核剂，或者可添加人工成核剂以促进成核过程，这个过程称为异相成核。一旦超过临界成核尺寸并形成团簇核，就容易将更多物料加到团簇核中去，于是形成新相。

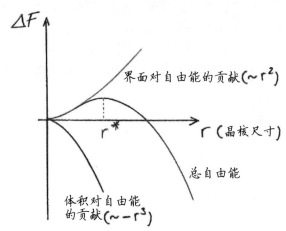

图 4.14　成核自由能的示意图。对自由能贡献的两个因子：团簇核的界面和体积。只有当团簇已经增长到极小尺寸 r^* 后，成核在能量上才是有利的

　　图 4.15 根据体系的稳定或不稳定状态，可以对高分子相分离总结出两种机理。在不稳定区域中，亚稳相分离是相分离的模式；在亚稳态区域中，相分离通过成核及生长而发生。

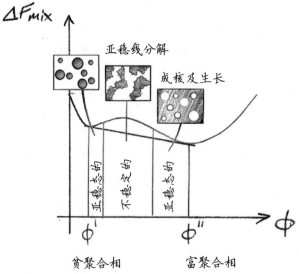

图 4.15　高分子-溶剂或高分子-高分子混合物的相分离区域的示意图。与图 4.10 一样，混合自由能是高分子体积分数的函数。在不稳定区域中，会发生亚稳相分离。在亚稳态区域中，相分离通过成核与生长而发生

第8讲 选择题

（1）下列哪条表述适用于高分子共混物或溶液的相图？（以下二者统称为混合物）

a. 与单组分的相图一样，在双组分体系中，即无论是固相、液相还是气相，相图都表示聚集状态，采用形式是压力-温度的相图。

b. 与单组分的相图一样，在双组分体系中，即无论是混合体系还是分层相体系，相图都表示混合状态，采用形式是压力-温度的相图。

c. 与单一组分的相图不同，在混合物的情况中，不是采用压力对温度作图，相互作用能可用 χ 代表，它可以重新表述为有温度依赖性的参数，混合物的组成则用摩尔分数 x_i 代表，我们采用 χ 对 x_i 作图。

d. 与单一组分的相图不同，在混合物的情况中，不是采用压力对温度作图，相互作用能可用 χ 代表，它可以重新表述为有温度依赖性的参数，混合物的组成则用体积分数 ϕ_i 代表，我们采用 χ 对 ϕ_i 作图。

（2）对于混合自由能 ΔF_{mix}，下列哪项表述适用于混合物的状态？

a. 混合能曲线的凹曲率总是对应组分的相溶性。

b. 混合能曲线的凹曲率总是对应组分的不相溶性。

c. 混合能曲线的凸曲率总是对应组分的相溶性。

d. 混合能曲线的凸曲率总是对应组分的不相溶性。

（3）双组分体系的相图的经典表达形式是 χ-ϕ 相图，它是从 F-ϕ 相图推导出来，而 χ-ϕ 相图包括____。

a. 连接 F-ϕ 相图中曲线所有极小值的曲线和连接 F-ϕ 相图中曲线所有拐点的曲线。

b. 连接 F-ϕ 相图中曲线所有极大值的曲线和连接 F-ϕ 相图中曲线所有拐点的曲线。

c. 连接 F-ϕ 相图中曲线所有极小值的曲线和连接 F-ϕ 相图中曲线所有极大值的曲线。

d. 连接 F-ϕ 相图中曲线所有极值的曲线和连接 F-ϕ 相图中曲线所有拐点的曲线。

（4）什么是临界点？

a. 在相图中的一个点(χ_c,ϕ_c)，在此点可能首先发生分离。

b. 在相图中的一个点 (χ_c,ϕ_c)，在此点温度非常高以至于不再可能混合。

c. 在相图中的一个点 (χ_c,ϕ_c)，在此点不再可能区分它是混合相还是两个分层相。

d. 在相图中的一个点 (χ_c,ϕ_c)，在此点亚稳态转变为不稳定态；因此存在两个临界点。

（5）术语 LCST 和 UCST 分别表示什么？

a. LCST 是某一温度，低于它混合不可能；UCST 是某一温度，高于它混合可能。

b. LCST 是某一温度，高于它混合不可能；UCST 是某一温度，高于它混合可能。

c. LCST 是某一温度，低于它混合可能；UCST 是某一温度，高于它混合不可能。

d. LCST 是某一温度，低于它混合不可能；UCST 是某一温度，低于它混合可能。

（6）下列关于混合物亚稳态的说法，哪项是正确的？

a. 在高温下表现出相分离趋势更大的混合物，可以称为亚稳态。

b. 如果混合物在混合后仅保持有限的时间混合，然后发生分离，则该混合物是亚稳态。

c. 如果混合物的组成高于临界值 ϕ_c，则总是会自发分凝，则混合物是亚稳态。

d. 如果混合过程中自由能呈现出凸曲率，但在能量上高于体系的总自由能，则该区域称为亚稳态，这是因为此处相分离只能通过成核发生。

(7) 高分子溶液的 Flory-Huggins 参数的临界值 χ_c 是多少？

a. 永远等于 2。

b. 永远等于 1/2。

c. 永远等于 0。

d. 取决于处理的体系。

(8) 对于高分子的混合物，只有当 $\chi \approx 0$ 时才有可能混合，要实现这一点，各个组分的情况如何？

a. 各组分尽可能不同。

b. 各组分尽可能相似。

c. 各组分的 χ 尽可能大。

d. 各组分的 χ 尽可能小。

4.3　渗透压

第 9 讲　渗透压

我们已经得知，**Flory-Huggins 参数**是一种基本工具，可用于评估高分子是否可与溶剂或其他高分子相溶。但是，你还缺少测定该参数的实验方法，此种方法将在这一讲中介绍，你将会了解，除了量化高分子与其周围环境之间的相互作用并由此确定 **Flory-Huggins 参数**外，此方法还可以确定高分子的摩尔质量。你将再次发现，真实高分子链和真实气体所依赖的物理化学概念具有惊人的相似性。

到目前为止，我们已经从理论的角度研究了高分子热力学，引入了 Flory-Huggins 参数 χ 来量化高分子-溶剂相互作用，并预测一种组分在另一种组分中溶解能力（solvency）的状态（这反映它是否是一种良溶液状态、θ 状态、不良溶剂或非溶剂状态）。在本书前面的第 3 章中，已经介绍了一个表达意义几乎相同的物理量：排除体积 v_e。下面就来看看如何通过实验测定 χ 和 v_e；这种讨论还将向我们证明这两个参数是如何相互关联的。

现在来讨论一下示于图 4.16 的实验仪器，此仪器起主要作用的是一个溶液池，内含高分子溶液，再浸入含有过量溶剂的浴槽中，高分子溶液与溶剂二者之间由一张半透膜分隔，此膜允许溶剂相互扩散，但阻止高分子相互扩散，这是因为半透膜的孔径足够小以至于大的高分子线团无法扩散而通过，但小的溶剂分子却可以。这样一来，高分子不能扩散出溶液池从而散布到整个体系（平衡其化学势梯度）；与此相反，部分溶剂能扩散到高分子溶液的溶液池中，从而稀释高分子溶液。溶剂向高分子溶液池的液体流会产生力学压力，在本例中体现为垂直管中液柱的升高。这种力学压强 p 一旦等于溶液的渗透压 Π，体系就达到平衡，在此状态下，垂直管内液柱的高度 Δh 有了一个确定值，我们可以写为如下公式：

$$\Pi = p = \frac{m \cdot g}{\text{Area}} = \frac{V\rho \cdot g}{\text{Area}} = \frac{\pi r^2 \Delta h \rho \cdot g}{\pi r^2} = \Delta h \rho \cdot g$$

$$(4.34)$$

采用式(4.34)，我们只需简单测量 Δh，就有一个简单方式来测量 Π；反过来，这个渗透压 Π 是体系状态方程式的中心参数，即稀溶液的 Van't Hoff 定律：

$$\Pi \cdot V = n \cdot RT \qquad (4.35)$$

将式移项整理，可以得到渗透压 Π 与单位体积中高分子的质量表示的浓度 c 之间的关系：

$$\Pi = \frac{n \cdot RT}{V} = \frac{m}{M_n} \cdot \frac{RT}{V} = \frac{c \cdot RT}{M_n} \Rightarrow M_n = \frac{RT}{\Pi/c}$$

$$(4.36)$$

因此，简单地通过一系列的浓度依赖性渗透压实验，我们可以测定高分子的数均摩尔质量[68]。但是要注意在上面的符号中，浓度 $c = m/V$ 的单位是 $\text{g} \cdot \text{L}^{-1}$，这在高分子学科中很常见。相反在经典物理化学中，浓度通常定义为 n/V，单位为 $\text{mol} \cdot \text{L}^{-1}$，在这种形式下，Van't Hoff 定律表示为 $\Pi = cRT$，而不是式(4.36) 所示高分子科学中的变体形式。

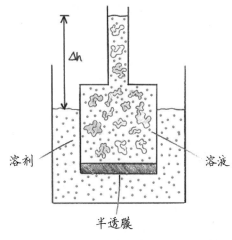

图 4.16 测定高分子溶液渗透压的实验装置。高分子不能穿过将其与周围多余溶剂隔开的膜的小孔，而溶剂分子可以。当溶剂流入容纳高分子溶液的溶液池室将产生力学压力，表现为管中液柱的上升。当该力学压力与溶液的渗透压相等时，达到平衡。示意图源自 B. Tieke：*Makromolekulare Chemie*，Wiley-VCH，1997

Van't Hoff 定律适用于稀溶液。非稀溶液无法用这个简单的关系来表示，最好用它的**位力级数展开式**来表述：

---

[68] 一般来说，溶解物质样品的数均摩尔质量可以通过基于溶液的某种效应来确定，此效应的数值大小取决于所溶解分子的数量。这种效应称为依数性（源自拉丁文 Collegere，意为收集），其主要例子是溶液的渗透压、沸点升高和冰点降低。所有这些效应的数值大小与溶解分子的数量成正比，因此可以确定溶液中溶解化合物的物质的量。如果溶液是由已知质量的化合物溶解得到，则二者相除即可得到未知物每摩尔的质量，从而得到摩尔质量。我们可以将这一原理定量地表达如下：令 Y 为依数性质（即上述三种效应之一），其数值大小与单位体积溶解的物质 i 分子的数量 N_i/V 成正比，比例常数为 K：$Y = K \dfrac{N_i}{V}$。如果溶液中有多种不同的物质，比如摩尔质量不同的多分散高分子，得到 $Y = K \dfrac{\sum_i N_i}{V}$。在高分子科学中，浓度的典型度量是单位体积的质量，也就是说，$c = \dfrac{\sum_i w_i}{V} = \dfrac{\sum_i N_i M_i}{N_A V}$。如果用浓度 c 对依数性 Y 进行归一化（有关这种归一化方式的一些背景信息，请参阅下一个脚注），则可得到 $\dfrac{Y}{c} = K \dfrac{\sum_i N_i}{V} \cdot$ $\dfrac{N_A V}{\sum_i N_i M_i}$。联合数均摩尔质量的定义：$M_n = \dfrac{\sum_i N_i M_i}{\sum_i N}$，则有 $\dfrac{Y}{c} = \dfrac{K N_A}{M_n}$。从这个恒等式中我们看到，所有依数性质都关联于数均摩尔质量 M_n，因此它们都允许用于实验测定。依数性 Y 对 N 的依赖程度由比例常数 K 决定。对于渗透压来说，这个常数特别高，因此这种依数性的影响非常强。这就是它作为高分子科学中的一种方法受到青睐的原因：在某一给定质量的高分子样品中，我们只有为数不多的分子（但每个分子又非常大），因此我们需要一种依数性，即使如此少的（大）分子也具有很强的效应，可以很好地加以测量，渗透压就是那样一种非常有利的性质。除此之外，这种方法受到高分子科学家喜爱的另一个原因是：除了 M_n 之外，它还提供了高分子与溶剂相互作用的定量关系。这就是本节将要讨论的内容。

$$\Pi/c = RT\left(\frac{1}{M_n} + A_2 c + A_3 c^2 + \cdots\right) \tag{4.37}$$

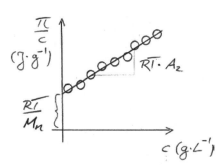

图 4.17 渗透压浓度依赖性级数
展开的典型作图

在式(4.37)的符号中，渗透压以一种简化形式[69]给出：Π/c。上式中的一个关键参数是**第二位力系数** A_2，可以把它视为较高浓度下的相互作用使理想状态发生的偏离，A_2 的意义就是对 Van't Hoff 定律这种偏离进行修正。因此，A_2 是量化此类相互作用的重要参数，一般通过实验数据可以很好地将式(4.37)拟合为线性形式，其中级数仅扩展到线性的 A_2 项。图 4.17 描绘出这样一个数据点集和线性拟合情况，从截距 RT/M_n 能得到高分子的数均摩尔质量，从斜率 $RT \cdot A_2$ 能得到第二位力系数 A_2。

第二位力系数量化了高分子和溶剂之间的相互作用，因此，它与 Flory-Huggins 参数 χ 密切相关，我们将在下面更详细地进行讨论。通常，正的 A_2 值表示高分子具有良好的溶剂化能力，而负的 A_2 值则表示不溶性；在 θ 状态下，A_2 为零[70]。图 4.18 举例说明了聚甲基丙烯酸甲酯在各种溶剂中的典型数据，这些溶剂的品质可以通过 A_2 的绝对值（即作图直线的斜率）来确定：间二甲苯的斜率为零，由此证明为 θ 溶剂；二噁烷具有正线性斜率，因此 A_2 为正，表明它是一种良溶剂。对于溶解性最好的氯仿，渗透压的浓度依赖性更强，甚至偏离了线性关系，这种情况就需要非线性第三位力项来拟合实验数据。然而，尽管所有的斜率不同，但所有样品的截距都是相同的，因为这个截距仅取决于平均摩尔质量 M_n，而不取决于溶剂品质。

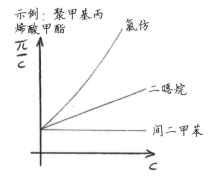

图 4.18 对于不同溶剂中的聚甲基丙烯酸甲酯，在具有浓度依赖性的比浓渗透压 Π/c 对浓度 c 的作图示意。各曲线有不同的斜率，对应于不同的第二位力系数，其原因是溶剂对高分子的品质不同。示意图源自 B. Vollmert：*Grundriss der Makromolekularen Chemie*，Springer，1962

---

[69] 这种对比量（或译约化量）是按浓度归一化的，你已经从基础物理化学中了解到其他类似的归一化的量，例如特定比例量（用质量归一化）或摩尔量（用摩尔数归一化）。

[70] 同样，我们可以类比真实气体，其状态方程可以用位力级数写为 $p = \frac{RT}{V}\left(1 + \frac{B}{V} + \cdots\right)$，其中第二位力系数 $B = b - \frac{a}{RT}$，其中 a 和 b 是范德华系数，a 与分子间吸引相互作用有关，b 与气体分子的体积和其他排斥相互作用有关。在波义耳温度下，吸引和排斥相互作用处于平衡，导致 B 为零，位力级数从而简化为理想气体定律。于是，真实气体表现出伪理想行为，类似于 θ 温度下溶剂中的高分子。

4.3.1 第二位力系数 A_2 与 Flory-Huggins 参数 χ 和排除体积 v_e 之间的联系

我们已经证明，第二位力系数 A_2 与 Flory-Huggins 相互作用参数 χ 之间有密切关系，因为两者都是高分子-溶剂相互作用的量度，接下来将验证这种关系并对其进行量化。

作为起点，我们采用渗透压的热力学定义：

$$\Pi \equiv \left(-\frac{\partial \Delta F_{\text{mix}}}{\partial V} \right)_{n_A} = \left(-\frac{n \cdot \partial \Delta \overline{F}_{\text{mix}}}{\partial V} \right)_{n_A} \tag{4.38}$$

在上一节中我们已经看到，第二位力系数 A_2 与比浓渗透压 Π/c 有关，因此，必须将式转化为渗透压作为浓度函数的更为实用的表达式。为实现这一点，需要用到 ΔF_{mix} 的表达式，在第 4.1 节中已经使用 Flory-Huggins 平均场理论的格子模型对此进行过估算。该表达式使用体积分数 ϕ 来表示浓度，它与体系的总体积 V 具有如下关系：

$$\phi_A = \frac{n_A N_A v_0}{V} \tag{4.39a}$$

式中 n_A 是格子上 A 分子的数量，N_A 是每个 A 分子的格座数，其大小等于组分 A 的聚合度，v_0 是单个格座的体积。

式(4.39a) 移项可以得到一个新的表达式：

$$\partial V = n_A N_A v_0 \partial \left(\frac{1}{\phi} \right) = -\frac{n_A N_A v_0}{\phi^2} \partial \phi \tag{4.39b}$$

这里使用了一种有恒等式 $\mathrm{d}(1/x) = -x^{-2}\mathrm{d}x$ 的关系，可以将此关系代入上述渗透压表达式，并进一步使用恒等式 $n\phi_A = n_A N_A => n = n_A N_A/\phi$ 将变量 V 替换为变量 ϕ：

$$\Pi \equiv \left(-\frac{n \cdot \partial \Delta \overline{F}_{\text{mix}}}{\partial V} \right)_{n_A} = \left[\frac{\phi^2}{n_A N_A v_0} \cdot \frac{\partial \left(n_A N_A \cdot \dfrac{\Delta \overline{F}_{\text{mix}}}{\phi} \right)}{\partial \phi} \right] = \left[\frac{\phi^2}{v_0} \cdot \frac{\partial (\Delta \overline{F}_{\text{mix}}/\phi)}{\partial \phi} \right]_{n_A} \tag{4.40}$$

混合自由能的 Flory-Huggins 平均场求解为

$$\Delta \overline{F}_{\text{mix}} = k_B T \left[\frac{\phi}{N_A} \ln\phi + \frac{(1-\phi)}{N_B} \ln(1-\phi) + \chi\phi(1-\phi) \right] \tag{4.22}$$

现在我们必须要对这一项求微分，十分遗憾，这对于式中的 B 组分的那一项来说很困难，因为变量 ϕ 在这里以更复杂的形式存在。为了简化这一计算，我们需要用到如下级数展开式：

$$\frac{(1-\phi)}{N_B} \ln(1-\phi) = \frac{1}{N_B} \left(-\phi + \frac{\phi^2}{2} + \frac{\phi^3}{6} + \cdots \right) \tag{4.41}$$

将此式代入 ΔF_{mix}，得到：

$$\Delta \overline{F}_{\text{mix}} = k_B T \left[\frac{\phi}{N_A} \ln\phi + \phi \left(\chi - \frac{1}{N_B} \right) + \frac{\phi^2}{2} \left(\frac{1}{N_B} - 2\chi \right) + \frac{\phi^3}{6N_B} + \cdots \right] \tag{4.42}$$

反过来将上式代入最初的渗透压公式(4.40) 中：

$$\Pi = \frac{k_B T}{v_0} \left[\frac{\phi}{N_A} + \frac{\phi^2}{2} \left(\frac{1}{N_B} - 2\chi \right) + \frac{\phi^3}{3N_B} + \cdots \right] \tag{4.43}$$

接着将根据 $c=\phi/v_0$ 这个等式，代入浓度作为变量进一步变换。浓度的单位为 L^{-1}，表示每单位体积内的链段数：

$$\Pi=k_BT\left[\frac{c}{N_A}+\frac{c^2}{2}v_0\left(\frac{1}{N_B}-2\chi\right)+\cdots\right] \qquad (4.44a)$$

将此式除以 c，可以得到对此比浓渗透压 Π/c 所需的表达式：

$$\Pi/c=k_BT\left[\frac{1}{N_A}+\frac{c}{2}v_0\left(\frac{1}{N_B}-2\chi\right)+\cdots\right] \qquad (4.44b)$$

将上式这种普适的形式与式（4.37）作比较，我们这才意识到两个公式可以归为一类：

$$\Pi/c=\text{热能}\left(\frac{1}{\text{链长}}+\text{相互作用参数}\cdot c\right) \qquad (4.45)$$

式（4.44b）的括号中第一个被加数是无量纲的；这意味着第二个被加数也必须是无量纲的。因此，由于 c 的单位为 L^{-1}，它前面的相互作用参数的单位必须为升（L）。该参数必须是某种可量化高分子-溶剂相互作用的"体积"，即排除体积 v_e，所以把它用作式（4.44b）中的第二位力系数：

$$v_e=v_0\left(\frac{1}{N_B}-2\chi\right) \qquad (4.46a)$$

式中 N_B 是第二种组分（B）的聚合度，B 是溶剂或第二种高分子，对于高分子溶液，$N_B=1$。现在，当我们代入 θ 状态的 Flory-Huggins 参数 $\chi_c=1/2$，那么最终得到排除体积 $v_e=0$，这正好精确满足 θ 状态的定义。相反，对于无热溶剂的情况，$\chi=0$，因此 $v_e=v_0$。正如在第 3.2 节中我们已经看到的那样，排除体积为极大的正值，并且与单体链段体积相等。在两种不同高分子的共混物中，$N_B\gg1$。Flory-Huggins 参数接近于零（$\chi\approx0$），这是成功混合两种高分子所必需的条件，同样会导致排除体积也接近于零（$v_e=v_0/N_B\approx0$）。这向我们表明，即使高分子共混物中的 A-B 相互作用非常好（要发生混合，必须如此！），链必须采取它们在 θ 状态下那样的理想构象。

我们可以进一步将上式表示为：

$$v_e=\frac{v_0}{N_B}-2v_0\chi=\frac{l^3}{N_B}-2l^3\chi \qquad (4.46b)$$

式中 l^3/N_B 是高分子链段的体积（按照溶剂的聚合度加以归一化），对应于 Mayer f 函数的硬球；$2l^3\chi$ 是链段-链段有效吸引的度量，对应于 Mayer f 函数的"势阱"部分。两者的一致性决定了排除体积（我们应当记得，该体积实际上是根据 Mayer f 函数的负积分计算得出的）。再说一遍，我们现在应当了解什么是 θ 状态（$v_e=0$），由于链段的共同体积线团要膨胀，但由于链段-链段的净吸引相互作用又要线团收缩，此时正好精确达到平衡。

到目前为止，我们已经在分子水平上就比浓渗透压进行了解释，使用 k_BT 表示热能，使用浓度 $c=\phi/v_0$（单位 L^{-1}）表示每单位体积的分子数。为了更实用，我们将式（4.44b）变换为摩尔值，即可以通过使用 RT 表示热能，使用 $c=\phi/v_{\text{specific,polymer}}$ 作为浓度（单位为 $g\cdot L^{-1}$），由此得出：

$$\Pi/c=RT\left[\frac{1}{M_n}+\frac{V_{\text{specific,polymer}}^2}{\overline{V}_{\text{solvent}}}\left(\frac{1}{2}-\chi\right)c+\cdots\right] \qquad (4.47)$$

将其与 Van't Hoff 公式比较，我们有：

$$\Pi/c = RT\left(\frac{1}{M_n} + A_2 c + \cdots\right) \qquad (4.37)$$

由此我们马上可以意识到：第二位力系数 A_2 与 Flory-Huggins 参数 χ 之间有一种关联：

$$A_2 = \frac{V_{\text{specific,polymer}}^2}{\overline{V}_{\text{solvent}}}\left(\frac{1}{2} - \chi\right) \qquad (4.48)$$

正是由于存在这种关系，我们才能通过本章开头所述的渗透压实验来确定 χ 值。

第9讲 选择题

（1）哪种摩尔质量平均值可以用依数现象测定？

a. 数均摩尔质量 M_n，因为依数性质依赖于溶液中（大）分子的数量。

b. 黏均摩尔质量 M_η，因为依数性质依赖于（大）分子溶液的黏度。

c. 重均摩尔质量 M_w，因为依数性质依赖于溶液中（大）分子的质量。

d. 离心平均摩尔质量 M_z，因为依数性质依赖于溶液中（大）分子的数量。

（2）哪种依数性质更适合研究高分子溶液？

a. 凝固点降低，因为这对于高分子溶液最为明显。

b. 沸点升高，因为这对于高分子溶液最为明显。

c. 渗透压，因为这对于高分子溶液最为明显。

d. 上述所有三种依数性质都可以平等地使用，因为三者都依赖于高分子的数均质量。

（3）渗透压计由两个池组成，一个池位于另一个池中；开始时内池含有高分子溶液，外池仅含有溶剂。池间由半透膜隔开，那张半透膜起什么作用？

a. 它只允许高分子通过，而溶剂保留在内池中，压力从外池在内池上累积。

b. 它只允许溶剂通过，因此在这种情况下溶剂会从内池流出，压力从外池向内池累积。

c. 它只允许溶剂通过，因此溶剂从外池流出进入内池，进入的溶剂增加了内池中的压力。

d. 它允许溶剂和高分子通过，但它们只能从内池逃逸到外池，反之则不行。因此，溶液流入外池，从而对内池施加压力。

（4）排除体积 v_e、修正的 Van't Hoff 公式的第二位力系数 A_2 和 Flory-Huggins 参数 χ 是相关的，因为_____。

a. 它们三者都线性依赖于高分子的浓度

b. 它们三者都是无量纲的量

c. 它们三者都是高分子-溶剂相互作用的度量

d. 它们三者都是高分子聚合度的度量

（5）在图 4.16 所示的渗透池中，对于浓度为 $0.1\,\text{mol}\cdot\text{L}^{-1}$ 的高分子水溶液（稀溶液），在正常条件下，高分子溶液的液柱上升高度是多少？

a. 2.5cm　　　　　b. 25cm　　　　　c. 2.5m　　　　　d. 25m

（6）对于未稀释的非理想情况，可以通过位力级数展开来修正 Van't Hoff 公式——

类似于通过相关的位力级数展开将理想气体公式转化为更普遍的公式形式。在特定的波义耳温度，真实气体公式可以简化为理想气体公式。对于高分子溶液，哪种情况与此类似？

a. 无热溶剂，$A_2 = 0$ b. θ 溶剂，$A_2 = 0$

c. 良溶剂，$A_2 > 0$ d. 非溶剂，$A_2 < 0$

（7）就比浓渗透压而言，特别是良溶剂表现出对通常的线性浓度依赖性的偏差，可以在多大程度上描述这条渐变曲线？

a. 此曲线不能用给定的理论来描述；对于这种情况，需要一个基于更复杂理论的新公式。

b. 此曲线只能逐段加以描述；每一小段对应于一个局部的线性段。

c. 此曲线可以包含另一个位力系数 A_3 加以模拟，它表示比浓渗透压对浓度的二次依赖性。

d. 此曲线可以模拟，只需在现有公式中加入适当的常数 C。

（8）如何通过渗透压法确定稀溶液的 θ 温度？

a. 比浓渗透压的浓度依赖性曲线通过坐标原点的温度，即为 θ 温度

b. 比浓渗透压的浓度依赖性曲线斜率为零所测定的温度，即为 θ 温度。

c. 比浓渗透压的浓度依赖性曲线为极小值所测定的温度，即为 θ 温度。

d. 比浓渗透压的浓度依赖性曲线偏离线性过程所测定的温度，即为 θ 温度。

（王智巍、王海波、杜宗良　译）

第 5 章
高分子体系的力学和流变学

　　高分子在材料世界中占主导地位，其根源在于它们最有价值的性质，即它们的力学性质。在这一讲中，你将初步了解评估这些力学性质方法论的基础：流变学。同时你也会熟悉该领域的一些基本物理法则和工作原理，并了解高分子最有价值的材料性质：弹性模量。

5.1　流变学基础

　　本书一开始就指出，高分子物理化学的首要目标是理解高分子基材料的**结构**与**性质**之间的关系，从而架起**高分子化学**与**高分子工程**领域之间的"桥梁"（如图 1.1 所示）。为了实现这个目标，到目前为止，在前面的各章中，我们已经研究单链的结构和动力学以及多链体系的热力学；这样，我们就为上述"桥梁"竖立三大基本支柱。现在，实际"桥梁"的建造将是本章的目标，这将帮助我们定性和定量地理解：在日常生活中遇到的许多高分子材料，为什么会以我们所看见的方式存在。在过去几十年中，对我们的生活产生最大影响的高分子性质，就是它们的力学性质，我们将集中加以讨论。因此，将首先对**流变学**领域进行基本介绍。

　　流变学一词源自希腊语 **rheos**（意思是"流动"），以及 **logos**（意思是"理解"）。这个名字让人想起希腊哲学家 Simplicus 的一句著名格言，他曾说过 **panta rhei**（"万物皆流"）。因此，流变学是对物质流动的研究，也是物理学的一个分支，涉及材料（包括固体和液体二者）的形变和流动。

5.1.1　力学响应的基本案例

　　从材料力学性质的观点，可以区分两种基本的极端情况：材料既可以表现为**弹性固体**，如橡皮筋，也可以表现为**黏性流体**，如水或糖浆。

　　在第一种理想弹性体情况下，可以通过施加的外力 f 给材料注入能量，外力可以用归一化的形式表示为应力，$\sigma = f/A$（A 是力所作用的材料试样截面积），而其中的能量以弹性能的形式被存储。在这种情况下，材料发生瞬时形变，其程度与施加的应力成正比，反之亦然，在材料中建立反作用应力，并与给定程度的形变成正比。形变程度就是**应变 ε**，它与**应力 σ** 的比例符合**胡克定律**：

$$\sigma = E \cdot \varepsilon \tag{5.1}$$

在该定律中，应变是形变的相对程度，定义为 $\varepsilon = \Delta L/L_0$，即相对于其形变前长度 L_0 材料试样长度的变化 ΔL，比例常数是**弹性模量**，也称为**杨氏模量**（E）。从数学的角度来看式(5.1)，我们会发现弹性模量或杨氏模量的单位为 $N \cdot m^{-2} = Pa$，其原因在于：应力的单位也是 $N \cdot m^{-2} = Pa$，而应变 $\varepsilon = \Delta L/L_0$ 是无量纲的变量。从概念上看，模量是一种基本的材料参数，它量化了材料在给定程度的形变后可以存储多少能量，对此有一个直观的说明：单位 $N \cdot m^{-2}$ 也可以写成 $J \cdot m^{-3}$，意味着当我们想要使材料形变时，需要克服对材料施加的能量密度，这源于材料构建单元的能量和尺寸（例如，橡胶中高分子网络子

链的能量 $k_B T$ 和尺寸 ξ）。正如从下一个注释中看到的那样，储能能力与材料的内部微观结构和动力学直接相关，因此模量即是结构-性质关系的一个定量表达。对模量有了这样一个认识，可以从式（5.1）计算施加给定应力后达到一定形变的难易程度，这直接关系到实际应用。一旦应力消失，储存的能量就会被释放，材料会迅速回复原始形状，这意味着弹性形变是可逆的，这种类型的力学响应可借弹簧的形式进行直观解说，如图 5.1（A）所示。

在第二种理想黏性流体情况下，施加外部应力也会产生形变，但是，这里的应力 σ 并不是与形变本身成正比，而是与形变速率 $d\varepsilon/dt$ 成正比。因此一旦应力消失，材料将保持其形变状态，这种情况下没有储能，而形变的能量会以热量的形式耗散于环境中，这意味着黏性形变是不可逆的。形变速率 $d\varepsilon/dt$ 与应力 σ 之间的关系体现于**牛顿定律**：

$$\sigma = \eta \cdot \frac{d\varepsilon}{dt} = \eta \cdot \dot{\varepsilon} \tag{5.2}$$

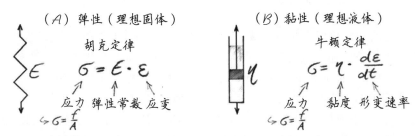

图 5.1　流变学中力学响应的基础案例。（A）胡克定律通过 E 将 σ 和 ε 联系起来，其中 E 是杨氏模量，σ 是施加于理想弹性固体上的应力，ε 是其应变，此模型形象化的表现形式是一根弹簧（弹簧常数为 E）；（B）牛顿定律通过 η 将 σ 和 $d\varepsilon/dt$ 联系起来，其中 η 是黏度，σ 是施加于理想黏性流体上的应力，$d\varepsilon/dt$ 是其时间依赖性的形变速率，此模型形象化的表现形式是充满流体（黏度为 η）的一个黏壶

在牛顿定律中，比例常数是**黏度**（η）。与上述弹性情况中的模量一样，黏度也是一个基本的材料参数，它量化了材料对抗流动的阻力大小❶，正如你将在本章下文看到的，对流动施加阻力的能力与材料的内部微观结构和动力学直接相关。因此，就像弹性模量一样，黏度是结构-性质关系的一个定量表达。如图 5.1（B）所示，黏性类型的力学响应可以用充满流体的黏壶来形象表示。从式（5.2）可知，黏度的单位是 Pa·s，其原因是：应力的单位是 $N \cdot m^{-2} = Pa$，而形变率的单位是 s^{-1}。

5.1.2　流变学中不同类型的形变

应变可以从多个方向施加到材料上，但我们可以简化为考虑两个特别重要的情况。直观来看，假设有一个边为 A、B 和 C 的立方体，在这个立方体中，A 是与纸面垂直平面上的边，B 是垂直边，C 是水平边（参见图 5.2）。

在第一种情景下，施加在 A-B 面上的均匀应力导致**单轴应变**，这一应变 ε 可以根据

---

❶　接下来在第 5.6.1 小节和第 5.7.1 小节中，我们将看到弹性模量和黏度通过流变学领域最核心的公式之一相互关联：$\eta = E\tau$。

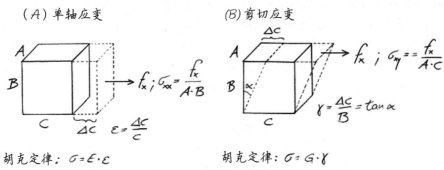

图 5.2　使材料形变的两种方式：（A）施加在 A-B 面上的均匀应变，称为单轴应变。（B）施加在 A-C 面上的应变，称为剪切应变。在这两种情况下，应力 σ 的计算可以基于理想弹性材料的胡克定律或理想黏性流体的牛顿定律

形变量 ΔC 与边的初始长度 C 的比值来计算。对于弹性固体和黏性流体这两种基本情况，可以如第 5.1.1 小节所述，应用胡克定律和牛顿定律来计算与此类单轴应变相关的应力 σ [图 5.2(A)]。在第二种情景下，应力施加在 A-C 面上，称为**剪切**应变，由此产生的剪切应变 γ 是根据形变量 ΔC 与边的初始长度 B 的比值计算得出的，它对应于剪切角 α 的正切 [图 5.2(B)]。对于理想的黏性流体，应力 σ 仍然使用第 5.1.1 小节中所述的牛顿定律计算。但是，胡克定律需要加以修正，引入一个新的比例常数：**剪切模量** G。

杨氏模量 E 和剪切模量 G 可以用下式关联：

$$E = 2G(1+\mu) \tag{5.3}$$

在式（5.3）中，μ 称为泊松比，是泊松效应的量度，根据这种现象，在垂直于压缩方向的方向上材料倾向膨胀，反之亦然：拉伸则倾向于沿横向收缩。两者都是物体的体积在压缩或拉伸时保持不变的结果，材料试样受到单轴应变 $\Delta L/L_0$，其厚度在形变前后的相对变化为 $\Delta d/d_0$，这是它相对的横向收缩，泊松比 μ 将上述两个参数联系起来，并量化这种效应：

$$\mu = \frac{\Delta d/d_0}{\Delta L/L_0} \tag{5.4}$$

对于像流体这样的不可压缩物体，其泊松比一般为 $\mu = 0.5$，高分子的泊松比通常也为此数值，因为高分子的轴向拉伸通常伴随着横向收缩，意味着它在拉伸时不发生体积变化，在这种情况下，$E = 3G$。

5.1.3　胡克定律的张量形式

对于上面所称的胡克定律和牛顿定律，其公式实际上只是简化的形式，因为应力作用于试样的法向，而且只在一个方向上作用。在它们的广义形式中，应该是张量公式，应当考虑空间所有可能的方向，这种广义胡克定律的表达形式如下：

$$\bar{\bar{\tau}} = \bar{\bar{c}} \cdot \bar{\gamma} \tag{5.5}$$

$\overline{\overline{\tau}}$ 是应力张量，$\overline{\overline{c}}$ 是刚度张量[72]，$\overline{\overline{\gamma}}$ 是应变张量。在这个命名法中，遵循公众习惯，其中应力张量形式不幸缩写为符号 τ，这有诸多不便，因为在高分子物理学中 τ 也常用来表示弛豫时间[73]，为避免这种混淆，在本书中会使用符号 σ 表示法向应力，作为在这种特殊情况下的变量；这是两个方向指数相同的应力，即 $\sigma_{11}=\tau_{11}$、$\sigma_{22}=\tau_{22}$ 和 $\sigma_{33}=\tau_{33}$。

为了形象地解释式(5.5)，让我们再一次来讨论一个小的立方体，它代表弹性体中的一个体积元，如果在方向 k 上施加应力 τ_{ik}，则立方体就会产生形变，但在现在的情况下，所产生的形变不会仅限于一个空间方向，而是会对所有空间方向都有影响（见图 5.3）。

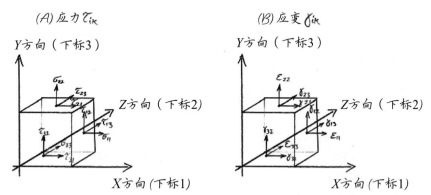

图 5.3　弹性体对于所有空间方向的形变。（A）在方向 k 上施加的应力 τ_{ik} 会使（B）图在同一方向上产生相应的应变 γ_{ik}。示意图源自 C. Wrana：*Polymerphysik*，Springer Verlag Berlin，Heidelberg，2014

这种关系可由如下公式表示：

$$\tau_{ik}=\sum_{l=1}^{3}\sum_{m=1}^{3}c_{iklm}\cdot\gamma_{lm}=c_{ik11}\cdot\varepsilon_{11}+c_{ik12}\cdot\gamma_{12}+c_{ik13}\cdot\gamma_{13}+c_{ik21}\cdot\gamma_{21}+ \tag{5.6}$$

$$c_{ik22}\cdot\varepsilon_{22}+c_{ik23}\cdot\gamma_{23}+c_{ik31}\cdot\gamma_{31}+c_{ik32}\cdot\gamma_{32}+c_{ik33}\cdot\varepsilon_{33}$$

式中弹性常数 c_{iklm} 反映每种贡献 ε_{lm} 的强弱，l 和 m 表示每个量在几何空间中的方向。

综合起来考虑，我们必须计算所有的九个应力分量（σ_{11}、τ_{12}、τ_{13}、τ_{21}、σ_{22}、τ_{23}、τ_{31}、τ_{32}、σ_{33}），它们通过九个弹性常数 c_{iklm} 与九个应变分量（ε_{11}、γ_{12}、γ_{13}、γ_{21}、ε_{22}、γ_{23}，γ_{31}、γ_{32}、ε_{33}）产生联系。于是，要完整描述立方体积元的形变，就需要用到多达 81 个单一分量！但是，十分幸运，如果我们考虑物体的对称性，这个表达式可以大大简化，如果物体是各向同性的，意味着它在所有方向上都是均匀的，则独立常数的数量能减

---

[72]　刚度张量（stiffness tensor）是译校者改加的，原著此处为 elasticity tensor。广义胡克定律一般由张量形式可以简洁表述，应力张量和应变张量是二阶张量，一般有 9 个分量，但因对称性简并为 6 个分量。刚度张量和柔量张量则为 4 阶张量，一般有 81 个分量，但因对称性简并为 36 个分量。数学上张量一般由其分量按矩阵列出，广义胡克定律则服从于矩阵乘法规则。本书中采用张量符号为字母上加横线，其数目正是对应的阶数，便于读者理解。当然，还有许多其他的符号记法和规则，大多数文献采用黑字和花体字母，有些字母外加方括号，等等。有兴趣进一步了解的读者可以参阅 I. M. Ward 和 J. Sweeney，*An Introduction to Mechanical Properties of Solid Polymers*，2nd Ed. Wiley，2004——译校者注。

[73]　如果你不能肯定教科书或论文中的符号 τ 是代表应力，还是（弛豫）时间，请检查其物理单位：如果是帕，那么 τ 代表应力；如果是秒，那么 τ 表示时间。

少到两个。若高分子表现出均匀的非晶结构，因此可以认为是各向同性的，我们现在将此应用于单轴应变和剪切应变这两种情况，考虑到 x、y 和 z 所有三个空间方向，可得出胡克定律的下列公式：

$$单轴应变：\sigma_{xx}=E \cdot \varepsilon_{xx}；\sigma_{yy}=E \cdot \varepsilon_{yy}；\sigma_{zz}=E \cdot \varepsilon_{zz}$$

$$剪切形变：\tau_{xy}=G \cdot \gamma_{xy}；\tau_{xz}=G \cdot \gamma_{xz}；\tau_{yz}=G \cdot \gamma_{yz}$$

这些正是在第 5.1.1 小节中我们介绍过的公式，可以看到 ε 和 γ 实际上是应变张量 $\overline{\overline{\gamma}}$ 的特殊情况下的变量，σ 和 τ 是应力张量 $\overline{\overline{\tau}}$ 的特殊情况下的变量，E 和 G 是弹性模量张量 $\overline{\overline{c}}$ 的特殊情况下的变量。

第 10 讲　选择题

（1）高分子的下列哪些性质不能用流变学实验来探测？

a. 可压缩性　　　　b. 弹性　　　　　　c. 流动速率　　　　　d. 黏度

（2）高分子的理想力学响应有哪两种形式？

a. 弹性固体和黏性流体　　　　　　　b. 弹性固体和黏性固体

c. 玻璃状固体和弹性流体　　　　　　d. 玻璃状固体和黏性流体

（3）对于弹性固体的情况以下哪项陈述不能成立？

a. 材料的应变与施加在其上的应力呈线性标度关系。

b. 材料的形变是不可逆的。

c. 弹性固体可以简单地模拟为一根弹簧。

d. 力学响应可由胡克定律表示，其弹性模量作为比例系数。

（4）弹性固体的弹性模量与微结构之间有什么关系？

a. 它们之间没有必要的关系。

b. 弹性模量是量化弹性的参数，因此它直接关联到因形变而形成的瞬时凝聚物（agglomerate）的寿命。

c. 弹性模量是量化形变程度的参数，因此它直接关联于构建单元之间结合键在形变过程中的断裂数目。

d. 弹性模量是量化储存能量的参数，因此它直接关联于因形变而移动的构件单元的耦合和尺寸。

（5）什么是力学中所称的应力？

a. 应力是压力的另外一个称呼，它们二者都有相同的量纲，其单位为"帕斯卡"。

b. 应力是连续介质中因外力而累积内力的量度。

c. 应力是由施加的外力引起的连续介质的形变。

d. 应力是对介质每单位体积元上的外力所引起的连续介质中的内部张力。

（6）关于应变，下列哪一项陈述是正确的？

a. 应变是由施加的力或应力引起的连续介质中的相对形变。

b. 应变是由施加的力或应力引起的连续介质的角度形变。

c. 物体在受应变时始终保持其体积不变。

d. 物体在受应变时始终保持其形状不变。

（7）对于黏性流体的情况，下列哪项陈述不能成立？

a. 材料的应变与施加在其上的应力呈线性标度关系。

b. 形变是不可逆的。

c. 黏性流体可以简单模拟为黏壶。

d. 黏性流体的行为可以用牛顿定律描述，其黏度作为比例系数。

（8）哪一种模型可以描述高分子实际的力学响应？

a. 理想弹性固体的响应，构建单元之间的键就像弹簧一样，形变后可以快速回复原状。

b. 理想黏性流体的响应，由形变导致的构建单元的运动是不可逆的。

c. 响应依赖取决于实验参数，基于这些参数，高分子表现出完全弹性的行为，或完全黏性的行为。

d. 响应依赖于实验参数，基于这些参数，高分子可能显示弹性和黏性两种特征，被描述为术语"黏弹性"。

5.2 黏弹性

第 11 讲 黏弹性

高分子具有丰富的力学性质，那是因为高分子既不是真正的流体也不是真正的固体，但却兼具两者的特征，称为黏弹性。这一讲将证明，这种二重性如何使高分子表现出应力弛豫或应变蠕变具有时间（或频率）依赖性；还要证明，采用复数材料常数（例如复数模量），可以更好地体会到这一点。

常常有一些材料表现出弹性和黏性两种性质，这些材料被命名为**黏弹性**材料，但严格来说，所有物质都表现出这种二重性。例如，假想去观察一下冰川，即使一整天也无法看到冰川有任何可感知的运动，那么可以说它是固体；但在一整年的时间里，对同一座冰川每天观测一次，并且拍一张照片，最后将所有照片编辑在一起，制作一部延时电影，冰川看起来就会像流体一样流动。另一个具有说服力的例子是古老教堂中装饰性大玻璃窗，通常它们的底部比顶部厚，这种差异主要与它们的生产过程有关：在过去，教堂的玻璃窗是直立制造的，意味着冷却的玻璃熔体会在制造框架内从上向下流动。然而，除了这种制造过程产生的厚度梯度之外，这些窗玻璃今天仍在流动，并且在很长的时间尺度上（实际上比几个世纪还长），玻璃窗的底部比起顶部会进一步变厚。

黏弹性是高分子体系中最引人注目的一种现象。与冰川和玻璃窗（观察的长期性）相比有所不同，采取实际可行的时间标尺，也是实验上有效的时间窗口，其值是从毫秒至秒的范围（因针对的特定体系而异），高分子体系通常从弹性特性占主导的区域转变为黏性特性占主导的区域，因为高分子的力学性质有多种功能，又可动态应用，在正确理解力学基本概念的情况下，可以通过合理的设计来满足特殊要求，这使得高分子在实际应用中价值非凡。

为了评估和量化高分子的力学性质，通常采用三种类型的流变实验，这将在下文中讨论。

5.2.1 流变学实验的基本类型

5.2.1.1 弛豫实验

如图 5.4 所示，在**弛豫实验**中，对试样施加单轴应变 ε 或剪切应变 γ，并记录材料中产生的应力 σ 作为时间的函数。弹性试样表现出两个量成正比，服从胡克定律，比例系数是具有时间依赖性的**弛豫模量** $E(t)$，只要施加应变，就会记录到相对应的应力。与此相比，理想的黏性试样表现出两个应力脉冲尖峰（spike），一个出现在应力突然增加的时刻，另一个出现在应力突然降低的时刻，其原因在于：根据牛顿定律，只考虑了有时间依赖性的形变速率，因此，在应变恒定的时候，就不会记录应力；反之，在应变突然变化期间将会出现极大的应力脉冲尖峰。对于黏弹性试样，初始力学响应类似于弹性试样：应力随应变成正比增加，一旦应变保持在恒定水平，部分储存的形变能就将以热量的形式耗散，结果导致随时间的**应力弛豫**，如果试样是黏弹性固体，应力将达到某一平台值，称为**平台模量** $E_{eq} = E(t \to \infty)$。

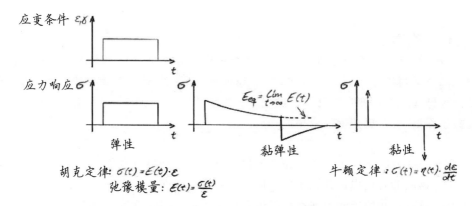

图 5.4 在弛豫实验中，将应变（ε 或 γ）施加于试样，并记录试样上所建立的应力 σ，它是一个有随时间依赖性的量。根据胡克定律，对于理想的弹性体，应力和应变这两个量成正比，而在理想的黏性试样中，在应变突然变化时，应力出现脉冲尖峰，在黏弹性试样中，当 t 趋近于 ∞，材料中的应力将弛豫至某一平台，因为随着时间的推移，一些形变能将耗散成热量

5.2.1.2 蠕变实验

在**蠕变实验**中，应力 σ 施加于试样，试样中产生单轴应变 ε 或剪切应变 γ，将其记录为时间的函数（见图 5.5）。根据胡克定律，弹性试样中应力和应变这两个量成正比，比例系数即为时间依赖性的**蠕变柔量** $J(t)$，只要施加应力，就会记录到相对应的应变。只要应力保持恒定，理想的黏性样品就会出现随时间线性增加的应变，材料表现出**蠕变**。然而，一旦消除应力结束实验，应变也不会回复到初始水平，显示黏性流动的不可逆性。

对于黏弹性试样，其力学响应是两者的混合：一旦施加某一量值的恒定应力，记录的

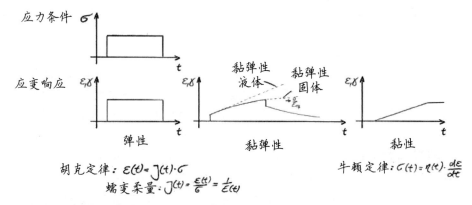

图 5.5　在蠕变测试中，应力 σ 施加于试样上，并记录时间依赖性应变（ε 或 γ）。根据胡克定律，对于理想弹性试样，这两个量成正比，在理想黏性试样中，只要施加恒定应力，应变随时间线性增加，即材料表现出蠕变。在黏弹性试样中，其应变响应是二者的混合：记录的应变值将瞬时上升，但上升程度又不及弹性试样，随着时间的推移，由于材料的蠕变，应变将进一步增大。当 t 趋近于 ∞ 时，黏弹性固体达到一种平台值，而黏弹性流体则继续稳定地蠕变，一旦消除应力，试样将随着时间反向蠕变

应变值将瞬时上升，但上升程度又不及弹性试样。然而随着时间的推移，由于材料的蠕变，应变将进一步增大。如果试样的弹性特征大于黏性特征，当 t 趋近于 ∞，应变将达到某一平台值；然而，如果试样的黏性特征大于弹性特征，试样将持续稳定地蠕变。一旦试验结束，消除所施加的应力，试样将在反方向上发生蠕变。

5.2.1.3　动态实验

探测材料力学性质的另一种方法是**动态试验**，将正弦变换的应力 $\sigma = \sigma_0 \exp(iwt)$ 施加于试样，并记录有时间依赖性的应变（ε 或 γ），如图 5.6 所示。同样可以反过来进行，即施加正弦应变，并记录材料中出现的有时间依赖性的应力，对于理想弹性试样，应力和应变的相位一致，根据胡克定律，这两个量在任何时刻都彼此成正比，所以它们的相位角 δ

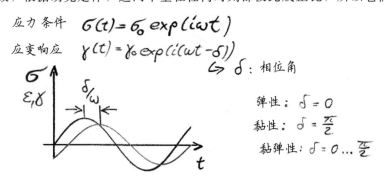

图 5.6　在动态实验中，正弦应力 σ 施加于试样，并记录时间依赖性应变（ε 或 γ），对于理想弹性试样，应力曲线和应变曲线二者成正比且同相位。相比之下，对于理想黏性试样，时间依赖性的应变曲线表现对应力曲线的相位差，相位角 δ 为 90°（或 $\pi/2$）；对于黏弹性试样，应力曲线和应变曲线显示的相位角介于 0 和 $\pi/2$ 之间，在这种情况下，δ 反映试样的弹性和黏性部分各自的贡献

为零。对于理想黏性试样，根据牛顿定律，与施加的应力成正比的不是应变本身，而是它的导数；若应变的初始条件是正弦波，将引起应力为余弦响应；反之，若应力的初始条件是正弦波，将引起应变为负的余弦响应。其结果就是，在任何一种情况下，应力和应变都有 $90°$ 的相位差，这意味着相位角 δ 为 $\pi/2$。黏弹性试样介于这两种极端情况之间，表现出相位差，其相位角 δ 在 $0 < \delta < \pi/2$ 的范围。若已知 δ，就可以计算黏弹性试样的弹性和黏性部分的贡献，δ 越接近于零，弹性贡献越占主导；而 δ 越接近于 $\pi/2$，黏性贡献越占主导。

5.3 复数模量

在式(5.1) 所示的胡克定律中，弹性模量是应力（σ）与应变（ε 或 γ）的比值，在刚讨论过的动态实验的情况中，弹性模量是一个复数，用 E^* 或 G^* 表示，与正弦调制的应力和应变的比值及其间的相位角 δ 关联如下：

$$E^* = \frac{\sigma}{\varepsilon} = \frac{\sigma_0 \exp(i\omega t)}{\varepsilon_0 \exp[i(\omega t - \delta)]} = \frac{\sigma_0}{\varepsilon_0} \exp(i\delta) \tag{5.7a}$$

$$G^* = \frac{\sigma}{\gamma} = \frac{\sigma_0 \exp(i\omega t)}{\gamma_0 \exp[i(\omega t - \delta)]} = \frac{\sigma_0}{\gamma_0} \exp(i\delta) \tag{5.7b}$$

利用欧拉公式，这可以重写为具有实数部分和虚数部分的三角函数，这两部分可视为**复数模数**的两个不同部分：

$$E^* = \frac{\sigma_0}{\varepsilon_0}(\cos\delta + i\sin\delta) \tag{5.8a}$$
$$= E' + iE''$$

$$G^* = \frac{\sigma_0}{\gamma_0}(\cos\delta + i\sin\delta) \tag{5.8b}$$
$$= G' + iG''$$

其中第一部分是**储能模量**（E' 或 G'），表示试样的弹性；第二部分为**损耗模量**（E'' 或 G''），表示试样的黏性。
储能模量：

$$E' = \frac{\sigma_0}{\varepsilon_0}\cos\delta \tag{5.9a}$$

$$G' = \frac{\sigma_0}{\gamma_0}\cos\delta \tag{5.9b}$$

损耗模量：

$$E'' = \frac{\sigma_0}{\varepsilon_0}\sin\delta \tag{5.10a}$$

$$G'' = \frac{\sigma_0}{\gamma_0}\sin\delta \tag{5.10b}$$

对于总模量 E^* 或 G^*，第一个贡献（弹性）与第二个贡献（黏性）哪个占主导，取决于相位角 δ。如果 $\delta = 0$，则 E'' 和 G'' 为零，于是只有弹性部分 E' 或 G' 对 E^* 或 G^* 有贡献；如果 $\delta = \pi/2$，则 E' 和 G' 为零，这样只有黏性部分 E'' 和 G'' 对 E^* 或 G^* 有贡献；要是在二者之间，则两部分对 E^* 或 G^* 都有贡献，δ 值决定它们贡献的相对大小。

根据比值 E''/E' 和 G''/G'，可以判断储能模量和损耗模量对 E^* 和 G^* 的贡献程度。按照图 5.7 中所示的简单三角函数运算，或简单采用式(5.11)的三角函数恒等式，可以证明，上述两种模量比值是 δ 角的正切值，这就是所谓的**损耗角正切**，只需一个简单的数字，就表明弹性部分和黏性部分对试样黏弹性的贡献：$\tan\delta$ >1，表示损耗模量的值大于储能模量的值，于是试样的力学性质由其黏性部分主导，因此称为**黏弹性流体**；$\tan\delta$<1，试样的力学性质由其弹性贡献主导，其储能模量的值大于其损耗模量的值，因此称为黏弹性固体。当 $\tan\delta$＝1 时，弹性部分和黏性部分二者的贡献相等。

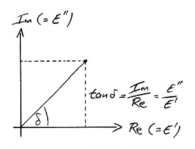

图 5.7 Argand 作图中复数模量 E^* 的直观表示，横坐标代表复数模量的实数部分 E'，而纵坐标代表虚数部分 E''，连接 E^* 值的点和坐标原点的矢量的斜率为 $\tan\delta$，即损耗角正切

$$\frac{E''}{E'} = \frac{\dfrac{\sigma_0}{\varepsilon_0}\sin\delta}{\dfrac{\sigma_0}{\varepsilon_0}\cos\delta} = \frac{\sin\delta}{\cos\delta} = \tan\delta \tag{5.11a}$$

$$\frac{G''}{G'} = \frac{\dfrac{\sigma_0}{\gamma_0}\sin\delta}{\dfrac{\sigma_0}{\gamma_0}\cos\delta} = \frac{\sin\delta}{\cos\delta} = \tan\delta \tag{5.11b}$$

按照图 5.8 所示的实验，可以形象体会储能模量（E' 或 G'）及损耗模量（E'' 或 G''）对复数模量（E^* 或 G^*）的贡献。当橡皮球从一个人手上落向地板，它会从地板上反弹回来，但它无法回到原始高度，因为在弹跳过程中一些能量以热量的形式耗散。耗散能量的大小与高度差值直接关联，这就是损耗模量 E'' 或 G'' 对 E^* 或 G^* 的贡献。球能够返回的高度与材料内弹性形变存储的能量直接关联，这就是储能模量 E' 或 G' 对 E^* 或 G^* 的贡献。

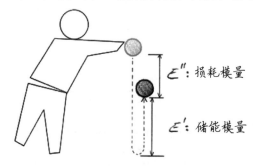

E''：损耗模量
E'：储能模量

图 5.8 损耗模量 E'' 和储能模量 E' 对复数模量 E^* 的贡献示意图。在这个实验中，橡皮球从手上落下，但没有弹回到初始高度，这个过程中消耗为热量的能量对应于弹跳后的高度差，即损耗模量 E''。球反弹回去的高度对应于弹性在材料内部存储的能量，即储能模量 E'。一个理想弹性球必须回复至初始位置，而一个理想黏性球则根本不反弹

上述实例是结构-性质关系的直观解说，橡胶球反弹的程度与其橡胶材料的损耗角正切值非常相似，它是损耗模量 E''（或 G''）和储能模量 E'（或 G'）的比值。同样，这些模量也与材料的结构联系在一起，在接下来的第 5.9 节中会看到，橡胶状高分子网络储存机械能的能力与其高分子链的交联密度成正比，因为这决定了高分子网络筛网的紧密度。相比之下，能量耗散能力与仅通过链端连接到网络的结构相关，例如环链或悬链，因为

它们可能会耗散外部形变能量。后面所讲的一切都与网络结构有关，基于上述论点，这种结构可以直接转化为相关性质。虽然橡胶球的例子看起来可能有点幼稚，但实际上其他橡胶产品（如鞋底）也是如此解释，顾客定制他们所需要的性质：或者是良好的阻尼性（休闲活动需求）；或者是高度的回弹性（专业马拉松长跑需求），要完成这些定制，可采用完全一样的理论基础❼。

5.4　黏性流动

除了弹性杨氏模量 E^* 或剪切模量 G^*，在前面章节中也介绍了其他变量，例如蠕变柔量 J 和黏度 η，也可以在动态实验中确定，并表示为复数变量。

复数蠕变柔量 J^* 是复数模量 $1/E^*$ 或 $1/G^*$ 的倒数，反映了应变 ε 或 γ 与应力 σ 的比值，对于振荡剪切形变，可以用下式计算：

$$J^* = \frac{\gamma}{\sigma} = \frac{\gamma_0}{\sigma_0} \exp(-i\delta) = \frac{1}{G^*} = \frac{1}{G' + iG''} \tag{5.12a}$$

将 $\dfrac{G' - iG''}{G' - iG''}$ 代入上式：

$$J^* = \frac{G' - iG''}{(G' + iG'')(G' - iG'')} = \frac{G' - iG''}{G'^2 + G''^2} = \frac{G'}{G'^2 + G''^2} - i\frac{G''}{G'^2 + G''^2} = J' - iJ'' \tag{5.12b}$$

复数黏度 η^* 的计算方法与之类似，它反映了应力 σ 与应变率 $\mathrm{d}\varepsilon/\mathrm{d}t$ 或 $\mathrm{d}\gamma/\mathrm{d}t$ 的比值，对于振荡剪切形变实验，可以用下式计算：

$$\eta^* = \frac{\sigma}{\left(\dfrac{\mathrm{d}\gamma}{\mathrm{d}t}\right)} = \frac{\sigma_0 \exp(i\omega t)}{\dfrac{\mathrm{d}}{\mathrm{d}t}\{\gamma_0 \exp[i(\omega t - \delta)]\}} = \frac{\sigma_0 \exp(i\omega t)}{i\omega\gamma_0\{\exp[i(\omega t - \delta)]\}} = \frac{\sigma_0}{\gamma_0}\frac{1}{i\omega}\exp(i\delta) \tag{5.13a}$$

将 $G^* = \dfrac{\sigma_0}{\gamma_0}\exp(i\delta)$ 代入上式：

---

❼　然而，为了使这种结构-性质关系真正可以实际应用，高分子必须处于熵弹性橡胶态，这意味着（网络筛网上的）链必须能够通过单体-链段局部键旋转来解释链拉伸，即局域狭窄的顺式或左右式构象转变为局域宽松的反式构象。这仅在高于玻璃化转变温度的温度（$T > T_g$）下才有可能。相反，在低于玻璃化转变温度的温度（$T < T_g$）下，存在完全不同的材料状态，即能量弹性玻璃态，其模量要高得多，并且材料不是弹性和延性的，表现为硬且脆。无视这一点应用材料会造成悲剧，一个实例是挑战者号灾难。1986 年 1 月 28 日上午，载有 7 名宇航员的挑战者号航天飞机要从佛罗里达州肯尼迪航天中心发射升空，执行为期 6 天的太空任务，当天早上气温较低，燃油系统中的橡胶密封圈呈玻璃态，不严密，这导致燃油泄漏，引发了一场灾难，导致飞船上 7 人全部遇难。我们从这个悲惨的例子中看到：对于高分子材料的状态以及力学性质，设计的应用温度 T 与玻璃化转变温度 T_g 的比例关系具有决定性的影响（这里毫不夸张地说是关乎生命的影响）。反过来，T_g 又与单个单体键旋转的难易程度相关，这与局部化学取代细节有关，即高分子主链上化学侧基的体积和相互作用。这可以通过特征比、相关长度或库恩长度等参数来评估，我们在第 2 章中已经学习了这些参数。从所有这些中我们可知，在许多微观的甚至纳米的水平上，微观化学结构和高分子拓扑结构可与宏观性质耦合，我们在应用中必须全面考虑到（同时也不能忽视操作窗口，如应用的温度范围）。更积极地说，还应该明确我们实际上可以做到这一点，即在可预定的应用条件下，这些所设计材料的明确性质实际上可以理性地转化为特定的高分子链结构。

$$\eta^* = \frac{G^*}{i\omega} = \frac{G' + iG''}{i\omega} = \frac{G'}{i\omega} + \frac{iG''}{i\omega} \tag{5.13b}$$

用 i/i 乘以上式中的第一个加数，并消去第二个加数中分子和分母上的 i，可以重新写为：

$$\eta^* = \frac{iG'}{ii\omega} + \frac{G''}{\omega} = \frac{iG'}{-1\omega} + \frac{G''}{\omega} = \frac{G''}{\omega} - i\frac{G'}{\omega} = \eta' - i\eta'' \tag{5.13c}$$

可以看到复数黏度 η^* 通过频率 ω 与复数模量 E^* 和 G^* 相关联，这里应该注意，η' 与 E'' 和 G'' 相关联，而 η'' 与 E' 和 G' 相关联，其原因是：黏度的实数部分说明材料的能量耗散，就像 E^* 和 G^* 的虚数部分一样。

　　高分子溶液的黏度通常与小分子溶液的黏度完全不同，后者表现出**牛顿流动**的特征，根据式 (5.2) 小分子溶液的黏度与应变速率 $\mathrm{d}\varepsilon/\mathrm{d}t$ 或剪切速率 $\mathrm{d}\gamma/\mathrm{d}t$ 无关，如果我们将应力 σ 作为剪切速率的函数作图（这种图称为流动曲线），黏度则是图中直线的斜率，因为这种作图是牛顿定律的简单图示。然而，在高分子溶液和熔体中，应力与应变速率或剪切速率的关系通常是非线性的。高分子体系通常表现出**剪切变稀**，即黏度随着剪切速率的增加而降低，其原因是剪切力破坏了可能的缔合结构，使得分子链沿流动方向取向，从而减少链之间的摩擦和相互阻碍，结果使高分子溶液或熔体能更自由地流动。由于这种结构变化，小 Wolfgang Ostwald 在 1825 年将剪切稀化称为**结构黏度**。

　　因为黏度与剪切速率不呈线性关系，所以高分子体系通常在**零切黏度** η_0 下进行分析，它是通过将图 5.9(A) 中的剪切稀化流动曲线外推到剪切速率为零而得到的，在这个条件下，剪切变稀流动曲线与理想牛顿流体曲线重合。然而，许多应用实际上需要用到剪切变稀的性质，例如，专门设计的墙漆具有剪切稀化性，这样一来，它可以通过刷涂施加剪切力轻松地涂在墙上，而且就会留在墙上固化而不会滴落。剪切变稀高分子也用于日常生活产品，例如收缩箔，这种箔片是通过挤出剪切稀化高分子熔体生产的，当通过挤出模口时，高分子链会自行取向，快速冷却和固化后，这种链取向被冻结在薄膜材料中，当用这种膜包裹物体并加热时，取向链会弛豫并恢复它们原来的无规排列，使得这种膜收缩。再

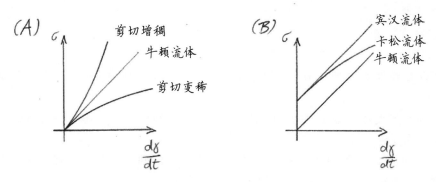

图 5.9　流体中应力 σ 与剪切速率 $\mathrm{d}\gamma/\mathrm{d}t$ 的函数关系图，简称流动曲线图。（A）在牛顿流体中，能得到一条穿过原点的直线，其中斜率为黏度 η，它与剪切速率无关；非牛顿流体与之完全不同，可以观察到不同的表现形式，在剪切增稠的情况下，黏度随剪切速率的增加而增加，而在剪切变稀的情况下，黏度随剪切速率的增加而降低。剪切变稀经常出现在高分子体系中，因为剪切力会使分子链间化学键断裂并定向移动，从而更容易相互滑动。（B）与牛顿流体表现出更大差异的是应力-应变速率曲线截距不为零的情况；宾汉流体在较低应力下是固体，但在超过特定应力阈值时开始流动；卡松流体是这种流体的一种特殊情况，一旦流动开始就会持续表现出剪切稀化

次固化定型，这种特性对于需要气密包装的材料（例如消耗品）特别有用。

宾汉流体是一种特殊的例子：这是一种在特定**屈服应力**下具有流动阈值的材料。在低于阈值的零剪切和非常低的剪切速率下表现为固体，但当剪切速率增加到阈值以上时，它像牛顿流体一样流动，这种力学行为通常归因于次级相互作用，例如材料中的范德瓦耳斯力或氢键建立了三维网络结构，赋予材料类似固体的特性，然而，由于所涉及的瞬时相互作用的结合能较低，这些结构可能会被剪切力破坏。日常生活中已知的宾汉流体包括牙膏、蛋黄酱或番茄酱，与此类似的是**卡松流体**，类似于宾汉流体，但其在阈值以上表现出的是剪切稀化，融化的巧克力是卡松流体的一个例子。

与剪切变稀相反类型的剪切行为是**剪切增稠**，这是粒子悬浮液的常见特征，但对于高分子溶液和熔体则不太常见。在微观上材料中会有粒子瞬时流体动力学团簇自发形成和破裂，在高剪切速率下，剪切振荡周期比这些粒子团簇的瞬时寿命时间更短，因此可以认为在实验的时间尺度上这是一些永恒存在的团簇，从而阻碍流动，其中一个典型的实例是水沙悬浮液（湿沙）。在沙滩上小心地将脚埋入其中时，可以通过缓慢移动脚轻松地将脚从沙子中移开（低剪切应力）；但是如果施加高剪切力并试图突然将脚从湿沙中拉出，就会像黏在混凝土中一样被卡住。

复杂流变行为的另外两种变量是**触变性和震凝性**。在触变性情况下，会观察到黏度在实验过程中随时间降低，对这种行为的直观解释是试样中"纸牌屋"（**house-of-cards**）似的结构会有时间依赖性的塌缩；另一种是震凝性，黏度会随着时间的推移而增加，对此没有特别形象的解说图景。

第 11 讲　选择题

（1）哪一个不是典型的流变学实验？

a. 蠕变测试

b. 弛豫实验

c. 动态振动实验

d. 平台测试

（2）当向黏弹性固体施加方形盒剖面应变时，下列哪项陈述描述了弛豫实验中的应力？

a. 施加恒定应变随后是应力的即时响应，应力会随时间缓慢下降，一直达到某一平台值，但不会回复到零值。

b. 施加恒定应变随后是应力的瞬时响应，应力会随时间缓慢减小，直到施加应变撤销，应力则立即回复为零。

c. 施加的恒定应变随后是应力的延迟响应，该延迟响应随时间缓慢减小，直至达到平衡值。

d. 施加的恒定应变随后是应力急剧上升的延迟响应，施加的应变结束，应力急剧下降到零，随后是应力信号中的另一个尖锐的脉冲峰。

（3）正确选择实验装置，由它可以得到如下图示的结果。

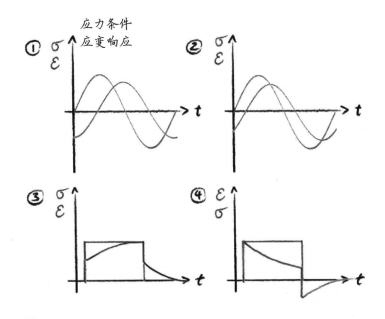

a.

① 理想黏性液体的动态实验。

② 黏弹性材料的动态实验。

③ 黏弹性固体的弛豫实验。

④ 黏弹性固体的蠕变实验。

b.

① 黏弹性固体的弛豫实验。

② 黏弹性固体的蠕变实验。

③ 理想黏性液体的动态实验。

④ 黏弹性材料的动态实验。

c.

① 黏弹性固体的蠕变实验。

② 黏弹性固体的弛豫实验。

③ 黏弹性材料的动态实验。

④ 理想黏性液体的动态实验。

d.

① 理想黏性液体的动态实验。

② 黏弹性材料的动态实验。

③ 黏弹性固体的蠕变实验。

④ 黏弹性固体的弛豫实验。

（4）将复数模量表示为正弦和余弦之和有什么优点？

a. 与指数表达式相比，在数学上更容易处理。

b. 动态实验的信号是正弦曲线。

c. 不同的加数分别表示弹性或黏性。

d. 可以更容易地识别相位角 δ。

（5）将复数模量表示为复数有什么优点？

a. 与三角函数表达式相比，在数学上更容易处理。

b. 表达式 $e^{i\omega t}$ 具有指数累积的形式。

c. 实部和虚部之比由简单的正弦给出。

d. 可以更容易地识别弹性或黏性。

（6）当在复数平面作图时，E'' 与 E' 的比值是相位角 δ 的正切值，以下三种特征请匹配正确（从左到右）：黏弹性固体；黏性和弹性贡献相同；黏弹性流体。

a. $\tan\delta > 1$；$\tan\delta < 1$；$\tan\delta = 1$

b. $\tan\delta < 1$；$\tan\delta = 1$；$\tan\delta > 1$

c. $\tan\delta = 1$；$\tan\delta < 1$；$\tan\delta > 1$

d. $\tan\delta < 1$；$\tan\delta > 1$；$\tan\delta = 1$

（7）关于复数黏度的陈述，下列哪条是正确的？

a. 复数黏度与复数模量的虚部有关，因为它代表黏性。

b. 复数黏度与表示其弹性特性的复数模量的实部的倒数有关。

c. 复数黏度的实部与复数模量的实部有关，虚部相同；简而言之：实对实，虚对虚。

d. 复数黏度的实部与复数模量的虚部相关，反之亦然，因为这两个量都量化了虚实相反的性质。

（8）研究人员对高分子作为黏弹性材料很感兴趣，以下哪一条不是其原因？

a. 弹性行为转变为黏性行为的时间尺度在 ms 和 s 之间，是和实际应用相关的时间尺度。

b. 较长的运动时间尺度与较大的高分子构建单元（与低摩尔质量分子相比）相结合，使它们很容易用于实验方法。

c. 黏弹性导致材料非常坚固，能够很好地抵抗温度波动。

d. 黏弹性是动态行为，有着广泛的应用可能性。

5.5 流变学方法论

第12讲 流变学的实践和理论

到目前为止，你已经对高分子的黏弹本性有一定概念，但并不知晓在弛豫和蠕变实验中它应如何表现，也不知晓在复杂的材料参数中它应如何反映。接下来这一讲将补充这些信息：如何在实验中实际探测这些参数，以及如何用简化的力学模型（即麦克斯韦模型和开尔文-沃伊特模型）处理黏弹性唯象学。我们将会明了，这些模型虽然概念上非常简单，但对定量处理高分子的时间（或频率）依赖性的力学问题却非常有效。

5.5.1 振荡剪切流变学

想要评估试样的黏弹性，最常见且最简单的实验方式是振荡剪切流变学的方法。图5.10（A）所示为平行板流变仪，首先将试样放置于下板，通常板面必须很平整，将上板下移紧贴试样。然后电机以振荡方式转动上板，结果产生一个扭矩，系由上下板之间试样介质的阻力所致。根据这个扭矩，可以测定模量的数值，如果这种计量是在不同振荡频率下进行，甚至可以得出频率依赖性的模量值。有时会改变仪器上半部分的几何形状，使用非常浅的锥体代替上平板，其原因如下：旋转运动会产生从样品中心向外的剪切力梯度，圆锥的倾斜几何形状消除了这种梯度，并确保整个试样的剪切力恒定。然而，只有当这种间隙尺寸（即上下几何构体之间的距离）被非常明确地定义的情况，这种锥板才适用。因此，高分子溶液通常使用锥板结构进行测量，而高分子凝胶和熔体主要使用平板结构进行测量。

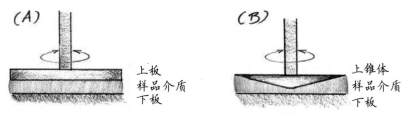

图 5.10　剪切流变学实验装置的示意图。试样被放置于测量仪器的下板上，下板通常只是一个平板。然后，将仪器下降与试样紧贴，并以连续或振荡的方式对下方平台进行剪切。这个上板要么也是一个平板，这样使用者可自定间隙尺寸（A）；要么是一个浅锥体，这样可以消除整个试样中可能的破坏性剪切力梯度，然而，这仅适用于预先提前设定的间隙尺寸（B）

5.5.2　微流变学

评估试样黏弹性的另一种方式是微流变学方法。如图 5.11 所示，有一定分布纳米或微米尺寸的一组探测粒子（probe）分散到试样中，然后对其进行探测，通过量化这些探测粒子在高分子中移动的相对难易程度，可以量化试样的黏弹性。由于探测粒子很小，可以在局部微观尺度上获得需要的数据，此外，如果使用成像显微镜的方法来观测探测粒子运动，甚至可以以一定空间分辨的方式获得有关试样的黏弹性数据，由此可以确定试样组成或结构的潜在不均匀性。

微流变学存在两个变量，在主动微流变学实验中，探测粒子会因外力而位移；相比之下，在被动微流变学实验中，只有始终存在的热能才能移动探测粒子。

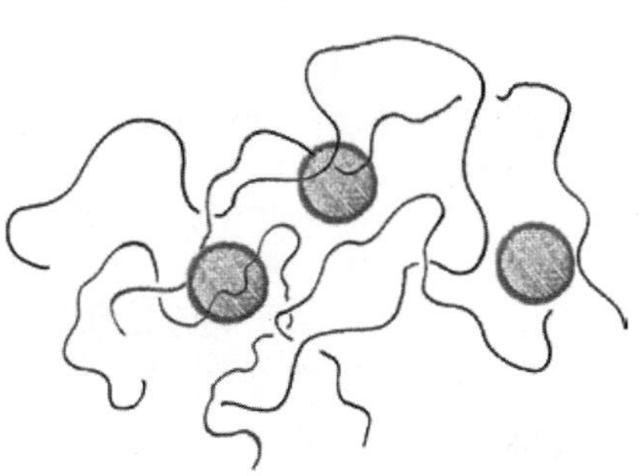

5.5.2.1　主动微流变学

主动微流变学方法的一个重要实例是**磁珠流变法**。试样中装有球形磁性微粒，可以通过施加外部磁场而移动。磁力 $\vec{f}_{mag}$ 与磁珠中的感应磁矩 $\vec{M}(t)$ 和外场梯度 $\partial \vec{B}(t)/\partial x$ 的乘积相关，也可以表示为磁珠的磁化率 χ 乘以其体积 V，还可表示为场强乘以其梯度 $\vec{B}(t)\dfrac{\partial \vec{B}(t)}{\partial x}$，即如

图 5.11　负载有纳米粒子的高分子试样的示意图，纳米粒子通过无规热运动或外部有向运动来探测高分子。在微流变学方法中，通过观察这种探测粒子的运动，从而得出关于周围高分子介质黏弹性的定量结论

下列公式：

$$\vec{f}_{\text{max},x}(t) = \vec{M}(t)\frac{\partial \vec{B}(t)}{\partial x} = \chi V \vec{B}(t)\frac{\partial \vec{B}(t)}{\partial x} \tag{5.14}$$

磁珠产生的位移可以通过显微镜观察，然后以一定空间分辨率转化为黏弹性，接下来，我们首先将详细说明它如何适用于纯黏性介质的情况。在纯黏性介质中，施加恒定磁力 $\vec{f}_{\text{mag}}$ 会加速探测粒子移动，同时会抵消摩擦力 $\vec{f}_{\text{frict}}$。根据斯托克斯定律，该力与粒子速度 $\vec{v}$ 和介质黏度 η 相关，在定态之下，这两种力处于平衡状态，粒子达到恒定速度。在这种状态下，基于式(5.14)，外部磁力、探测粒子的尺寸 r 和样品中粒子速度的测量值 $\vec{v}$，可用于计算黏度 η：

$$\vec{f}_{\text{mag}} = \vec{f}_{\text{frict}} = 6\pi \eta r \vec{v} \tag{5.15}$$

当试样具有黏弹性时，其性质最好在动态实验中测试，施加正弦变换的磁场，磁珠由此会产生随时间变化的位移 $x(t)$，如下式：

$$x(t) = x_0 \exp\left[i(\omega t - \varphi)\right] \tag{5.16}$$

正如第 5.3 节中所示，可以使用欧拉公式将复指数重写为三角函数，类似于宏观动态流变学实验，即我们可以求出频率依赖性的储能和损耗模量 $G'(\omega)$ 和 $G''(\omega)$，如下所示：

$$G'(\omega) = \frac{f_0}{6\pi r |x_0 \omega|}\cos\varphi \tag{5.17a}$$

$$G''(\omega) = \frac{f_0}{6\pi r |x_0 \omega|}\sin\varphi \tag{5.17b}$$

5.5.2.2 被动微流变学

被动微流变学实验与主动微流变学实验有相同的原理，但其中不同的是，被动微流变学实验只能依靠热能 $k_B T$ 驱动试样中探测粒子运动。基于这个前提，可以将探测粒子的均方位移 $\Delta x^2(t)$ 定义为时间的函数，以此表征试样的黏弹性。

在纯黏性介质中，探测粒子只会发生 Fick 扩散，在这种情况下，探测颗粒的均方位移服从爱因斯坦-斯莫卢霍夫斯基公式：

$$\langle \Delta x^2(t) \rangle = 6Dt \tag{5.18}$$

结合球形粒子在黏性介质中扩散的斯托克斯-爱因斯坦公式，可以将试样的黏度表示如下：

$$\eta\left[\hat{=}G''(t)\right] = \frac{k_B T}{6\pi Dr} = \frac{k_B Tt}{\pi r \langle \Delta x^2(t) \rangle} \tag{5.19}$$

在纯弹性介质中，探测粒子的扩散会受到限制，粒子可能会移动一定的短距离，在此期间还没有受到固体介质施加的约束，但是一旦受到弹性力约束，粒子就不能再移动了。这意味着它们时间依赖性的均方位移 $\langle \Delta x^2(t) \rangle$ 首先表现为具有爱因斯坦-斯莫卢霍夫斯基型的自由扩散，服从爱因斯坦-斯莫卢霍夫斯基型的标度关系，但最终达到某一平台值 $\langle \Delta x^2 \rangle_p$（参见图 5.12）。产生驱动的热能与发生阻滞的弹性能达到平衡，后者以材料的弹簧常数 κ 的胡克型形式表示，有：

$$k_B T = \frac{1}{2}\kappa\langle \Delta x^2 \rangle_p \tag{5.20}$$

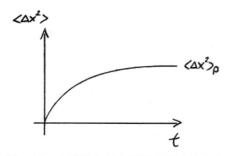

图 5.12　在弹性介质中探测粒子的均方位移 $\langle \Delta x^2(t) \rangle$ 与时间 t 的函数关系。在短时间内，粒子位移的距离很短，以至于它们还没有受到周围环境的弹性约束；相比之下，在很长一段时间，约束开始起作用，并阻止探测粒子的运动超过一定范围，即其热驱动能量与介质反作用的弹性能量相互平衡所反映的距离

在纯弹性介质中，损耗模量 G'' 可以忽略；因此，储能模量 G' 即为：

$$\Rightarrow G'(t) \sim \frac{\kappa}{r} \approx \frac{k_B T}{r \langle \Delta x^2 \rangle_p} \qquad (5.21)$$

黏弹性介质这种中间的情况与图 5.12 中曲线的中间部分有关，其中探测粒子仅部分经历但尚未完全经历弹性对其扩散运动的约束，在此范围内，爱因斯坦-斯莫卢霍夫斯基公式(5.18)可以用指数 $\alpha(t)$ 表示为：

$$\langle \Delta x^2(t) \rangle \sim t^\alpha \qquad (5.22)$$

在一种纯黏性介质中，有 $\alpha(t) = 1$，探测粒子可以自由扩散；相比之下，在纯弹性介质中，有 $\alpha(t) = 0$，我们发现探测粒子均方位移达到平台值，如上所述。当 $0 < \alpha(t) < 1$ 时，探测粒子位移称为次级扩散，在既具有黏性又具有弹性的介质中，就是这种情况。图 5.12 中的曲线表明：$\alpha(t)$ 有时间依赖性，在短时间内，运动粒子尚未受到周围介质的弹性约束，因此 $\alpha(t) \approx 1$；随着时间的延长，粒子越来越多地受到这种约束，使得 $\alpha(t) < 1$（随着时间的推移约束越来越多），最终，在长时间的极限情况，弹性约束完全发挥作用并阻止探测粒子进一步运动，使其无法超过 $\langle \Delta x^2 \rangle_p$ 这一平台值，于是有 $\alpha(t) = 0$。利用 Mason 和 Weitz 的计算方法，从 $\alpha(t)$ 可以确定复数模量 G^* 及其实虚两部分 G' 和 G''：

$$G'(\omega) = G(\omega) \cos\left[\alpha(\omega) \frac{\pi}{2}\right] \qquad (5.23a)$$

$$G''(\omega) = G(\omega) \sin\left[\alpha(\omega) \frac{\pi}{2}\right] \qquad (5.23b)$$

且：

$$G(\omega) = \frac{k_B T}{\pi r \langle \Delta x^2 \left(\frac{1}{\omega}\right) \rangle \Gamma[1 + \alpha(\omega)]} \qquad (5.23c)$$

5.6　黏弹性原理

5.6.1　黏弹性流体：麦克斯韦模型

现在我们已经了解有许多材料，尤其是软物质类，显示对其力学性质同时有弹性和黏性二者的贡献，所以必须找到一种方式来从数学上描述这种黏弹性力学。对于弹性体，其模式化的力学元件是弹簧，而对于黏性流体，其模式化的元件是黏壶，所以，为了描述黏弹性力学，有一种合适的方法就是从组合这两种元件的简单力学模型开始。如图 5.13，组合这两个元件最简单的方式就是将其串联起来，即得到一个**麦克斯韦模型**。当借形变外力对该模型施加应力时，弹性的弹簧元件瞬时发生形变，随后才有黏性的阻尼元件发生延迟的不可逆形变，从而尽可能地使形变弹簧中的应力发生弛豫。如果不让体系完全弛豫，体系中就会有残余应力，而一旦从外部撤销应力，就只有弹簧元件会弹回到原始的位置，而阻尼元件将不可逆地保留形变。

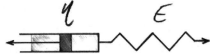

图 5.13 麦克斯韦元件是由一个纯黏性的黏滞器（黏壶）和一个纯弹性的弹簧串联而成。当施加应力时，弹性弹簧瞬时形变，随后黏性黏壶发生延迟的不可逆形变，而一旦撤销应力，只有弹簧弹回到原来的位置，黏壶则保持形变

施加在两个元件上的应力相等，即 $\sigma = \sigma_1 = \sigma_2$，而总应变是两个独立元件的应变之和，即 $\varepsilon = \varepsilon_1 + \varepsilon_2$。应变 ε 对时间的导数也是如此：

$$\frac{d\varepsilon}{dt} = \frac{d\varepsilon_1}{dt} + \frac{d\varepsilon_2}{dt} \tag{5.24}$$

弹簧的弹性贡献由胡克定律给出，其微分形式如下：

$$\frac{d\sigma}{dt} = E \frac{d\varepsilon_1}{dt} \tag{5.25}$$

黏壶对黏性的贡献由牛顿定律描述为：

$$\sigma = \eta \frac{d\varepsilon_2}{dt} \tag{5.26}$$

我们现在可以使用后两个方程式，并将其代入式(5.24)，得到：

$$\frac{d\varepsilon}{dt} = \frac{1}{E} \frac{d\sigma}{dt} + \frac{\sigma}{\eta} \tag{5.27}$$

求解此微分方程式其边界条件为形变恒定，即 $d\varepsilon/dt = 0$，于是得到：

$$\sigma(t) = \sigma_0 \exp\left(-\frac{Et}{\eta}\right) = \sigma_0 \exp\left(-\frac{t}{\tau}\right) \tag{5.28}$$

上式量化了麦克斯韦元件具有时间依赖性的应力弛豫，它包含对此必不可少的一个参数：**弛豫时间** $\tau = \eta/E$。这个参数通过微观时间常数[15] τ 将两个宏观量（弹性模量 E 和黏度 η）联系在一起。在黏弹性介质中，τ 是分子重排的特征时间，在大于 τ 的时间尺度上，分子（或高分子样品中的大分子）可以完全自行重新排列，因此黏弹性中黏性流动占主导；相比之下，在短于 τ 的时间尺度上，（大）分子还不能重新排列自身，因此黏弹性中弹性固体占主导；在 τ 的时间尺度上，一种行为可以转变为另一种行为，我们观察到显著的黏弹性特性。对于高分子，τ 在微秒至秒的范围内，这正是许多实验和实际应用所涵盖的时间区域，因此，高分子在实践中表现出丰富的黏弹性力学。τ 的确切值以及黏性或弹性对其力学的主导程度，均依赖于高分子尺寸、形状和相互作用等参数。

从前面的数学分析中，我们可以看到麦克斯韦元件很适合模拟恒定应变的实验情况，由此导出时间依赖性的应力弛豫，如图 5.14 左图所示，这是典型的黏弹性流体，相比之下，如果考虑恒定应力的情况，$d\sigma/dt = 0$，则式(5.27)就变成了牛顿定律。因此，在这

---

    [15] 按此上下文，在式(5.28)中，用某一时间常量 τ 来代替式中的 η/E，这纯粹是一种数学工具，可以把随时间呈指数衰减函数 $\exp(-Et/\eta)$ 在数学上变换为一种普适的形式 $\exp(-t/\tau)$，所以引入了一个恒等式 $\eta = E\tau$。因此，已经得到的恒等式 $\eta = E\tau$ 只是一个"副产品"，但它是流变学领域最核心的公式之一，具有最基本的物理意义。稍后在第 5.7.1 小节中，将再次"适当地"将它推导出来。无论如何，我们可能已经从概念上理解了这个 τ：将介质在形变时最初储存能量的能力（E）乘以耗散能量所需的时间（τ），所得到的乘积就是黏度（η）。

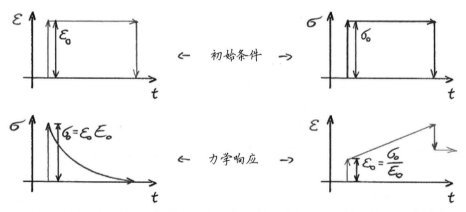

图 5.14　应用于麦克斯韦元件的弛豫实验（左）和蠕变测试（右）。在弛豫实验中，弹簧首先被拉伸，然后黏壶紧接着发生形变并释放弹簧内应力，这样应力会随着时间的推移而弛豫；在蠕变实验中，弹簧首先表现出初始响应，然后是黏壶开始表现出正常的牛顿流动，从而使形变稳步进行。但要注意，这种蠕变行为在某种意义上不是第 5.2.1.2 小节中定义的蠕变，而是一种流动。因此，麦克斯韦元件极其适用于模拟黏弹性流体中的应力弛豫，但不适用于黏弹性固体的蠕变

种情况下，麦克斯韦元件仅反映弹簧的初始应变，然后才是黏壶的正常牛顿流动，如图 5.14 右图所示。从第 5.2.1.2 小节我们知道，这是不真实的，因为黏弹性固体在恒定应力条件下表现出有时间依赖性的蠕变。

作为上述纯数学角度讨论的替代方案，还可以从概念方式上解释图 5.14 所示的麦克斯韦元件的力学响应。如果我们对麦克斯韦元件施加恒定应变，如图 5.14 左上示意图所示，产生的时间依赖性的应力最初急剧上升，但随后会随着时间的推移回落到其原始值，如图 5.14 左下所示。这是因为弹簧瞬时被拉伸，随后黏壶紧接着发生形变并释放已应变弹簧内部应力，按这样的方式，应力可以随着时间的推移而弛豫，遵循式(5.28) 中的指数函数形式：

$$\sigma(t) = \sigma_0 \exp\left(-\frac{t}{\tau}\right) = \varepsilon_0 E_0 \exp\left(-\frac{t}{\tau}\right) \qquad (5.29a)$$

由此，我们可以计算出时间依赖性的弹性模量 E，如下：

$$E(t) = E_0 \exp\left(-\frac{t}{\tau}\right) \qquad (5.29b)$$

相比之下，如果对麦克斯韦单元施加恒定应力，如图 5.14 右上所示，产生的时间依赖性的应变最初上升到一定程度，然后随着施加应力而线性增长，如图 5.14 右下所示。一旦撤去应力，应变下降的量与开始时的上升量完全相同，但延长时间后增加的应变量会保持不变。从概念上讲，初始响应可以归因于弹簧的瞬时形变，黏壶紧随其后形变，并开始流动，于是形变持续上升。实验结束后，弹簧恢复到其原始的非应变状态，从而造成应变信号的下降。但是，在某种意义上，这种行为并不是第 5.2.1.2 小节所定义的蠕变，而是一种流动。因此，麦克斯韦元件能很好地模拟黏弹性流体中的应力弛豫行为，但并不适用于黏弹性固体的蠕变行为。

对于上面的实验情况，可以作为对前一种情况中时间依赖性的弹性模量的一个补充，可以这样计算时间依赖性的蠕变柔量：

$$\varepsilon(t) = \varepsilon_0 + \frac{\sigma_0}{\eta_0} t = \sigma_0 \left(\frac{1}{E_0} + \frac{t}{\eta_0} \right) \tag{5.30a}$$

$$J(t) = J_0 + \frac{t}{\eta_0} \tag{5.30b}$$

在动态实验中，将正弦应变施加于麦克斯韦元件，可以很容易地想象到在高频和低频的极限下应该如何响应。在高频时，甚至是对于快速调制的正弦型负荷，弹簧元件也可以作出瞬时响应，但黏壶由于其惯性而无法响应，因此，在这种情况下，麦克斯韦元件的响应主要是弹性的；相比之下，在低频时，黏壶可以完全跟上缓慢应变弹簧的运动，并释放弹簧的应变，因此，在该状态下，麦克斯韦元件的响应主要是黏性的。除了像这样定性的思考外，还可以定量地处理麦克斯韦元件，正如从第 5.3 节中了解到的那样，所涉及的复数应变 ε^* 以及由此产生的复数应力 σ^* 可以表示为指数函数，我们同样也还需要它们的导数，可以列举如下：

$$\varepsilon^* = \varepsilon_0 \exp(i\omega t) \Rightarrow \frac{\mathrm{d}\varepsilon^*}{\mathrm{d}t} = i\omega \varepsilon_0 \exp(i\omega t) \tag{5.31a}$$

$$\sigma^* = \sigma_0 \exp[i(\omega t + \delta)] \Rightarrow \frac{\mathrm{d}\sigma^*}{\mathrm{d}t} = i\omega \sigma_0 \exp[i(\omega t + \delta)] \tag{5.31b}$$

在动态实验条件下，麦克斯韦元件的数学建模的出发点是式（5.27），将一个因子 $1 = \eta / \eta$，代入此式右端，并移项整理可得下式：

$$\frac{\mathrm{d}\varepsilon}{\mathrm{d}t} = \frac{1}{E} \frac{\eta}{\eta} \frac{\mathrm{d}\sigma}{\mathrm{d}t} + \frac{\sigma}{\eta} = \frac{1}{\eta} \left(\frac{\eta}{E} \frac{\mathrm{d}\sigma}{\mathrm{d}t} + \sigma \right) \Leftrightarrow \eta \frac{\mathrm{d}\varepsilon}{\mathrm{d}t} = \frac{\eta}{E} \frac{\mathrm{d}\sigma}{\mathrm{d}t} + \sigma \tag{5.32}$$

当将基本公式 $\eta = E_0 \tau_0$ 代入式（5.32）的左端时，并将它的变换式 $\tau_0 = \eta / E_0$ 代入式（5.32）的右端，可以得到：

$$E_0 \tau_0 \frac{\mathrm{d}\varepsilon}{\mathrm{d}t} = \tau_0 \frac{\mathrm{d}\sigma}{\mathrm{d}t} + \sigma \tag{5.33}$$

将式（5.31a）和式（5.31b）中的指数函数代入上式，可得：

$$E_0 \tau_0 i\omega \varepsilon_0 \exp(i\omega t) = \tau_0 i\omega \sigma_0 \exp[i(\omega t + \delta)] + \sigma_0 \exp[i(\omega t + \delta)] \tag{5.34}$$

$$= \sigma_0 \exp[i(\omega t + \delta)](\tau_0 i\omega + 1)$$

移项后有：

$$\frac{E_0 \tau_0 i\omega}{\tau_0 i\omega + 1} = \frac{\sigma_0 \exp[i(\omega t + \delta)]}{\varepsilon_0 \exp(i\omega t)} = \frac{\sigma}{\varepsilon} = E^* \tag{5.35}$$

将式（5.35）左端用共轭复数加以展开，我们能够写出右端的实部和虚部（$E^* = E' + iE''$）为如下形式：

$$E' = \frac{E_0 \tau_0^2 \omega^2}{\tau_0^2 \omega^2 + 1} \tag{5.36a}$$

$$E'' = \frac{E_0 \tau_0 \omega}{\tau_0^2 \omega^2 + 1} \tag{5.36b}$$

对于振荡剪切复数模量 $G^* = G' + iG''$，可以进行类似的计算。

首先再次注意两个极端频率区域（高频区域和低频区域），让我们更仔细地考察上面最后两个公式。

在低频区域，式(5.36a) 和式(5.36b) 中分母的数值接近于 1，因为其中的一项 $\tau_0^2 \omega^2$ 变得非常小，所以与 1 相比可以忽略不计。于是，此二等式中剩余分子为幂律的形式，当以双对数作图表示时，将给出直线图，其斜率由变量 ω 的幂指数确定，图 5.15 表示出这样一种对数-对数作图，在图中我们可以发现 E' 的斜率为 2，E'' 的斜率为 1。

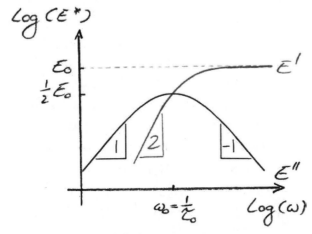

图 5.15　麦克斯韦元件的频率依赖性弹性模量 $E(\omega)$，以双对数作图表示，这些图线可以分为两个频率区域，由 E' 和 E'' 的交叉点分开。在低 ω 区域，材料有足够的时间弛豫，其黏弹性由其黏性贡献主导，因此 $E'' > E'$；在高 ω 区域，材料不能再完全弛豫，其黏弹性由其弹性贡献主导，因此 $E'' < E'$

与此相比，在高频区域，式(5.36a) 和式(5.36b) 中分母的 $\tau_0^2 \omega^2$ 项比其中的 1 大很多，所以 1 可以忽略不计。于是，分子和分母中的许多变量会相互抵消：对于 E'，由于完全抵消，对 ω 的依赖性不再存在，因此其作图是一条平坦的直线，在高频时其值为 E_0；对于 E''，同样由于部分抵消，我们得到有 ω^{-1} 的频率依赖性，这意味着在双对数坐标系中，比如图 5.15 所示的那种，它的图形是斜率为 -1 的直线。

两个频率区间的分界是**终端弛豫时间** τ_0，而其频率为 $\omega_0 = 1/\tau_0$，根据式(5.36a) 和式(5.36b)，E' 和 E'' 的值都是 $1/2E_0$（如图 5.15 所示）；因此，黏性部分和弹性部分在这里的贡献相同。

关于黏弹性的麦克斯韦型流体，对于它的时间依赖性力学性质，我们使用这种数学洞察力，进而获得概念上的洞察力，本书中已经多次按这种思路去做了，现在让我们再做一次。我们还是再一次依据低频区域和高频区域开展讨论。

在低频时，体系有很多时间可以弛豫，然后形变的材料有足够的时间在微观尺度上重新排列其构建单元；例如，如果它是高分子体系，则分子链在形变后有足够的时间弛豫回到平衡构象。再次讨论图 5.13 的麦克斯韦元件，其中黏壶释放存储于弹簧能量的时间需要足够长，因此，在较长的时间尺度上，材料的力学性质由其黏性贡献主导。时间尺度越长，或者频率越低，黏性贡献就变得越占主导，所以在图 5.15 中我们可以清楚地看到：频率越低，E'' 曲线超过 E' 曲线就越多。在高频时，物理图景恰恰相反：这里没有足够的时间让体系弛豫。形象地说，黏壶的确还没有时间活化。因此，在这较短的时间尺度上，材料表现为弹性固体，时间尺度越短，或者反过来说频率越高，这种弹性贡献就变得越来越占主导。同样，在图 5.15 中再一次清楚看到：频率越高，E' 曲线超过 E'' 曲线就越多。从低频黏性区域到高频弹性区域的转变发生在终端弛豫时间 τ_0。对于任何材料的构建单元（在此例中是高分子链），使其在自身尺寸的距离内重新排列所需的时间就标记为 τ_0。在大于 τ_0 的时间尺度上，微观构建单元相互之间可能发生有效位移，从而引起宏观尺度上的流动；在小于 τ_0 的时间尺度上，不可能发生这种有效位移，材料出现弹性响应；当时间刚好为 τ_0 时，样品力学中的黏性部分和弹性部分的贡献相等，E' 和 E'' 具有相同的 $E_0/2$ 值，我们可以看到，在图 5.15 中，这一点是 E' 和 E'' 两条曲线的交叉点。

由高摩尔质量的构建单元组成的高分子和胶体，其 τ_0 一般在毫秒到秒范围内，这有利于观察这些弛豫过程。一些常见的低摩尔质量材料（例如水）也存在相同的基本弛豫过程，但在这些材料中，τ_0 在纳秒的范围，这些时间尺度很难甚至不可能通过实验测定。然而，十分幸运，由于它们具有共同的物理基础，从慢的高分子或胶体体系观察所获得的知识可适用于难以观察的经典材料，法国物理学家 Pierre-Gillesde Gennes 就有这种洞察力，因而荣获了 1991 年诺贝尔物理学奖。高分子和胶体物质的弛豫时间尺度为毫秒到秒级，除了导致科学上的突破外，还使它们在实际相关的时间尺度上具有丰富的力学行为，开创了许许多多机械应用的可能性，正因为如此，高分子实际上才久负盛名。

5.6.2 黏弹固体：开尔文-沃伊特模型

麦克斯韦模型并不是胡克弹簧和牛顿黏壶的唯一可能组合，当两者以并联方式连接时，可以得到如图 5.16 所示**开尔文-沃伊特（Kelvin-Voigt）模型**[76]，在施加恒定应力时，开尔文-沃伊特元件表现出蠕变并以递减的速率形变，应变逐渐接近固定值 σ_0/E；当撤销应力，材料逐渐弛豫到初始态。这种假想实验的示意见图 5.17。由于形变是可逆的（虽然不是瞬时的），所以开尔文-沃伊特模型反映的是一种弹性固体，但也表现出一些黏性贡献。

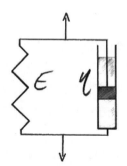

图 5.16 由纯黏性的黏壶和纯弹性的弹簧并联组成的开尔文-沃伊特（Kelvin-Voight）元件

根据简单的几何知识，开尔文-沃伊特元件的总应变与弹簧或黏壶的单个应变相同：$\varepsilon = \varepsilon_1 = \varepsilon_2$，而总应力是单个应力的总和：$\sigma = \sigma_1 + \sigma_2$。

可以用胡克定律表示弹性对开尔文-沃伊特体的贡献：

$$\sigma_1 = E\varepsilon \tag{5.37}$$

用牛顿定律表示黏性的贡献：

$$\sigma_2 = \eta \frac{d\varepsilon}{dt} \tag{5.38}$$

将后两个方程式代入 $\sigma = \sigma_1 + \sigma_2$ 得：

$$\frac{d\varepsilon}{dt} = \frac{\sigma}{\eta} - \frac{E\varepsilon}{\eta} \tag{5.39}$$

---

[76] 此模型最初由 Oskar Emil Meyer 于 1874 年提出，当时他在《纯粹与应用数学杂志》（*Journal for Pure and Applied Mathematics*）上发表论文，题目为"内耗理论"（Zur Theorie der inneren Reibung）。之后，英国物理学家 William Thomson（后称 Kelvin 勋爵）和德国物理学家 Woldemar Voigt 于 1892 年"重新发现"了此模型。

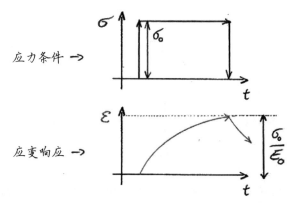

图 5.17 开尔文-沃伊特元件的蠕变试验。黏壶瞬时发生的但缓慢的响应推迟了弹簧的力学响应,最终的形变最后接近纯弹性部分的形变 σ_0/E。应力一旦撤销,整个开尔文-沃伊特元件就会缓慢弛豫回到初始位置,这意味着形变是可逆的

以施加应力恒定($\sigma = \sigma_0$)作为边界条件,求解此微分方程式,可以得到:

$$\varepsilon(t) = \frac{\sigma_0}{E}\left[1 - \exp\left(-\frac{Et}{\eta}\right)\right] = \frac{\sigma_0}{E}\left[1 - \exp\left(-\frac{t}{\tau}\right)\right] \tag{5.40}$$

式中 τ 是**推迟时间**,它量化了对施加应力的推迟响应,并且是材料的特征参数。

开尔文-沃伊特模型适用于预测蠕变行为,因为在无限长时间的极限,应变才达到恒定值 $\lim_{t \to \infty} \varepsilon = \dfrac{\sigma_0}{E}$,而麦克斯韦模型则预测应变与时间之间存在无限的线性关系。因此,开尔文-沃伊特模型适用于模拟黏弹性固体,相比之下,麦克斯韦模型非常适合用于模拟黏弹性流体。

5.6.3 更复杂的研究模型

使用更多的胡克弹簧元件和牛顿黏壶元件,还可以创造出许许多多更复杂的模型,用于描述更多物质的黏弹性行为,这些模型包括但不限于**标准线性固体模型(即 Zehner 模型)**、广义**麦克斯韦模型**、**Lethersich 模型**、**Jeffreys 模型**和 **Burgers 模型**。**Burgers** 模型表示于图 5.18,通过串联将开尔文-沃伊特元件与麦克斯韦元件组合在一起,它由荷兰物理学家 Johannes Martinus Burgers 于 1935 年发展,用于模拟沥青的力学行为,有时也同样应用于高分子基材料。

在这个模型中,应变是力学元件单个应变的总和,就像在麦克斯韦模型中一样:

$$\varepsilon(t) = \varepsilon_1 + \varepsilon_2 + \varepsilon_3 = \varepsilon_1 + \varepsilon_2(t) + \varepsilon_3(t)$$

这三部分的应力相等,也像麦克斯韦模型一样:

$$\sigma = \sigma_1 = \sigma_2 = \sigma_3 = \sigma_0$$

按照开尔文-沃伊特模型,第二部分的总应力是弹性和黏性力学元件的应力之和:

$$\sigma_0 = \sigma_2 = \sigma_{2e} + \sigma_{2v}$$

将后两个公式代入第一个公式,给出 Burgers 模型的时间依赖性的应变 $\varepsilon(t)$:

$$\varepsilon(t) = \varepsilon_1 + \varepsilon_2(t) + \varepsilon_3(t) = \frac{\sigma_0}{E_1} + \frac{\sigma_0}{E_2} \cdot \left[1 - \exp\left(-\frac{E_2 t}{\eta_2}\right)\right] + \frac{\sigma_0 t}{\eta_3}$$

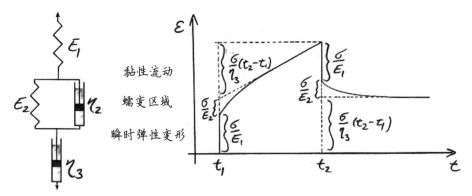

图 5.18　黏弹性介质的 Burgers 模型，由开尔文-沃伊特元件和麦克斯韦元件组合而成，它专门用于精确预测沥青的黏弹性行为，但有时也应用于高分子

第 12 讲　选择题

(1) 什么是经典振荡剪切流变学的主要缺点？

a. 仅适用于高分子凝胶或熔体，不适用于低黏度高分子溶液。

b. 温度不能保持在恒定水平，因为样品因耗散而随时间升温。

c. 与典型实验室合成规模所获得的样品量相比，所需的样品量太大。

d. 测试完成后样品不能用于进一步分析，因为在实验过程中结构被破坏。

(2) 什么是弛豫时间？

a. 材料的微观构建单元移动其自身尺寸的距离所需的时间。

b. 微观构建单元移动高分子链尺寸的距离所需的时间。

c. 应力弛豫所需的时间间隔。

d. 一次流变实验完成后，样品重新达到平衡所需的时间。

(3) 请记住：麦克斯韦模型由一个黏壶和一个弹簧串联组成。对于黏弹性流体施加一个应变信号 $\varepsilon(t)$，请选择正确的应力响应 $\sigma(t)$。

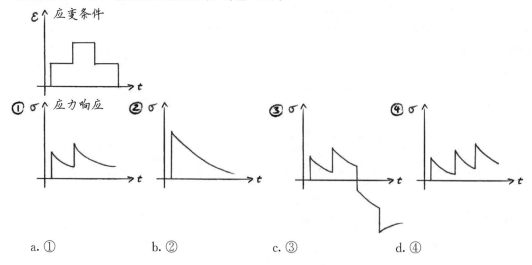

a. ①　　　　　　b. ②　　　　　　c. ③　　　　　　d. ④

（4）请记住：开尔文-沃伊特模型由一个黏壶和一个弹簧并联组成。对黏弹性固体施加一个应力信号 $\sigma(t)$，请选择正确的应变响应 $\varepsilon(t)$。

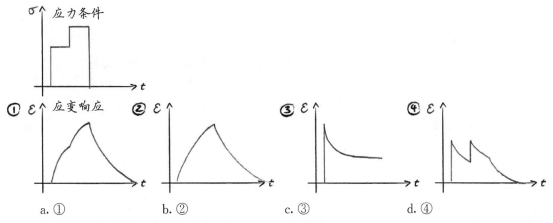

a.①   b.②   c.③   d.④

（5）微流变学中探测粒子的体积微小，其主要优点是什么？

a. 测量过程很快。

b. 只要空间分辨率可能达到，获得的数据能应用于局域。

c. 包含的探测粒子很容易去除，探测后的样品可用于进一步测量。

d. 实验容易操作。

（6）对于粒子均方位移，可以用爱因斯坦-斯莫卢霍夫斯基类的关系拟合为 $\langle \Delta x^2(t) \rangle \sim t^{\alpha}$，其中指数 α 的含义是什么？

a. α 体现弹性性质；其值越大，介质的弹性越占主导。

b. α 体现黏性性质；其值越大，介质的黏度越占主导。

c. α 同时体现弹性性质和黏性性质；$\alpha=1$，介质显示出纯黏性性质；$\alpha=0$，介质具有纯弹性，其最大值为 Δx_{p}^2。

d. α 同时体现弹性性质和黏性性质；$\alpha=1$，介质是纯黏性的；$\alpha=2$，介质是纯弹性的，其平台值为 Δx_{p}^2。

（7）非纯黏性介质中的粒子会发生什么？

a. 粒子部分受到拖动，引起超扩散现象。

b. 粒子部分受到束缚，引起超扩散现象。

c. 粒子部分受到拖动，引起亚扩散现象。

d. 粒子部分受到束缚，引起亚扩散现象。

（8）探测样品由具有网络结构的高分子和混入其中的探测粒子组成，关于粒子的时间依赖性位移的下列陈述，有哪些是错误的？

a. 在长时间尺度上，粒子受限于高分子网络；它们的扩散受限。

b. 在长时间尺度上，粒子受到的约束越来越多，并达到一个极限，这里弹性超过驱动热能，且扩散停止。

c. 在长时间尺度上，粒子受到的约束越来越多，并达到一个极限，这里热能 $k_{\mathrm{B}}T$ 和弹性约束的能量相互平衡，然后达到平台值。

d. 在短时间尺度内，粒子不会"感受"到任何约束，它们可以自由扩散。

5.7 叠加原理

第 13 讲　叠加原理
Παντα ρηει——万物皆流，这句流变学的格言尤其适用于高分子，因为在大多数情况下，甚至其瞬时表现可能是弹性固体，等待足够长的时间它们也会流动。在这一讲中，你将了解其中的基本物理原理，以及如何叠加不同实验中收集的数据，并以此生成时间或频率跨越数个数量级的力学谱。

到目前为止，我们已经研究了一些简化的模型来模拟黏弹性材料的力学响应行为，但是我们在真实实验中观察到了什么呢？让我们观察一种典型的非晶高分子，在一定温度范围 T 内，来讨论它的蠕变柔量 J，将其视为时间 t 的函数（注意 J 和 t 分别是 E 和 ω 的倒数），如图 5.19 所示。在高温下，J 值较大，并与时间 t 成正比，这意味着材料表现出纯黏性流动，我们可以理解为：十分清楚这是黏性占主导的极限情况，J 中的黏性部分 J'' 占主导，因为 J 是弹性模量的倒数，而 J'' 这一部分与 $1/E''$ 相关，为此我们从图 5.15 中麦克斯韦体的定量处理中可以看出，在黏性占主导的力学极限情况下（即低频对应于长时间极限），具有频率依赖性标度 $E''\sim\omega^1$，因此其倒数具有频率依赖性标度 $J''\sim t^1$。在低温下，J 值较低，并与 t 无关，这意味着材料显示出纯弹性响应，同样可以理解为在弹性占主导的限制下，J 由其弹性部分 J' 决定，因为 J 是弹性模量的倒数，而 J' 这一部分与 $1/E'$ 相关，对此我们从图 5.15 中麦克斯韦体的量化处理中可以看出，在它对力学行为的限制下（在高频极限下，对应于短时间），其与频率（因此也是时间）无依赖性并且具有较高值（接近 E_0），因此，它的倒数 $1/E'=J'$ 也对频率和时间无依赖性，且具有较低值。在中间温度区间下，J 值处于以上二者之间，开始时与 t 无关，一段时间后与 t 成正比。总而言之，可以看到，按照时间 t 和温度 T 这两个参数的不同，高分子表现出多样的力学行为。

在本节中，你将了解到参量 t 和 T 在数据集中如何相互关联（如图 5.19 所示），同时还将学习流变数据叠加的一些基本原理。

5.7.1 玻尔兹曼叠加原理

玻尔兹曼叠加原理表述为：黏弹性材料应力或形变的当前状态是其历史的结果[7]。在数学术语中，这可表述为：施加于材料的总应力或形变是其经历的所有单个应力或形变增量随时间的加和。换句话说，体系对之前的任何应力或形变有所记忆，由此继续弛豫或蠕变，甚至有新的应力或形变施加其上也会如此，如图 5.20 所示。

让我们来讨论一个例子，以便举例说明玻尔兹曼叠加原理。令施加于材料所有剪切形变的总和表示为：

$$\gamma = \sum_i \gamma_i \tag{5.41}$$

---

[7] 从哲学的角度来看，这就像我们作为一些个体：我们的历史制造了我们或"塑造了我们"，成为今天的我们个人。

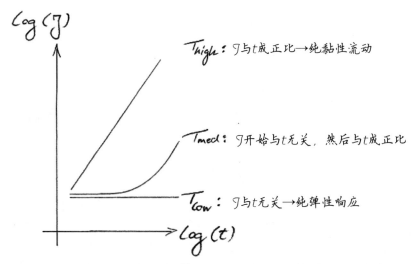

图 5.19　在不同温度下非晶高分子的蠕变柔量 J 与时间 t 的函数关系。在高温下，J 与 t 成正比，这意味着该材料表现出纯黏性流动；在低温下，J 与 t 无关，这意味着材料显示出纯弹性响应；在中等温度下，J 开始与 t 无关，然后与 t 成正比

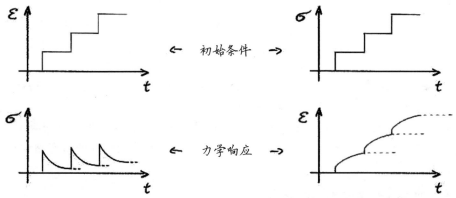

图 5.20　当按顺序进行多重弛豫试验（左）或蠕变试验（右）时，体系将"记住"所有单个试验的应力或形变，并将继续蠕变或弛豫反应，甚至有新的应力或形变施加其上也会如此

根据胡克定律，产生的总应力可以表示为剪切模量 G 与单个形变 γ_i 乘积之和：

$$\sigma = \sum_i \sigma_i = \sum_i G(t - t_i)\gamma_i \tag{5.42}$$

式中 t 是测定时间，而 t_i 是施加应变增量 γ_i 的时间，对于连续变化的情况，我们可以按照积分推导出一个公式：

$$\sigma(t) = \int \mathrm{d}\sigma = \int_{-\infty}^{t} G(t - t')\mathrm{d}\gamma = \int_{-\infty}^{t} G(t - t') \frac{\mathrm{d}\gamma}{\mathrm{d}t}\mathrm{d}t' \tag{5.43a}$$

为了简化这个表达式，代入恒等式 $t - t' \equiv u$ 得到：

$$\sigma(t) = -\int_{-\infty}^{0} G(u)\dot{\gamma}\mathrm{d}u = +\int_{0}^{\infty} G(u)\dot{\gamma}\mathrm{d}u \tag{5.43b}$$

假若现存有时间依赖性模量的表达式，我们就可以求解上式，这里有一个简单的例子，从麦克斯韦模型中我们采取弛豫函数 $G(u) = G_0 \exp\left(-\dfrac{u}{\tau}\right)$，并代入上式，可得：

$$\sigma(t) = G_0 \int_0^\infty \exp\left(-\frac{u}{\tau}\right) \dot{\gamma} \, \mathrm{d}u \tag{5.44}$$

在连续剪切情况下，剪切速率 $\dot{\gamma}$ 是恒定的，对于单分散高分子试样，有：

$$\sigma(t) = G_0 \dot{\gamma} \int_0^\infty \exp\left(-\frac{u}{\tau}\right) \mathrm{d}u = G_0 \dot{\gamma} \left[-\tau \exp\left(-\frac{u}{\tau}\right)\right]_0^\infty = G_0 \dot{\gamma} \tau \tag{5.45}$$

我们将上式移项整理，可以推导出应力除以剪切速率的表达式，而参照牛顿黏滞流动定律，这一比值表示黏度 η：

$$\frac{\sigma}{\dot{\gamma}} \equiv \eta = G_0 \tau \tag{5.46}$$

式（5.46）是流变学领域中一个非常基本的关系式，它将宏观性质黏度 η 和剪切模量 G 与微观性质弛豫时间 τ 联系起来，τ 包含体系构建单元（此处为高分子线团[78]）结构的若干信息。于是，这样我们就有了结构-性质之间的关系，并且将流动定义为弛豫过程，其中黏度反映了弛豫模量和弛豫时间。可以非常清楚地理解这一点：黏度（η）量化了流体介质在剪切形变时最初储存能量的能力（G）乘以通过随后的弛豫耗散能量所需的时间（τ），这即意味着流体的构建单元（分子或粒子）的位置发生变化。这两个参数贡献越大，搅拌或挤出流体就越困难。

在多分散弛豫时间谱这种更复杂的情况下，黏度表示为多个弛豫贡献的总和：

$$G(u) = \sum_i G_i \exp\left(-\frac{u}{\tau_i}\right) \Rightarrow \frac{\sigma}{\dot{\gamma}} \equiv \eta = \sum_i G_i \tau_i \tag{5.47}$$

当体系的构建单元的尺寸为多分散，或者虽为单分散但构建单元表现出多重层次弛豫时，例如线团内部 Rouse 模式，就会出现这种情况。

总而言之，我们可以看到：弛豫发生于时间尺度 τ，或者发生于多重交叠 τ_j 的时间谱，并由此通过基本公式 $\eta = G_0 \tau$ 确定黏度。在下一节中，我们将仔细研究黏度对温度的依赖性。

5.7.2 弛豫过程的热活化

流动需要构成材料的分子或粒子改变其位置，这使它们不得不发生相对滑移，为此，一方面必须使其能量上活化，另一方面还必须存在自由空间，分子或粒子才能进入。这两个先决条件都依赖于温度，从某种概念上说，二者可以一起处理成一种有效活化能垒 $E_{a,eff}$，这一能垒确定了位置变化持续时间 τ 的温度依赖性，可采取阿伦尼乌斯型表达式的形式[79]：

$$\tau \sim \eta \sim \exp\left(\frac{E_a}{k_B T}\right) \cdot \exp\left(\frac{V^*}{V_f}\right) \approx \exp\left(\frac{E_{a,eff}}{k_B T}\right) \tag{5.48}$$

在式（5.48）中，第一项的特征是每个分子（或粒子）与其他分子（或粒子）发生相对滑

---

[78] 至此，我们"正确地"导出了基本恒等式 $\eta = G\tau$，而之前在第 5.6.1 小节中，它更多的是作为"数学副产品"获得的。

[79] 这类似于化学反应速率常数 k 的阿伦尼乌斯关系，该速率常数随着温度的升高而增大，因为在较高的温度下更频繁地克服活化能。反过来，速率常数与反应半衰期 τ 成反比，形式为 $k \sim 1/\tau$，其中比例常数取决于反应级数。在这种倒数形式的关系中，公式右端的指数项为负数，这是反应动力学中阿伦尼乌斯定律的常见表示方式。

移的活化能 E_a；而在第二项中，V_f 是体系的自由体积，V^* 是每个分子（或粒子）重排所需的体积，在分子（或粒子）试图改变位置的过程中，近邻是否有足够的自由空间，其概率即反映于 V^*/V_f[80]。

有效活化能 $E_{a,eff}$ 在高温下更容易被克服，这意味着高温有利于分子的位置变化。因此，高温会导致小（＝短）的弛豫时间以及小（＝低）的黏度，而低温会引起高（＝长）的弛豫时间及高的黏度。（分子或粒子）在最低程度上还可以移动的最低可能温度是玻璃化转变温度 T_g，低于这个特定温度，热活化不可能发生，所有运动都被冻结，弛豫时间是无穷大，而 τ 趋近于 ∞。

5.7.3　时间-温度叠加

根据式(5.46)，温度与链弛豫速率有一种根本性的关联，而反过来说，链弛豫速率又与黏度有关联。即可以将不同温度下记录的黏弹性数据平移和叠加，以便所有数据叠合在一个共同的时间轴上；沿此轴的平移通过应用**平移因子** a_T 完成：

$$G(t,T)=b_T G\left(\frac{t}{a_T},T_0\right) \tag{5.49}$$

式(5.49) 的左端的 $G(t,T)$ 是在时间 t 和温度 T 下测得的剪切模量，右端是在不同的另一温度 T_0 下测量的剪切模量，只需将时间尺度移动一个因子 a_T。通常，采用合适的标准参考温度 T_0，例如，采用室温或高分子的玻璃化转变温度 T_g。同样，也要考虑到材料在温度 T 和 T_0 之间潜在的密度差值（由于有热膨胀），经常还要应用另一个平移因子 $b_T = \rho T/\rho_0 T_0$，也见于式(5.49)。

平移因子并不是数量任意指定的不严谨参量，而可以从概念上理解为进一步相互关系的一部分。其中一个关系是 **Williams-Landel-Ferry（WLF）公式**。它最初是根据经验发现的，但也可以从式(5.48) 中得到，其推导如下：如果在两种温度 T_1 和 T_2 下，有两个黏度 η_1 和 η_2，根据式(5.48)，其比值是

$$\frac{\eta_1}{\eta_2}=\exp\left(\frac{V^*}{V_{f_1}}-\frac{V^*}{V_{f_2}}\right) \tag{5.50}$$

如果我们假设温度为 T_1 和 T_2 且都足够高，则温度对位置变化基本过程的影响可以忽略 $\left(\text{即} \dfrac{E_a}{k_B T_1}-\dfrac{E_a}{k_B T_2}\approx0\right)$。此外，在 T_1 和 T_2 的自由体积有如下关系：

$$V_{f_2}=V_{f_1}+\Delta\alpha V_m(T_2-T_1) \tag{5.51}$$

式中 $\Delta\alpha$ 是材料在两种温度下的热膨胀系数之差，V_m 是链材料的本征体积（eigenvolume）。

对式(5.50) 取对数，并重排和代入式(5.51)，可以得到：

$$\ln\frac{\eta_1}{\eta_2}=\frac{V^*}{V_{f_1}}\cdot\frac{T_2-T_1}{\left(\dfrac{V_{f_2}}{\Delta\alpha V_m}\right)+(T_2-T_1)} \tag{5.52}$$

---

[80]　这两项贡献首先根据 Doolittle 的自由体积理论（*J. Appl. Phys.* 1951，22 (12)，1471−1475）和 Eyring 的速率过程理论相互独立地引入；然而，后来人们认识到，必须将上述两种理论归为一类（Macedo 和 Litovitz，*J. Chem. Phys.* 1965，42 (1)，245−256）。

如果用所讨论材料的玻璃化转变温度 T_g 替代 T_1，任意第二个温度 $T = T_2$ 的公式则为：

$$\ln \frac{\eta_g}{\eta_T} = \frac{(\frac{V^*}{V_{f,g}}) \cdot (T - T_g)}{(\frac{V_{f,T}}{\Delta \alpha V_m}) + (T - T_g)} \tag{5.53}$$

基于温度依赖性的黏度测量，Williams、Landel 和 Ferry 估算出微观位置变化所需的体积为 $V^* \approx 40 \cdot V_{f,g}$，还估算出在玻璃化转变温度下的自由体积为 $V_{f,g} \approx 52 \cdot \Delta \alpha V_m$。此外，在高分子熔体中，$V^*$ 可以近似等同于链材料的本征体积 V_m。如此这般，那么热膨胀系数 $\Delta \alpha$ 的阶跃变化确定为 $\Delta \alpha = 4.8 \cdot 10^{-4} K^{-1}$。

通过将这些值代入式（5.53），我们将玻璃化转变作为参考态，可以得出某一温度 T 之下 WLF 公式中的平移因子 α_T：

$$\log a_T = \log \frac{\tau}{\tau_g} \cong \log \frac{\eta(T)}{\eta(T_g)} = \frac{-c_1(T - T_g)}{c_2 + (T - T_g)} = \frac{-17.44(T - T_g)}{51.6K + 2(T - T_g)} \tag{5.54}$$

在上列公式的形式中，我们已经进一步换算为十进制对数（$\log x = \ln x \cdot \log e$）。

如果将 T_g 作为参考温度，对许多不同的高分子来说，式（5.54）中的数字 $c_1 = 17.44K$ 和 $c_2 = 51.6K$ 是通用的。

对于式（5.49）引入的平移因子，我们可以通过经验确定，也可以用 WLF 公式（5.54）计算，利用平移因子，允许我们由许多单独的 $G(T, t)$ 数据集参考新变量 $G(T_0, t/\alpha_T)$ 创造出一条主曲线，如图 5.21 所示（注意这种作图一般是频率轴，而不是时间轴，二者互为倒数）。于是，这样的主曲线可以显示高分子的整个流变谱，涵盖 G 的许多数量级（从 1 帕到吉帕！）和 t（或者 ω）的许多数量级（从纳秒或毫秒到几十年！），这从实际的实验中无法获得。

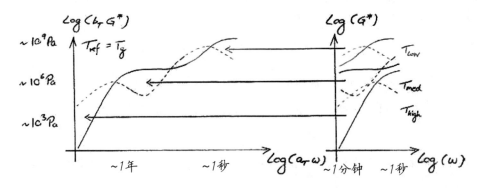

图 5.21　按照式（5.49）构建的一条流变学主曲线，实线表示储能模量 G'，而虚线表示损耗模量 G''。本例中的参考温度是玻璃化转变温度。在各种不同温度下，其频率变化约跨越 3 个数量级，得出许多单独的曲线，收集于图的右侧。通过应用适当的平移因子 α_T，可以将这些单独的曲线沿频率轴平行移动；考虑到不同温度下的密度差，通过使用平移因子 b_T，可以沿模量轴作潜在的附加平移，我们可以创建在时间轴上跨越 12（！）个数量级的一条主曲线，如左图所示

在这样一个完整的流变学谱中，我们可以区分几个明显不同的区域，这依赖于观测的时间尺度和温度。图 5.22 和图 5.23 以示意图的方式表示了这些不同的区域。请注意，与

图 5.21 和图 5.23 相比，图 5.22 是翻转的，因为此图表示出的模量 E 和 G 是作为时间 t 的函数，而不是频率 ω 的函数。然而，这只是表示的所列变量类型发生变换，但在任何一种表示法中，特征区域都是相同的。

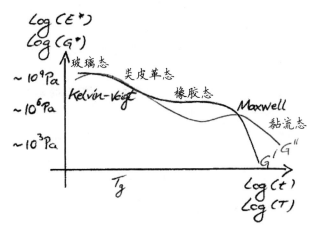

图 5.22　高分子完全的力学谱示意图。在低温或很短时间，高分子是一种玻璃状的能量弹性固体。当温度升高或时间延长时，高分子进入一个类皮革的区域，它是一个由开尔文-沃伊特模型描述的黏弹性固体。对于由长链组成的样品，我们随后观察到一个中间的橡胶平台区域。当温度足够高或时间足够长时，材料最终会像麦克斯韦模型描述的黏弹性液体一样流动。纵坐标轴上帕的数值是本体**❶**状态下高分子的典型值

第 13 讲　选择题

（1）关于蠕变柔量 J 下列哪项陈述是正确的？

a. 蠕变柔量是杨氏模量的倒转性质，也就是说，如果存储能量 E' 由余弦描述，蠕变柔量 J' 的相应部分具有正弦形式，虚数部分的情况也是如此。

b. 蠕变柔量是杨氏模量的倒转性质，也就是说，J 的实部 J' 和虚部 J'' 是由弹性模量 E 对应的实虚部 E' 和 E'' 的各自部分的倒数值给出；$J'=(E')^{-1}$，$J''=(E'')^{-1}$。

c. 蠕变柔量是一个与杨氏模量相反的性质，也就是说，J 的实虚部 J' 和 J'' 是分别由弹性模量相反部分 E''、E' 给出。

d. 蠕变顺应性是与杨氏模量相反的性质，也就是说，J 的实部 J' 和虚部 J'' 由 1 减去弹性模量实虚部 E' 和 E'' 的各自部分得到；$J'=1-E'$，$J''=1-E''$。

（2）玻尔兹曼叠加原理的含义是什么？

a. 应力是可加和的，直至施加的全部单一应力加和为极大值，即"叠加阈值"。

b. 施加同等大小的连续的形变，应力总是线性增大。

c. 应力是可加和的；当对黏弹性样品施加形变时，产生的应力会在原有的基础上增加。形变的情况也是如此。

---

❶　原书为"melt"，可能系笔误。因为纵坐标轴上有三个值，只有最下面一个才对应于熔体，上面两个则对应玻璃态和橡胶平台，故更正为"bulk"（本体）——译校者注。

d. 应力被材料中已施加的应力所放大。如果材料已经受到预应力，施加形变同样的增量会导致更高的应力增量。形变的情况也是如此。

（3）对于关系式 $\eta = G_0 \tau$，哪一项陈述是正确的？

a. 它是一种结构-性质关系，因为宏观流动的概念由黏度给出，它关联了形变时储存的能量的剪切模量与构建单元的弛豫时间这一微观性质。

b. 它是一种结构-性质关系，仅简单基于宏观性质（η, G_0）和微观性质（τ）的数学关联。

c. 这不是一种结构-性质关系，既然所有的性质都是宏观的，没有简单的方法来描述黏度、剪切模量或微观尺度上的弛豫时间。

它不是一种结构-性质关系，因为没有一种性质可以通过分析样品的结构而推导得出。

（4）对于表现出流动的材料，其弛豫时间可以用以下表达式来估计：

$$\tau \sim \eta \sim \exp\left(\frac{E_a}{k_B T}\right) \cdot \exp\left(\frac{V^*}{V_f}\right) \approx \exp\left(\frac{E_{a,\text{eff}}}{k_B T}\right)$$

哪个答案正确描述了上式最右端表达式中各项的不同贡献？

a. 弛豫时间依赖于已经弛豫的构建单元与总构建单元的比值，此值反映与玻尔兹曼分布类似的表达式乘以一个体积项。

b. 弛豫时间由类似于玻尔兹曼分布表达式中的未弛豫状态和弛豫状态的比值给出。对温度的依赖来自弛豫期间释放的热能。

c. 弛豫需要一个活化能，这个活化能由一个有温度依赖性的阿伦尼乌斯项乘以一个表示未弛豫体积与弛豫后总体积之比的项表示。

d. 弛豫需要一个活化能，也需要可供占用的体积。这两个贡献合并入最终阿伦尼乌斯型温度依赖性的这一项。

（5）流动材料弛豫时间的表达式有一个类似阿伦尼乌斯型的形式，即：

$$\tau \sim \exp\left(\frac{E_{a,\text{eff}}}{k_B T}\right)$$

提示：反应动力学中的阿伦尼乌斯公式有以下形式：

$$k \sim \exp\left(-\frac{E_{a,\text{eff}}}{k_B T}\right)$$

哪一种说法能正确描述两者之间的关系？

a. 阿伦尼乌斯公式给出化学反应速率常数 k 与温度关联的表达式。由于这个速率常数是反应半衰期的倒数，它的形式与弛豫时间的表达式基本相同。

b. 阿伦尼乌斯公式给出化学反应的速率常数与温度关联的表达式。由于这个速率常数在反应过程中下降，所以指数中需要有一个负号。这两个表达式不尽相同，但非常相似。

c. 阿伦尼乌斯公式给出了化学反应的速率常数 k 与温度关联的表达式。由于这两个表达式都描述了一个以秒为单位的基于时间的量，它们可以被视为类似的表达式。

d. 这两种表达方式之间没有任何关系。

（6）我们如何描述时间-温度叠加所依据的基本原理？

a. 在不同的温度下，同样的弛豫过程可以发生在不同的弛豫时间。

b. 更高的温度会导致更大的热膨胀，这意味着弛豫加速。

c. 不同的温度引起弛豫方式的改变。不同的弛豫过程可以被叠加。

d. 通过不同的频率，可以记录需要不同活化能的弛豫过程，其结果是测量的温度范围很大。

（7）对于测量流变学中的力学谱，为什么时间-温度叠加至关重要？

a. 只有小范围时间尺度的测量是实用的。增大这个范围将以牺牲测量的精确度为代价。通过在不同的温度下进行测量，并平移数据，我们可以获得更大范围时间尺度的数据。

b. 流变仪从技术上只能覆盖 3 个数量级的时间范围。通过在不同的温度下进行测量，并平移所获得的数据，有可能覆盖高达 12 个数量级的时间范围。

c. 被检测的材料往往是非常热敏的。时间-温度叠加允许在同一温度下以不同的时间尺度进行测量，通过平移产生不同温度的数据。

d. 由于流变仪的加热元件温度范围非常有限，时间-温度叠加允许在不同的时间尺度上进行测量，并对获得的数据进行平移，以获得更宽的温度范围。

（8）完成一篇普通的博士论文需要 3 年的时间。在常规的振荡流变学测量中，你采用哪个频率范围才能按期完成学业？

a. 10^{-1} rad·s^{-1} b. 10^{-3} rad·s^{-1} c. 10^{-5} rad·s^{-1} d. 10^{-7} rad·s^{-1}

5.8 高分子体系的黏弹态

第 14 讲 力学谱

在上一讲中学习了时间-温度叠加原理，可以构成高分子样品的时间（或频率）依赖性模量的主曲线。这种流变谱具有多重不同的区域，取决于样品中的链处于哪种迁移性或受限性的状态。下一讲将对这些状态进行概述，并总结出高分子各种各样的黏弹态。

5.8.1 对力学谱的定性讨论

让我们讨论一下高分子黏弹谱的示意图，如图 5.22 所示，沿时间轴（由于时间-温度叠加的原则，也可以看作是温度轴）从左到右讨论；或者如图 5.23 所示的另一种示意图，沿频率轴（这只不过是对数尺度上时间倒数的轴）从右到左讨论。在很短的时间尺度上，对应于很高的频率和很低的温度，弹性模量的数值高达吉帕，其储能部分 G'（或 E'）超过其损耗部分 G''（或 E''）。这意味着该材料在这个区域中是一种坚韧的弹性固体。分子尺度的解释是，在这些非常短的时间尺度上，或在如此低的温度下，样品中根本不可能有任何运动，无论是高分子链整体或只是其中的一部分。这是因为温度如此之低，以至于任何运动都被冻结；或者是因为我们考虑的时间尺度如此之短，以至于这些运动还来不及实现。因此，我们这里是一种非晶结构且没有任何动力学运动的样品，即**玻璃**。这种玻璃态的特点是具有高模量的能量弹性力学。在第一个特征时间[32] τ_0，即所谓最短的弛豫时间（在室温下，高分子熔体的弛豫时间通常为 1ns 左右），至少单个单体单元有足够的时间来弛豫，在某种意义上，它们可以扩散到与自身尺寸相等的距离。在比这更长的时间里，越来越多的额外的弛豫模式被激活，从某种意义上说，现在也有二、三、四单元等单体单元序列，它们可以在与其本身尺寸相等的距离上移动。在图 5.22 的时间轴上如果我们从左到右看，或在图 5.23 的频率轴上从右到左看，将发现越来越多的弛豫模式依次活化，而且模量越来越低。正如我们在图 5.22 和图 5.23 中看到的那样，高分子处于明显**黏弹性的类皮革区域**，其中储能和损耗模量 G' 和 G'' 的数值非常相似，而且与时间（或频率）依赖性的标度也非常相似。该状态下的力学性质可以采用 Rouse 模型进行解析处理［用于模拟子链弛豫模式，随着越来越多的模式被激活，有时间（或频率）依赖性的模量下降］或采用开尔文-沃伊特模型进行唯象学处理（从唯象上处理试样的黏弹性固体特征）。

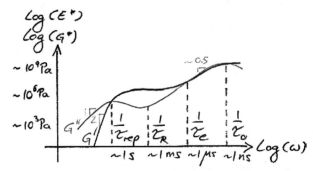

图 5.23 在室温下高分子熔体的完整流变学谱。在可能的最短弛豫时间 τ_0，也就是在这幅频率依赖性的谱图的最右端，只有单个单体单元这个最短的子链可以弛豫；紧接着，在最右端的左侧频率，出现了一个黏弹性区域，其中二、三、四单元等单体单元组的弛豫模式依次活化导致模量的下降。在缠结时间 τ_e，链段实现相互缠结，导致出现中间的一个弹性平台。从 Rouse 时间 τ_R 开始，有足够的时间让整条链位移，于是它实际上已经可以完全自由地弛豫，假若整条链没有受限于缠结，就可以流动。在比蛇行时间 τ_{rep} 更长的时间尺度上，最终可能放松这种约束。从那时起，也就是所示谱图的最左端，材料是一种黏弹性液体，可由麦克斯韦模型唯象描述，出现 $G' \sim \omega^2$ 和 $G'' \sim \omega$

在仅以子链运动为特征的黏弹性类皮革区域的末端，直观地讲，我们期望观察到向自由流动区域的转变，在此区域中可以发生整条链的弛豫和位移。从高分子动力学的 Rouse（以及 Zimm）模型，我们知道，在比 Rouse 时间 τ_R（或 Zimm 时间 τ_Z）更长的时间，必然发生这种情况，如在图 5.23 中所表示，τ_R（或 τ_Z）大约为 1ms。对于短链样品，确实会观察到这样的转变。相比之下，在具有长链的样品中，如图 5.21～图 5.23 所示，在自由流动区域之前，我们观察到另一种特征：中间的**橡胶弹性平台**。这个平台开始于第二个特征时间，即缠结时间 τ_e，在图 5.23 中约为 $1\mu s$。在这个时间尺度，长链的链段"意识到"

---

[32]　在此，我们将高分子的最短弛豫时间命名为 τ_0；这在许多教科书中都很常见，指的是链中单元的"基本"弛豫时间，在某种程度上，它似乎可以很好地用下标指数 0 来表示。在第 3.6.4 章讨论的弛豫模型框架中，我们已经将此特征时间命名为 τ_N（见第 3 章中的表 3.1）。请注意，按照这种命名法的上下文，τ_0 与弛豫模型概念命名法中的 τ_N 完全相同。

它们受限于相互缠结。这种约束阻碍它们完全自由地弛豫，从而导致出现一个区域，其中形变能量不能弛豫，而被储存，其模量范围大约为 1MPa。由于在这一区域中，链的运动已经活化，但拓扑缠结仍然阻碍链的弛豫，样品的形变是通过链的解卷曲而调解的；因此，这一区域中的弹性源于熵。当时间最终长到足以使高分子链解开缠结，并在长于蛇行时间 τ_{rep}（在图 5.23 中大约是 1s）的时间尺度上，通过一种名为**蛇行**的机理而移动，高分子显示出**终端黏性流动**。在这个区域中，材料是一种黏弹性液体，在唯象学上由麦克斯韦模型描述，G' 标度为 ω^2，而 G'' 标度为 ω。在此之后，我们给材料的时间越多，G'' 超过 G' 就会越多，这意味着材料力学中黏性特性将越占主导。

5.8.2　力学谱的定量讨论

既然我们能够直观设想高分子的整个力学谱，并加以唯象描述，现在让我们定量地讨论这种力学谱。为此，我们首先关注未缠结的高分子熔体或溶液，它们二者都不显示任何中间的橡胶平台。从第 5.6.1 小节我们知道，黏弹性液体的力学由麦克斯韦模型描述，而且我们知道高分子链的动力学可通过 Rouse 模型和 Zimm 模型量化。我们也刚刚知道，除了在比 Rouse（或 Zimm）时间更长的时间尺度上整条链可以弛豫之外，各种不同长度的更小的链段也能在更短的时间尺度上弛豫。这些子链的弛豫是由所谓的弛豫模式来评估的，用一个模式指数 p 来表示。如果 N 是整条链中单体链段的总数，那么第 p 阶模式对应于有 N/p 个链段的子链的相干运动（coherent motion）。这意味着当 $p=1$，整条链都发生弛豫，并能以相当于其自身尺寸的距离位移；而当 $p=2$，只有每一半的链发生弛豫，并能以相当于半条链尺寸的距离位移。当 $p=3$，仅是只有每三分之一的链发生弛豫，可以得到相当于整条链尺寸三分之一的距离的位移，以此类推。当 $p=N$，只有单一的单体单元可以弛豫，并按其自身尺寸相互位移。图 5.24 直观显示这种弛豫模式的层次结构。在突然形变后的某个时间 τ_p，所有指数高于 p 的模式都已经弛豫，而所有指数低于 p 的模式仍然没有弛豫。属于指数为 p 的模式的每一条 p 阶子链都像长度为 N/p 的相同独立链一样弛豫，其弛豫时间可由 Rouse（或 Zimm）的形式体系评估，只需将其应用于含 N/p 个链段的子链，而不是应用于含 N 个链段的整条链。这个弛豫时间同样也可以代入麦克斯韦型的形式体系，从唯象学上模拟这些子链的力学谱。所有这些可能的弛豫谱进行叠加，可以得到

$$G'(\omega) = \nu k_B T \sum_{p=1}^{N} \frac{\tau_p^2 \omega^2}{\tau_p^2 \omega^2 + 1} \tag{5.55a}$$

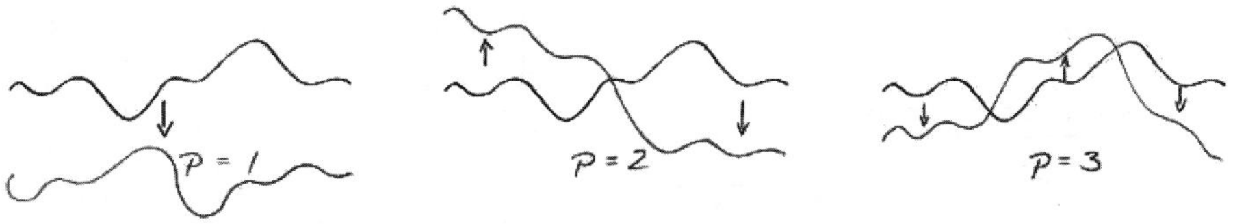

图 5.24　高分子链 p 阶弛豫模式示意图。第一阶模式，$p=1$，与整条链的弛豫有关。第二阶模式，$p=2$，长度仅为链的一半的子链可以弛豫。第三阶模式，$p=3$，对应于只有三分之一长度的子链可以弛豫，以此类推。在最后一种模式中，$p=N$，只有单一的单体单元可以弛豫（这里没有画出）。示意图修改自 H. G. Elias：*Makromoleküle*，*Bd. 2*：*Physikalische Strukturen und Eigenschaften*（6. Ed.），Wiley VCH，2001

$$G''(\omega) = \nu k_{\mathrm{B}}T \sum_{p=1}^{N} \frac{\tau_p \omega}{\tau_p^2 \omega^2 + 1} \tag{5.55b}$$

式中 ν 是样品中链的浓度（每单位体积中的链数），而 N 是每条链中单体单元的数量，同时也是每条链可能弛豫模式的总数量。

从这个表达式中我们可以看到，当频率 $\omega < 1/\tau_1$，所有的线团内的模式都可以弛豫。且随 ω 有标度关系 $G' \sim \omega^2$ 和 $G'' \sim \omega$，因为 ω 值如此之小，可以假定式（5.55）中的分母为 1，因为其中的 $\tau_p^2 \omega^2$ 部分在此时可以忽略不计。相比之下，在频率 $\omega > 1/\tau_1$ 时，情况发生变化：现在，每个未弛豫的模式对模量贡献了一份 $k_{\mathrm{B}}T$ 的储能增量。因此，模量从 τ_1（$=\tau_{\mathrm{Rouse}}$ 或 τ_{Zimm}）时样品体积中每条链的一份 $k_{\mathrm{B}}T$ 增加到 τ_N（$=\tau_0$）时样品体积中每个单体的一份 $k_{\mathrm{B}}T$。请注意：通过式（5.55）中的因子 ν（它是样品中链的浓度——每单位体积中的链数），可以将这些能量对样品体积加以归一化，由此我们得出单位为 Nm/m^3＝$\mathrm{N/m}^2$＝Pa 的一个量。在此区域中，G' 和 G'' 的时间依赖性（或反过来说，这些模量的频率依赖性）因此由模式指数的时间（或频率）依赖性给出。这可以从高分子熔体的 Rouse 模型或高分子溶液的 Zimm 模型得到，如第 3.6.4 小节的表 3.1 所总结。根据式（5.55a）和式（5.55b），对于单个模式阶数 p，我们可以计算出频率依赖性的存储能和损耗模量 G_p' 和 G_p''，并直观想象它们对总的存储能和损耗模量 G' 和 G'' 的贡献。对于具有 N 个 Kuhn 单体单元的理想高分子，可由图 5.25 示例。我们看到，当时间长于 τ_1（$=\tau_{\mathrm{Rouse}}$ 或 τ_{Zimm}），有足够时间让整条链通过热运动来弛豫，这样一来，每条链的储能能力仅为一份 $k_{\mathrm{B}}T$。在更短的时间 τ_2，长度最多仅为整条链一半的子链可以弛豫，而模式 τ_1 仍然是未弛豫的。现在每个未弛豫的模式对模量的储能贡献是一份 $k_{\mathrm{B}}T$。这一趋势将继续下去：时间越短，越多的模式仍未弛豫，每个未弛豫的模式对模量的储能贡献是一份 $k_{\mathrm{B}}T$ 的增量。尚未弛豫和已经弛豫两种模式的叠加导致了 G' 和 G'' 对 $\omega^{1/2}$ 的标度关系。当时间短于 τ_N（$=\tau_0$），甚至连单体链段的弛豫也不可能，高分子链的运动实际上被冻结。所有未弛豫的模式现在都为模量贡献了一份 $k_{\mathrm{B}}T$ 的储能增量，这样 G' 就达到了 $G_\infty = \nu N k_{\mathrm{B}}T$ 的极大值。

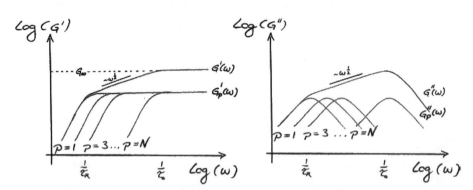

图 5.25　对于具有 N 个 Kuhn 链段的高分子，其频率依赖性储能模量（左图）和损耗模量（右图），图中各模式指数对应的模量分别为 $G_p'(\omega)$ 和 $G_p''(\omega)$；对于整条链，对应的模量分别为 $G'(\omega)$ 和 $G''(\omega)$。示意图源自 C. Wrana：*Polymerphysik*，Springer，2014

事实上，对于未缠结的高分子熔体和溶液，可以观察到这样的力学谱。前一类样品

（即高分子熔体）更好地由 Rouse 模型描述，而后一类（即高分子溶液）则更好地由 Zimm 模型描述。图 5.26 表示这些类型样品力学谱的示意图。同样，当时间低于 $t=\tau_{\mathrm{Rouse}}$ 和 $t=\tau_{\mathrm{Zimm}}$，高分子的黏弹性质如黏弹性液体，其标度为 $G'\sim\omega^2$ 和 $G'\sim\omega$。这里，链有足够的时间完全弛豫。在中等时间，τ_{Rouse} 或 $\tau_{\mathrm{Zimm}}<t<\tau_N$，只有链段的弛豫才是可能的。该材料是一个黏弹性固体，两种模量 G' 和 G'' 有类似的数值，并且二者都遵循幂律随 ω 而标度变化，其幂指数对应于模式指数的时间倒数依赖性（即频率依赖性），如第 3.6.4 小节中表 3.1 所列，假若 ν 值介于 0.5（θ 状态）至 0.6（良溶剂状态），给出幂律指数值的范围为 0.5～0.6。当短于 τ_N（$=\tau_0$）的时间，再也不可能有弛豫，材料是一种玻璃态固体。

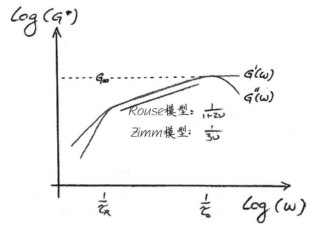

图 5.26　未缠结高分子的黏弹谱示意图。请注意，τ_0 和 τ_R 对应于 Rouse 模型和 Zimm 模型中弛豫模式概念的 τ_N 和 τ_1，如第 3.6.4 小节所讨论（参见表 3.1）

第 14 讲　选择题

（1）下列哪一条答案使完整流变学谱中的正确区域匹配于它们的以下特征？

① G' 和 G'' 有类似的数值和过程。

② G' 迅速下降，G'' 的数值超过 G'。

③ G' 和 G'' 二者都有很高的数值（在 GPa 范围）。

④ G' 显示出一个中间的平台值。

a. ①→玻璃态，②→黏流态，③→皮革态，④→高弹态

b. ①→皮革态，②→黏流态，③→高弹态，④→玻璃态

c. ①→皮革态，②→黏流态，③→玻璃态，④→高弹态

d. ①→黏流态，②→高弹态，③→皮革态，④→玻璃态

（2）对玻璃态的微观解释是什么？

a. 在非常短的时间尺度上，在样品中也不可能有构建单元的运动，尤其是样品有晶体结构的时候。

b. 在非常短的时间尺度内，即使样品具有非晶结构，在样品中也不可能有构建单元

的运动。

c. 在非常短的时间尺度上，只有单个构建单元可以移动其自身尺寸的距离，因此体系像玻璃一样流动。

d. 在非常短的时间尺度上，由于排列整齐的构建单元，样品是完全透明的，看起来像玻璃。

（3）哪个是最短弛豫时间？

a. τ_0，因为此时单个单体单元可以移动的距离等于它们自身的尺寸。

b. τ_{Rouse}，因为此时 Rouse 的子链可以移动的距离等于它们自身的尺寸。

c. τ_{Zimm}，因为此时 Zimm 的子链可以移动的距离与它们自身的尺寸相等。

d. τ_{rep}，因为此时缠结链的解缠结是可能的。

（4）处于类皮革区域的材料会显示什么性质？

a. 材料是黏弹性的，因为 G' 和 G'' 显示出非常相似的标度关系，而且总模量的值几乎相同。

b. 材料是黏弹性的，因为 G' 和 G'' 有相同的值，尽管随频率变化的标度关系不同。

c. 材料是黏弹性固体，因为 G' 值远高于 G'' 值。

d. 材料是黏弹性液体，因为 G'' 值远高于 G' 值。

（5）关于弛豫模量下列哪个说法是正确的？

a. 当 τ_p，指数 $<p$ 的弛豫模式已经弛豫，而指数 $>p$ 的弛豫模式仍未弛豫。

b. 第 0 阶弛豫状态（$p=0$）意味着整条链的弛豫。

c. 对于一条给定的链，模式指数 p 取任何值的弛豫模式都是可能的。

d. 链弛豫可以理解为子链的依次弛豫。子链的尺寸随着时间尺度的增长而增大。

（6）在中间时间尺度上为什么 G' 和 G'' 有对以 $\omega^{1/2}$ 的标度？

a. 仍未弛豫模式与弛豫模式的叠加导致了 $\omega^{1/2}$ 的标度。

b. 考虑到 Zimm 模型和 θ 状态，标度指数等于 $\dfrac{1}{1+2\,(0.5)}=0.5$。

c. 因为时间标度由 t^2 给出，所以频率标度需要用其倒数值。

d. 在中间时间尺度上，构建单元的运动是亚扩散性的。因此，标度指数 <1。

（7）在类皮革区域中，为什么中间时间尺度出现模量下降？

a. 时间越长，越多的链缠结可以发生解缠结，这导致每条链有一份 k_BT 下降。

b. 时间越长，越多的弛豫模式，每个模式都会导致模量下降一份 k_BT。

c. 时间越长，能显示的链越多，黏性流动尤其导致储能模量显著下降。

d. 时间越长，麦克斯韦模型可以更多地描述链动力学，与开尔文-沃伊特模型相比较，模量对 ω 标度变化的斜率更陡。

（8）关于终端黏性流动的哪项陈述是正确的？

a. 当时间分别超过 Rouse 时间 τ_{Rouse}（或 Zimm 时间 τ_{Zimm}），终端黏性流动总是可能发生。

b. 蛇行时间标记终端黏性流动的开始，时间超过该点之后，损耗模量的增大明显可见。

c. 终端黏弹性流动的力学可以用麦克斯韦模型来描述，储能模量对 ω^2 呈标度，损耗

模量对 $\omega^{1/2}$ 呈标度。

d. 当损耗模量超过储能模量时，终端黏性流动就会出现。超过这一点之后，损耗模量的主导地位随时间进一步增大。

5.9　橡胶弹性

第 15 讲　橡胶弹性

在第 3 讲中，我们已经知道高分子像是熵弹簧。高分子样品由缠结或交联链所组成，这一原理使其在时间（或频率）依赖性的模量作图中，出现一个特征平台。在这一讲中，你将了解如何从概念上和数学上理解此平台的高度，从而使你从根本上将高分子网络的筛网结构与其弹性模量联系起来，这里的网络可能是永久的交联，也可能只是瞬时缠结。

在上一讲中，我们已经考察过高分子短链的黏弹性。如图 5.26 所示，它们从 $\tau <$ τ_{Rouse} 的黏弹性皮革状区域直接转变到 $t > \tau_{\text{Rouse}}$ 的最后的黏性流动区域。然而，如果高分子链足够长，以至于它们彼此可以形成**缠结**，从而相互影响对方的弛豫，那么物理图景就不同了。正如我们将在后文看到，一旦链长大于某个极小长度，这个极小长度与极小聚合度（N_e）或类似的极小摩尔质量（M_e）相联系，从这个摩尔质量开始，链的缠结就可能第一次发生，就有可能出现那种图景。如果链比 $N_e l$ 长（因此其分子量比 M_e 大），相互缠结会影响它们的弛豫，只有在长时间尺度上，这些缠结的链才能摆脱这种相互制约。相比之下，在短的时间尺度上，缠结的作用就像链之间的交联点，从而允许弹性能量储存，显示为黏弹谱出现中间的平台区域，即图 5.27 中所示的所谓的**橡胶平台**。链越长，使它们相互之间发生解缠结的时间就越长，因此，摩尔质量越高，时间或频率坐标轴上的橡胶

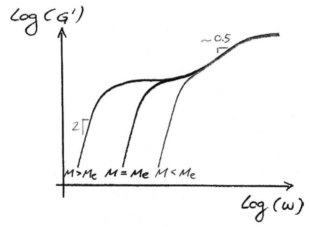

图 5.27　三种不同摩尔质量（M）高分子链的力学谱：摩尔质量（M）低于（右边的曲线）、等于（中间的曲线）和高于（左边的曲线）缠结摩尔质量 M_e。左边一条曲线显示黏弹性（$G' \sim \omega^{1/2}$）和黏性（$G' \sim \omega^2$）体系之间明显的橡胶平台。如果再加上一个更高的摩尔质量，它将显示出一个更加向左延伸的平台。在力学谱的高频端，所有数据都相互重合，如图所示，此区域包括子链的弛豫模式和向玻璃态的转变，在给定的实验条件下，对于给定类型的高分子，这个区域是相同的，与此材料的总链长无关

平台区域就越大。为了定量评估缠结对这些高分子长链力学性质的影响，我们把缠结也视为永久交联，并在本节中重点讨论交联高分子网络。

5.9.1 橡胶弹性的化学热力学

在化学热力学中，自由能 F 是内能 U 和温度 T 与熵 S 的乘积之间的一种关系：

$$F = U - TS \tag{5.56}$$

材料试样的形变力 f 是这个函数对长度的导数：

$$f = \left(\frac{\partial F}{\partial l}\right) = \left(\frac{\partial U}{\partial l}\right) - T\left(\frac{\partial S}{\partial l}\right) \tag{5.57}$$

基于恒等式 $S = -(\partial F/\partial T)$ 和全微分的二阶导数对称性（施瓦兹定理），式(5.57)中熵的导数可以重写为：

$$\left(\frac{\partial S}{\partial l}\right) = -\frac{\partial}{\partial l}\left(\frac{\partial F}{\partial T}\right) = -\frac{\partial}{\partial T}\left(\frac{\partial F}{\partial l}\right) = -\left(\frac{\partial f}{\partial T}\right) \tag{5.58}$$

将其重新代入式(5.57)中，可得到

$$f = \left(\frac{\partial U}{\partial l}\right) + T\left(\frac{\partial f}{\partial T}\right) \tag{5.59}$$

这个表达式可以按照线性公式来作图，其截距为 $\partial U/\partial l$，斜率为 $\partial f/\partial T$。对于一种典型的橡胶，图 5.28 表示出那样一种作图，其中力已被面积所除而归一化，从而产生更普遍的物理量——应力；可以想象，图中的数据来自一个实验，在各种不同温度下测量达到一定形变所需的力。

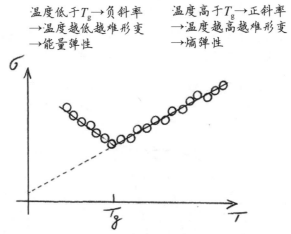

图 5.28　一种典型橡胶材料的应力与温度的关系。在玻璃化转变温度 T_g 以下，材料是能量弹性的，温度越低越难形变。相反，在 T_g 以上，材料是熵弹性的，温度越高越难形变。示意图源自 B. Tieke：*Makromolekulare Chemie*，Wiley-VCH，1997

在温度低于 T_g，所有的链动力学被冻结，材料是能量弹性的。在这种状态下，形变将克服静止单体链段之间的相互吸引势能，而使它们彼此相互分开。这在较高的温度下更容易实现，导致材料在较高温度下形变时所需的应力较小，这导致图 5.28 中数据集的左侧支线出现负斜率。相比之下，在 T_g 以上，链动力学被激活，材料是熵弹性的。在这种状态下，形变导致卷曲的链通过局部顺式转变为局部反式的链段构象而解卷曲。这种链的解卷曲减少了链的熵，从而产生了一种基于熵的反向驱动力。由于温度和熵的基本耦合，这种形变在更高的温度下变得更难，导致图 5.28 中数据集的右侧支线出现正斜率。反之，材料在该状态下拉伸后会升温。我们可以从以下表达式中看到这一点：

$$\left(\frac{\partial T}{\partial l}\right) = \left(\frac{\partial T}{\partial S}\right)\left(\frac{\partial S}{\partial l}\right) = \left(\frac{\partial T}{\partial H}\right)\left(\frac{\partial H}{\partial S}\right)\left(\frac{\partial S}{\partial l}\right) = -\frac{1}{c_l}T\left(\frac{\partial S}{\partial l}\right) \tag{5.60}$$

当熵项 $\partial S/\partial l$ 为负值时，即形变时为负值，温度项 $\partial T/\partial l$ 为正值，意味着形变时温度升高。

我们在图 5.28 中还看到，数据集的正斜率部分的外推截距很小；这再次强调，在形变的橡胶样品中，能量对应力的贡献很小。

5.9.2　橡胶弹性的统计热力学

对于橡胶弹性状态，除了上述的化学热力学论证，统计热力学方法也可以给我们特别有价值的定量信息。在这种方法中，通常，一种特定宏观态是由许多可能的不同微观态来实现，在所讨论的此例中，宏观态是高分子线团的形状，微观态是链段的顺式或反式局部构象，对此我们可以作出评估所用物理量的大小就是熵，它是热力学中最中心的量。在第 2 章中，我们已经了解，单个高分子链的理想形状是高斯无规线团的形状，其熵由无规行走统计学给出：

$$S = S_0 - \frac{3k_B r^2}{2\langle r^2 \rangle_0} = S_0 - \frac{3k_B r^2}{2Nl^2} \tag{5.61}$$

在式（5.61）中，$\langle r^2 \rangle_0$ 是高分子链的均方末端距，而 r 是所讨论特定情况的末端距。当我们拉伸这条链时，我们拉长了这个距离 r，使得 $r^2 > \langle r^2 \rangle_0$。由于变量 r^2 在式中分数的分子中，而常数 $\langle r^2 \rangle_0$ 在分母中，但前面有一个负号，所以当 r 增加时，即拉伸时，熵 S 减少。请注意，最后这个公式实际上是针对单个未交联的高分子链得出的；但是，我们现在假定，它也适用于**交联橡胶**中的每一条**网络链**。

处理高分子网络样品的形变所需的相关参数，既有宏观也有微观参数，都表示于图 5.29。由于高分子的自相似性，对于单条理想的网络链（即网络中从一个交联点到另一个交联点的子链），我们可以把它在形变[83]时的熵值变化 ΔS 表示为：

$$\Delta S = S(\vec{R}) - S(\vec{R_0}) = -\frac{3k_B(r_x^2 + r_y^2 + r_z^2)}{2\langle r^2 \rangle_0} + \frac{3k_B(r_{x,0}{}^2 + r_{y,0}{}^2 + r_{z,0}{}^2)}{2\langle r^2 \rangle_0} \tag{5.62}$$

$$= \frac{3k_B}{2\langle r^2 \rangle_0}\left[(\lambda_x^2 - 1)r_{x,0}{}^2 + (\lambda_y^2 - 1)r_{y,0}{}^2 + (\lambda_z^2 - 1)r_{z,0}{}^2\right]$$

对于整个网络的熵值变化，只需通过对其所有的 n 条网络链进行求和，我们就可以简单地得到：

$$\Delta S = -\frac{3k_B}{2\langle r^2 \rangle_0}\left[(\lambda_x^2 - 1)\sum_{i=1}^{n}(r_{x,0})_i^2 + (\lambda_y^2 - 1)\sum_{i=1}^{n}(r_{y,0})_i^2 + (\lambda_z^2 - 1)\sum_{i=1}^{n}(r_{z,0})_i^2\right]$$

$$\tag{5.63}$$

---

[83]　请注意，按这里的上下文，形变是指高分子链的解卷曲，而不是指其单体单元之间键的拉伸。

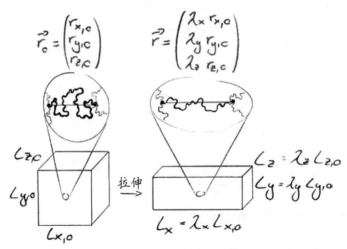

图 5.29 当高分子网络试样发生形变时，其新的尺寸 L_j 可以被描述为初始尺寸 $L_{j,0}$ 乘以应变比 λ_j （j 表示几何维数 x、y 和 z）。在仿射形变的图景中，我们假定构成样品的链的微观形变等于整个物体的宏观形变。因此，应变比 λ_j 在微观和宏观尺度上都是相同的。示意图源自 M. Rubinstein, R. H. Colby: *Polymer Physics*，Oxford University Press，2003

在一个各向同性的样品中，在所有方向上平均末端距都是相等的：

$$\frac{1}{n}\sum_{i=1}^{n}(r_{x,0})_i^2 = \langle r_{x,0}{}^2 \rangle = \langle r_{y,0}{}^2 \rangle = \langle r_{z,0}{}^2 \rangle = \frac{\langle r^2 \rangle_u}{3} \tag{5.64}$$

式中 $\langle r^2 \rangle_u$ 是网络链未形变状态下的均方末端距。

我们可以简单地将其重新排列为：

$$\sum_{i=1}^{n}(r_{x,0})_i^2 = \sum_{i=1}^{n}(r_{y,0})_i^2 = \sum_{i=1}^{n}(r_{z,0})_i^2 = \frac{n\langle r^2 \rangle_u}{3} \tag{5.65}$$

式中 n 是网络链的数量。

我们可以把这个表达式代入式(5.63) 中，得到

$$\Delta S = -\frac{3k_B}{2\langle r^2 \rangle_0}\left[(\lambda_x^2-1)\left(\frac{n}{3}\right)\langle r^2 \rangle_u + (\lambda_y^2-1)\left(\frac{n}{3}\right)\langle r^2 \rangle_u + (\lambda_z^2-1)\left(\frac{n}{3}\right)\langle r^2 \rangle_u\right]$$

$$= -\frac{nk_B}{2}\frac{\langle r^2 \rangle_u}{\langle r^2 \rangle_0}(\lambda_x^2+\lambda_y^2+\lambda_z^2-3)$$

$$\tag{5.66}$$

从这个公式可以看出，拉伸时的熵减少实际上来自两方面的贡献。第一，如果我们拉伸到更大的程度，熵会减少得更多，这在式(5.66) 中以更高的应变比 λ_j 的形式表示。第二，受那种程度拉伸的链数 n 与熵减少成正比。请再次记住，按我们处理网络链这里的上下文，网络链的意思是从一个交联点到另一个交联点范围之内的各链段。于是，高交联度也放大了熵的变化，因为它对应于大量（短的）网络链。在式(5.66) 中，有一个比例因子 $\langle r^2 \rangle_u / r^2{}_0$，它是未形变状态下网络链的均方末端距与类似的未交联理想链的均方末端距之比，这个因子取决于网络形成期间网络链的状态。通常，网络形成与链发生交联（即通过交联原位形成网络）处于同一状态（例如理想状态或 θ 状态），也是与网络形变实验过

程中的那种状态一样。在这种情况下，式(5.66) 中的因子 $\langle r^2 \rangle_u / r^2_0$ 等于 1。当网络形成状态和网络测量状态不同时，它可能会不等于 1，例如，当网络在溶胀状态下形成但在去溶胀状态下测量时，或反之在去溶胀状态形成但在溶胀状态测量时，此值均可不等于 1。对于其余的论证，我们假设 $\langle r^2 \rangle_u = r^2_0$ 是通常情况。

现在已经推导出熵变 ΔS 的表达式，我们可以将其代入自由能的基本公式(5.56)，并得到：

$$\Delta F = \Delta U - T \Delta S = +\frac{nk_B T}{2}(\lambda_x^2 + \lambda_y^2 + \lambda_z^2 - 3) \tag{5.67}$$

内能 U 与网络链的末端距无关，因为我们假定这些链是理想的，$\Delta U = 0$。因此，网络链的自由能 ΔF 仅仅来自熵。

让我们来讨论一个典型的实验情况：等容单轴应变。在这种情况下，后面的表达式可以进一步简化。"等容"意味着形变时总体积变化为零，即 $\Delta V = 0$，这意味着应变比的乘积必须为 1，即 $\lambda_x \lambda_y \lambda_z = 1$；"单轴"意味着应变仅沿一个空间维度 x 施加，导致一个定义明确的应变比 $\lambda_x = \lambda$，而其他两个应变比必须遵循等容条件：$\lambda_y = \lambda_z = 1/\sqrt{\lambda}$。

考虑到这两点，就可以导出简化表达式：

$$\Delta F = \frac{nk_B T}{2}\left(\lambda^2 + \frac{2}{\lambda} - 3\right) \tag{5.68}$$

通过自由能对形变轴长度求导数，可以再次计算形变力 f_x：

$$f_x = \frac{\partial \Delta F}{\partial L_x} = \frac{\partial \Delta F}{\partial (\lambda L_{x,0})} = \frac{nk_B T}{L_{x,0}}\left(\lambda - \frac{1}{\lambda^2}\right) \tag{5.69}$$

将其按形变平面归一化，我们可以得出应力 σ_{xx} 的表达式：

$$\sigma_{xx} = \frac{f_x}{L_y L_z} = \frac{nk_B T}{L_{x,0} L_y L_z}\left(\lambda - \frac{1}{\lambda^2}\right) = \frac{nk_B T}{L_{x,0} \lambda_y L_{y,0} \lambda_z L_{z,0}}\left(\lambda - \frac{1}{\lambda^2}\right) \tag{5.70a}$$

由于等容条件，$\lambda_y = \lambda_z = 1/\sqrt{\lambda}$，我们可以消除特定方向的应变比，并将表达式简化为

$$\sigma_{xx} = \frac{nk_B T}{L_{x,0} L_{y,0} L_{z,0}}\lambda\left(\lambda - \frac{1}{\lambda^2}\right) = \frac{nk_B T}{V}\left(\lambda^2 - \frac{1}{\lambda}\right) \tag{5.70b}$$

在我们讨论流变学的刚一开始，在式(5.1) 中，我们已经将拉伸应变定义为 $\varepsilon = \Delta L / L_0$，即材料试样长度的变化 ΔL 对于形变前长度 L_0 的相对比例；对于单轴应变[34]，这对应于 $\varepsilon = \lambda - 1$，因此 $\lambda^2 - \frac{1}{\lambda} \approx \varepsilon^2 + 2\varepsilon + 1 - (1 - \varepsilon) = \varepsilon^2 + 3\varepsilon$；对于小的 ε，此值接近 3ε。这样一来，我们得到：

$$\sigma_{xx} = \frac{nk_B T}{V}3\varepsilon \tag{5.70c}$$

这个等式与胡克定律公式(5.1) 惊人地相似，它通过比例因子将应力与应变联系起来。在式(5.70c) 中，该系数为 $3\frac{nk_B T}{V}$，因此对应的弹性模量：

---

[34] 计算如下：$\lambda^2 - \frac{1}{\lambda} = (\varepsilon + 1)^2 - \frac{1}{\varepsilon + 1} = \frac{(\varepsilon + 1)^3}{\varepsilon + 1} - \frac{1}{\varepsilon + 1} = \frac{(\varepsilon + 1)^3 - 1}{\varepsilon + 1} = \frac{\varepsilon^3 + 3\varepsilon^2 + 3\varepsilon}{\varepsilon + 1}$。多项式长除法将其变成：$\varepsilon^2 + 2\varepsilon + 1 - \frac{1}{\varepsilon + 1}$。泰勒级数近似值 $\frac{1}{\varepsilon + 1} \approx 1 - \varepsilon$（最初由牛顿描述）然后给出 $\varepsilon^2 + 2\varepsilon + 1 - (1 - \varepsilon)$。

$$E = 3\frac{nk_{\mathrm{B}}T}{V} \tag{5.71a}$$

根据这一点，再加上式(5.3)，我们同样也可以得到剪切模量：

$$G = \frac{E}{3} = \frac{nk_{\mathrm{B}}T}{V} \tag{5.71b}$$

上列公式是一个相当特别的表达式，因为它将网络链浓度 n/V 的微观结构信息与剪切模量 G 的宏观性质联系起来，从而建立结构-性质的一个定量关系。我们现在认识到，形变后，**每个网络链储存一份 $k_{\mathrm{B}}T$ 的能量增量**。由于橡胶弹性的熵弹性本质，模量随温度升高而增大。我们还认识到，更高程度的交联会导致更高的模量，因为网络链会更多（并且更短），从而导致式(5.71a)中的 n 更高。

对于上列最后的式(5.71b)，我们也可以写成对摩尔进行标度的一种公式：

$$G = \frac{\rho RT}{M_x} \tag{5.71c}$$

此式将网络密度或网络浓度 ρ（单位为 $\mathrm{g \cdot L^{-1}}$）与网络链的摩尔质量 M_x（单位为 $\mathrm{g \cdot mol^{-1}}$）关联起来。由此，我们再次认识到：更高程度的交联会导致更高的模量，因为网络链更短（并且更多），导致式（5.71c）分母中的 M_x 更低。

> 式(5.71b)与初等物理化学中的理想气体定律惊人地相似。这是因为橡胶弹性与理想气体压力的概念非常相似。二者的基础都是：对于施加形变，体系构建单元的排列自由度减小。对于理想气体，构建单元是空间中的气体粒子；而对于高分子链，是单体单元。施加形变如指理想气体的压缩，将限制气体粒子空间排列的自由度；如指高分子链的拉伸，将限制单体单元沿链排列的自由度，使其局部构象从顺式和反式的混合转变为更多的反式。我们上面已经使用的统计热力学方法，实际上同样也可用于估算理想气体的压力：有一个容器的总体积为 V_0，其中有一个子体积为 V，若将一个气体分子置于子体积 V 中，我们可以估算其概率是 $\Omega = V/V_0$。由此可见，将 n 个气体分子在同一时间内都置于该子体积中的概率应为 $\Omega_n = (V/V_0)^n$。我们估算体系的熵 S，可将此概率代入玻尔兹曼公式：$S = k_{\mathrm{B}}\ln\Omega_n = k_{\mathrm{B}}n\ln(V/V_0)$。从物理化学课程中，我们知道在热力学中的压力（$p$）计算为 $p = -(\partial G/\partial V)_T = -(\partial H/\partial V)_T + T(\partial S/\partial V)_T$。对我们讨论的案例，我们看到的是一种理想气体，其粒子没有相互作用。这意味着，体积变化中并没有能量变化，即 $(\partial H/\partial V) = 0$。这就把上述表达式简化为 $p = T(\partial S/\partial V)_T = (k_{\mathrm{B}}nT)/V$。这与式(5.71a)完全一样[65]。

对于各向同性的剪切实验，可以进行另一种计算。在这种情况下，在 z 方向没有形变；因此 $\lambda_z = 1$。其他两个应变比定义为 $\lambda_x = \lambda$ 和 $\lambda_y = 1/\lambda$。对于自由能，这就得出：

$$\Delta F = \frac{nk_{\mathrm{B}}T}{2}(\lambda^2 + \lambda^{-2} - 2) = \frac{nk_{\mathrm{B}}T}{2}(\lambda - \lambda^{-1})^2 = \frac{nk_{\mathrm{B}}T}{2}\gamma^2 \tag{5.72}$$

随后对应力的计算得出：

$$\sigma = \frac{nk_{\mathrm{B}}T}{V}\gamma \tag{5.73}$$

同样，我们最终再次得到一个具有胡克定律形式的表达式。在这种情况下，我们将比例因

---

[65] 请注意，从这个等式来看，压力和弹性模量也有相同的单位：帕。

子 nk_BT/V 确定为剪切模量 G：

$$G=\frac{nk_BT}{V} \tag{5.74a}$$

再一次，我们也可以将上式写成对摩尔进行标度的一种公式：

$$G=\frac{\rho RT}{M_x} \tag{5.74b}$$

至此为止，我们已经在永久交联的基础上讨论了橡胶的弹性。相互**缠结**是阻碍高分子链弛豫的另一种形式，至少是可以暂时阻碍，如图 5.30（A）所示意。因此，在中等时间尺度上，这种缠结就像永久交联一样，并在时间（或频率）依赖性的弹性模量中形成一个橡胶平台，如图 5.30(B) 所示。

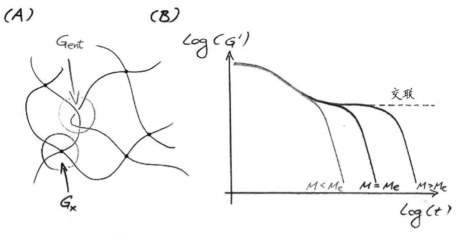

图 5.30 （A）由永久交联和链缠结组成的高分子网络示意图。两者都阻碍了链的弛豫，因此有助于弹性能量的储存，从而都有助于稳定阶段模量的形成，其形式为 $G_p\cong G_x+G_{ent}$。对于永久交联的网络，力学谱图中的稳定阶段，如（B）所示，是无限的，并达到 $t\rightarrow\infty$，而如果不存在永久交联，高分子链可以在很长时间内解除它们之间的缠结。橡胶平台的范围是由高分子摩尔质量定义的，它必须超过一个特定的最低摩尔质量 M_e 才能显示出相互缠结

事实上，一个交联网络通常有两种高分子连接模式：交联和（受限）缠结，如图 5.30(A) 所示。因此，我们可以将模量 G 分成两个贡献，一个来自实际的永久交联 G_x，另一个来自（受限）缠结 G_{ent}：

$$G\cong G_x+G_{ent}=\rho RT\left(\frac{1}{M_x}+\frac{1}{M_{ent}}\right) \tag{5.75}$$

这意味着，即使是 $G_x=0$ 的非交联高分子体系，在短时间标尺上也是弹性的，这完全是由于它们之间的相互缠结，因此 G_{ent} 的典型值在 1MPa 的范围内：

$$G_{ent}=\frac{\rho RT}{M_{ent}}\approx10^6\,\text{Pa} \tag{5.76}$$

这只有一个前提条件：为了相互缠结，链必须有一定的极小长度，这可以换算为一定的极小摩尔质量，命名为缠结摩尔质量 M_e。这个量与上面最后一个公式的分母中的量有关，在那里被命名为 M_{ent}。通常情况下，$M_e\approx2M_{ent}$，因为 M_e 表示链形成缠结所必须具备的

极小摩尔质量（以及随之而来的极小聚合度 N_e，还有，极小轮廓长度 $N_e l$），而 M_{ent} 表示一个明确缠结网络中两个缠结点之间子链的链段长度。一个简单的几何思想使我们得出这样的概念：M_e 必须是 M_{ent} 的两倍，因为要形成缠结，链必须是缠结网络中两个缠结节点之间的一段最小长度的两倍。

缠结的极小摩尔质量存在的原因是，链有一定的刚度或相关性，必须通过足够的链长才能克服，从而形成缠结。在日常生活中也有一个类比。在大型餐厅里，例如在门萨俱乐部，当意大利面煮好后上桌时，面条都很短。这是因为厨师希望面条短于其缠结长度，因为缠结的面条比未缠结面条更难处理。主链刚性越大（在纳米尺度上，转化为单体的键旋转难易程度），就必须越长才能形成缠结。对于聚苯乙烯来说，缠结摩尔质量达到 $M_e \approx 20 \mathrm{kg} \cdot \mathrm{mol}^{-1}$，实际上与此相关。

作为结束语，应当提到的是，所有上述评估都是基于理想链的熵；在第 2.6.1 小节中，通过将玻尔兹曼公式应用于我们之前通过随机行走统计得出的末端距分布，已经得到这个熵。因此，所有上述内容只适用于符合这类统计学的链。只有在小形变的限制下这才有效；而在大形变，我们实际上相当严重扰乱了末端距的无规行走式分布，以至于它不再有效了。在这个极限，必须使用其他统计学，例如 Langevin 模型[86]。此外，在主链具有高度规则性和立构规整性的高分子中，结晶是可能的。网络链的拉伸可能会使它们的距离很近，有序性很好，从而可能发生结晶，导致出现结晶节点，作用像进一步的交联。这种现象被命名为应变致硬化[87]。

5.9.3 橡胶网络的溶胀

除了拉伸或剪切之外，还有另一种使高分子网络形变的方式：**溶胀**。在溶胀过程中，流体介质进入网络并从其内部膨胀。这一过程的基础是，当溶剂分子与干燥的网络接触时，其链想要溶解。然而，它们的相互连通性阻碍了它们自由地溶解。因此，溶剂不能像未交联的样品那样将链完全分开，而只能渗透到网络中，拉伸其中的高分子网络链。然而，拉伸的程度受限于随之而来的熵弹性反驱动力，正如我们刚刚在上面量化的那样。在平衡状态下，高分子-溶剂混合能与熵-弹性能达到平衡。这种平衡达到的点，或者称为网络的**溶胀能力**，取决于网络链的长度的比例（或换句话说，网络中交联点的密度）和溶剂的热力学品质（无热溶剂、良溶剂或 θ 溶剂）。

为了量化溶胀平衡，我们引入了**溶胀度** q，即

$$q = \frac{V}{V_0} = 1 + \frac{V_{\text{uptaken solvent}}}{V_{\text{unswollen network}}} \tag{5.77}$$

为了估算这个值，我们需要知道这两种贡献：混合自由能和熵弹性的反驱动能。最好通过这些能量相关的化学势来加以衡量。

混合的自由能的贡献由 Flory-Huggins 公式给出：

$$\Delta \mu_{\text{mix}} = RT \left[\ln(1 - q^{-1}) + q^{-1} + \chi q^{-2} \right] \tag{5.78}$$

---

[86]　这里又来与理想气体类比：在高压下，理想气体偏离了自己的理想性，必须用一个不同的模型来处理：范德瓦耳斯公式。

[87]　同样，这里又一次与气体类比，在高压下气体可能液化。

熵弹性反驱动力的化学势计算如下：

$$\Delta\mu_{elast} = \left(\frac{\partial\Delta F_{elast}}{\partial n}\right) = \left(\frac{\partial\Delta F_{elast}}{\partial q}\right) \cdot \left(\frac{\partial q}{\partial n}\right) \tag{5.79}$$

弹性能量是由橡胶弹性公式给出的：

$$\Delta F_{elast} = \frac{3}{2}Nk_BT(q^{2/3}-1) \tag{5.80}$$

式中 N 表示网络链的总数。

假设干燥网络的体积和溶剂的体积二者是有可加性的，我们可以将溶胀度表述如下：

$$V = n_{solvent}\overline{V}_{solvent} + V_0 \Rightarrow q = \frac{V}{V_0} = n_{solvent}\frac{\overline{V}_{solvent}}{V_0} + 1 \Rightarrow \left(\frac{\partial q}{\partial n}\right) = \frac{\overline{V}_{solvent}}{V_0}$$

$$\Rightarrow \Delta\mu_{elast} = \left(\frac{\partial\Delta F_{elast}}{\partial q}\right) \cdot \left(\frac{\partial q}{\partial n}\right) = \frac{3}{2}Nk_BT \cdot \frac{2}{3}q^{-1/3} \cdot \frac{\overline{V}_{solvent}}{V_0} = vRTq^{-1/3} \cdot \overline{V}_{solvent}$$

$$\tag{5.81}$$

式中 v 表示**网络链的浓度**，它与网络链长度成反比，其原因是：在一个含有一定量高分子材料的网络中，如果网络链很长，那么它们的数量就很少，反之亦然。因此，v 可以被认定为：每单位体积的网络链摩尔数 n/V $[mol \cdot L^{-1}]$，或网络密度 ρ $[g \cdot L^{-1}]$ 除以网络链摩尔质量 M_x $[g \cdot mol^{-1}]$：

$$v = \frac{n}{V} = \frac{\rho}{M_x} \tag{5.82}$$

在溶胀平衡状态下，高分子-溶剂混合自由能和熵-弹性反驱动能二者相等：

$$\Delta\mu_{mix} = \Delta\mu_{elast} \tag{5.83}$$

这样我们就可以计算出网络链的物质的量浓度：

$$v = \frac{\rho}{M_x} = -\frac{\ln(1-q^{-1}) + q^{-1} + \chi q^{-2}}{\overline{V}_{solvent}q^{-1/3}} \tag{5.84}$$

现在我们可以理解做溶胀实验的价值：它允许我们在已知的 Flory-Huggins 参数 χ 下测定交联度；或者反过来，在已知的交联度下测定 Flory-Huggins 参数。

高分子凝胶的溶胀能力和通常柔软的外观促成其在各种应用领域的出现。与此特别相关的是水凝胶，它是由质量分数高达 99% 的水溶胀而成的高分子网络。原则上，这与生物质中水和固体材料的比例相同，这就是为什么水凝胶经常被用作生命科学领域中的基质，用于电泳或色谱等程序。干燥的水凝胶还可以作为超吸水剂出现在卫生产品中，因为它们具有卓越的吸收水分的能力——例如将尿液吸收入尿布。

在更复杂的应用中，可以这样设计高分子网络，使其对触发溶胀或收缩的外部刺激能够作出反应。图 5.31 描述了这样一种刺激敏感的可逆性溶胀。刺激反应性凝胶有可能用作人工肌肉、化学机械执行器，或用作药物释放的"智能"胶囊。作为后者的一个例子，我们可作如下讨论：癌症组织的 pH 值比周围的健康组织略低。在一个专门定制的高分子网络中，pH 值的变化将触发一个收缩（消溶胀）或溶胀过程，从而启动抑癌药物的控制性释放（在收缩的情况下，将其从凝胶中挤出；或者在溶胀的情况下，通过打开扩散路径让其从凝胶中扩散出来）。同样的原理也可用于抗炎剂的控制性释放。炎症组织的局部温度高于其环境；因此，在这种情况下，温差可以为水凝胶的收缩或溶胀提供刺激。

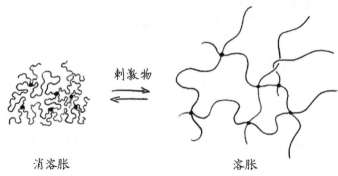

消溶胀   溶胀

图 5.31　对刺激敏感的高分子网络的示意图，它可以在外部触发下发生溶胀或收缩（消溶胀）。这种刺激反应性使这种材料在潜在的应用中非常有用，如化学机械开关、人造肌肉或"智能"药物释放载体

第 15 讲　选择题

（1）对于橡胶平台，与链长的哪种关系成立？

a. 链越长，弹性橡胶平台的储能模量值越高。

b. 链越长，弹性橡胶平台向频率/时间/温度更大范围扩张。

c. 链越长，弹性橡胶平台向更短的时间尺度/更高的频率移动。

d. 链越长，弹性橡胶平台的损耗模量下降越显著。

（2）弹性橡胶状态下的链缠结可以被看作_____。

a. 高分子链中的缺陷结构，类似于悬链端。

b. 高分子链之间的交联。

c. 序列弛豫模式。

d. 高分子链之间的相互作用，其作用强弱与范德瓦耳斯相互作用相当。

（3）橡胶材料的玻璃化转变温度不表示什么？

a. 晶体结构向非晶结构的转变。

b. 能量弹性向熵弹性的转变。

c. 随着温度的升高，形变从容易变为更难。

d. 应力对温度作图直线关系的负斜率至正斜率的变化。

（4）仿射网络模型_____。

a. 描述了橡胶材料的收缩，该材料"拉伸"到比其初始尺寸更小的尺寸。

b. 仅适用于交联高分子网络。

c. 是基于这样的假设，即当形变时，网络的两个交联点之间的子链被拉伸到与网络总长度相同的程度。

d. 表示链中的缠结相互吸引的状态，从而使链变得更加缠结。

（5）将施加等容单轴应变的情况，与各向同性剪切形变的情况进行比较，对于二者所得的剪切模量 G，下列哪个说法成立？

a. 它们有完全不同的形式，因为它们基于不同的条件。

b. 它们都与链的数量 n、温度和体积有关，但具有不同的标度。

c. 它们与链的数量 n、温度和体积成比例。只是比例因子的值不同，这是由于剪切形变与单轴形变的几何关系不同。

d. 它们都是一样的。

（6）为什么链需要有极小的摩尔质量才能显示出模量的橡胶弹性平台？

a. 链需要足够长的极小摩尔质量才能形成范德瓦耳斯相互作用，范德瓦耳斯相互作用力随着摩尔质量的增加而变得更强。

b. 链需要一定的长度来克服其自身的刚度，以便具有足够的柔性从而形成缠结。

c. 只有足够长的链才能与其他链形成纽结。

d. 平台的高度取决于摩尔质量。如果摩尔质量太低，则在力学谱中看不到平台。

（7）下列哪一项不影响高分子网络的溶胀平衡？

a. 网络的交联密度

b. 网络的摩尔质量

c. 溶液的 pH 值

d. 溶剂的品质

（8）为了得到橡胶弹性概念，我们使用一种统计方法，同样还可以用它来推导理想气体定律。要最终制定出定律，采用的基本思想是什么？

a. 玻尔兹曼公式和压力的热力学表达式。

b. 玻尔兹曼公式和熵的热力学表达式。

c. 熵的热力学表达式和压力的统计公式。

d. 熵的热力学表达式和占有概率的统计公式。

5.10　终极区域的流动和蛇行

第 16 讲　蛇行理论

当未交联高分子样品有足够长的时间，即使链很长并且缠结在一起，它也会显示出黏性流动。在微观尺度上，这种流动需要链改变相互位置。要描述材料宏观性质（如高分子流体黏度），本质上是应当去描述这种微观运动。在这一讲中，你将了解一种简单而有效的方法：蛇行模型。一条高分子链的直接环境是环绕的许多缠结链，此模型将之简化为一根刚性的管道，而链只能通过曲线运动从管道中蠕动出来。

至此为止，我们对高分子黏弹性谱的知识有两个方面：宏观唯象学的知识和微观概念上的知识。一方面，从唯象学角度来看，我们可以用开尔文-沃伊特模型描述短时间或高频区域的宏观黏弹性类固体力学，该模型为我们提供了该区域样品类皮革蠕变性质的近似公式。作为补充，我们可以使用麦克斯韦模型来描述样品在长时间或低频区域中的黏弹性类液体应力弛豫。另一方面，从概念上和微观上，我们可以理解样品在第一区域中的黏弹性类固体外观如何源于黏弹性弛豫模式，即仅链的一部分的运动，而不是整条链的运动，我们可以基于 Rouse 模型或 Zimm 模型对其进行量化。我们同样还理解到：在力学谱的下一个区域，即橡胶平台的区域，应当引入链缠结。然而，我们所缺乏的是对终极区域的弛豫和流动的概念在微观上的理解。实现这一点，正是这一节的意图。我们已经看到，橡胶平台和终极流动状态之间的转变取决于**缠结摩尔质量 M_e**［见图 5.30(B)］，我们没有进一步讨论这个量，将在以下章节再讨论该问题。

描述缠结多链体系的长期弛豫是一个具有挑战性的命题。许多链同时在样本体积中移动，部分相互协调，部分独立。它们同样也可以彼此相互作用；或者如果有溶剂存在，还要与溶剂相互作用。这是一个非常复杂的多体现象，很难用解析的方法来描述。这个挑战的解决方案既简单又聪明：我们只关注一条**测试链**，然后大幅简化其环境。

5.10.1 管道概念

考虑交叠和缠结链的一个系综，看一下其中的一条测试链，我们以某种方式对其进行了修改，以便我们能够从背景中识别它，并能够跟踪它的运动路径，如图 5.32(A) 中所示。为了描述它的周围环境，我们忽略与测试链没有接触的所有其他链。甚至是那些有接触的链，也只是在其自身长度的一小部分上有接触，因此我们只需考虑它们的这些部分，如图 5.32(B) 中所示。这些接触在我们测试链的直接环境中形成了一系列的障碍。此时，Samuel Frederick Edwards 提出了一个极好的想法。Edwards 将测试链的直接约束环境模拟为一根固体管道，如图 5.32(C) 所示。测试链只能沿着这根管道以曲线的方式移动，而与管道垂直的运动是被禁阻的。在这种运动下，链可以蠕动出其约束管道，如图 5.32

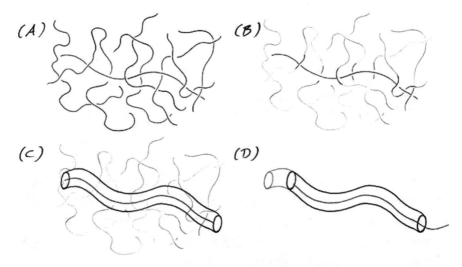

图 5.32 对于一条高分子链，它处于许多相互缠结其他链的一个体系中，有一种复杂的多体环境，管道概念对此加以简化（见彩图）。(A) 我们考虑一条测试链，这里用蓝色标示，它在某种程度上可以与它所嵌入并缠结的背景区分开来。(B) 为了简化我们的观点，可只考虑测试链的直接环境。(C) 测试链周围基体的链段可以模拟为一根约束的固体管道，它限制了测试链的运动，令其只能沿管道的轮廓进行。(D) 随着时间的推移，测试链可以通过曲线运动蠕动出这个约束管道，这称为蛇行。注意：由于周围的基体仍然存在，测试链会"发现"自己被夹在一根新的管道里（这里没有显示）。测试链通过周围基体的整体扩散可以被视为从一个管道到另一个管道的一系列步骤，其中每个步骤都是通过沿管道轮廓的曲线蠕动而发生。示意图源自 W. W. Graessley：Entangled linear，branched and network polymer systems-Molecular theories，*Adv. Polym. Sci.* 1982，47 (Synthesis and Degradation Rheology and Extrusion)，67-117

（D）所示。

这种方法被称为**管道概念**。在数学上，Edwards 假定每一个相邻链段都会对测试链产生一个抛物线形的约束势。对于这条测试链，如何将自己排列在管道中，沿管道如何运动，能量上看来最有利的方式是通过空间中势能极小的那条路径，可称之为**原始路径**（primitive path）。测试链围绕这条原始路径发生涨落，但只能达到永远存在的一份热能 $k_{B}T$ 可以激活的程度，因为任何进一步的激活都需要额外的能量输入。因此，**管道的直径 a**，是由约束势能正好为 $k_{B}T$ 的横向距离给出的。换句话说，测试链的各链段涨落的平均位移为 a。

5.10.2　Rouse 弛豫和蛇行

在管道概念中，链的运动在很大程度上只限于沿管道轮廓的曲线蠕动，而在与之垂直方向上的迁移是不可能的。Pierre-Gilles de Gennes 采用这一前提，从数学上描述了测试链沿管道的运动，由于它类似于一条蛇在树林中的爬行，所以被称为**蛇行**[⑱]。de Gennes 将他的方法建立在熔体中高分子动力学 Rouse 模型的基础上，其中，沿管道的扩散将由一维的 Rouse 型扩散系数表述：

$$D_{\text{Tube}} = \frac{k_{B}T}{Nf_{\text{seg}}} \tag{5.85}$$

高分子链的扩散与其均方位移相关，关联于我们在第 3.6 节已经多次遇到的爱因斯坦-斯莫卢霍夫斯基公式：$\langle x^{2} \rangle = 2dDt$，$d$ 是运动的几何维数。对于蛇行高分子，现在我们可以采纳：管道轮廓长度等于高分子测试链的总长度，$L = Nl$，它将在特定的时间 τ_{rep}（**蛇行时间**）后离开管道：

$$\tau_{\text{rep}} = \frac{\langle L_{\text{Tube}}^{2} \rangle}{2 \cdot D_{\text{Tube}}} = \frac{N^{2}l^{2}}{2k_{B}T/Nf_{\text{seg}}} \sim N^{3} \tag{5.86}$$

我们发现，聚合度以及测试链的摩尔质量，对蛇行时间有至关重要的影响，因为它的幂律指数为 3(!)。

此外，我们还通过弛豫时间 τ 了解到剪切模量 G 和黏度 η 之间的基本联系：$\eta = G_{0}\tau$，见式（5.46）。为了估计黏度，我们仅需代入相关的数值：

在非缠结熔体中，弛豫是由 Rouse 时间 τ_{Rouse} 限定的。在熔体的条件下，链构象是理想的，在此情况中，Flory 指数为 $\nu = 1/2$，这样我们就可以从 Rouse 模型中得到（参见第 3.6.2 节）：

$$\tau_{\text{Rouse}} = \tau_{0}N^{1+2\nu} = \tau_{0}N^{2} \tag{5.87}$$

此式具有两个特征时间尺度：τ_{0}，表示任何条件下链任何运动的下限（在此时间尺度以下，即使是单个单体链段也不能位移至少等于其自身尺寸的距离）；以及 τ_{Rouse}，表示完整链运动的时间上限（在该时间尺度之上，整个线团可以位移等于甚至大于其自身尺寸的

[⑱]　原书此处为 "creep of a reptile"（一种爬行动物的爬行），除去蛇类之外，爬行动物还使人联想到蜥蜴、鳄鱼，甚至是已经消失的恐龙。然而，我们注意到：de Gennes 本人对此的注解历来明确是指 "蛇状的"（snake-like）运动。蛇与其他爬行动物比较，其特点是巨大的长径比，如一条 "典型" 蛇的直径为 1cm 和长度为 1m，其长径比远大于其他爬行动物，但这种 100：1 的长径比只相当于是 "短链"，真实高分子的长链相当于上百条蛇首尾相连，于是才有这种特殊的各向异性布朗运动。因而此处改为 "reptation"（蛇行）——译校者注。

距离）。在这两个特征极限之间的时域中，模量 G 发生弛豫，在 τ_0 时，每个单体链段的储能容量为一份 $k_B T$；而在 τ_{Rouse} 时，每个链的储能容量为一份 $k_B T$（见第 5.8.2 小节）。因此，Rouse 时间的剪切模量由以下公式得到：

$$G(\tau_{\text{Rouse}}) = k_B T \frac{\phi}{N l^3} \tag{5.88}$$

式中 ϕ 是高分子体积分数，$N l^3$ 是完全塌缩状态下每条链的体积，因此，$\phi / N l^3$ 是样品中每单位体积链数的表示，在第 5.8.2 小节中表示为 ν。据此，在 τ_{Rouse} 时的模量是样品体积中每条链为一份 $k_B T$。

根据式（5.46），Rouse 时间的黏度可以计算为

$$\eta = G(\tau_{\text{Rouse}}) \cdot \tau_{\text{Rouse}} \sim N^{-1} N^2 \sim N^1 \tag{5.89}$$

我们发现，黏度与聚合度以及摩尔质量成线性标度（幂律标度指数为 1）。

对于**缠结熔体**，物理图景就大不相同了。这种情况下，弛豫由蛇行时间 τ_{rep} 界定：

$$\tau_{\text{rep}} \sim N^3 \tag{5.90}$$

在 τ_{rep} 时，我们发现刚好处于剪切模量 G 的橡胶平台的末端。此时，模量仅取决于缠结摩尔质量 M_e[见式（5.76）]，而不取决于总摩尔质量 M_{total}。这导致黏度对摩尔质量的依赖性不同于式（5.89）：

$$\eta = G(\tau_{\text{rep}}) \cdot \tau_{\text{rep}} \sim \text{const} \cdot N^3 \tag{5.91}$$

在式（5.89）和式（5.91）中，我们再次将宏观性质黏度 η 和剪切模量 G 与微观性质弛豫时间 τ 联系起来，τ 包含了关于体系构建单元的分子尺度特征的信息。特别是，依赖于是否超过特定的摩尔质量（即缠结摩尔质量），我们可以界定非常不同的两种黏度-摩尔质量标度定律。这些依赖关系如图 5.33 所示。

但是，对于链缠结，为什么我们需要一个极小的 M_e 呢？原因是高分子链的刚度，可以用一些参数量化，如特征比、Kuhn 长度或相关长度等，它们都在第 2 章中介绍过了。链的刚度要求它们至少有一定的长度，才能有足够的弯曲以形成缠结，如果链刚性更大，缠结要求的链则更长。极小缠结长度现象的一个日常生活类比是意大利面条：当在一家正宗的意大利餐厅用餐时，面条很长，而且彼此缠结得相当明显。相比之下，当在一个大型餐厅，例如一所大学的门萨餐厅用餐时，面条很短，以至于无法缠结。厨师这样做是为了避免缠结面条的加工问题。因此，即使是意大利面条，也有极小缠结长度（或"摩尔质量"）。

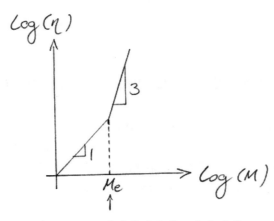

链缠结所需最小摩尔质量

通常按照式（5.76）有 $G_{\text{ent}} = \dfrac{\rho R T}{M_{\text{ent}}} \approx 10^6\,\text{Pa}$，

则有 $M_e = 2M$

图 5.33 高分子样品的熔体黏度与链摩尔质量的函数关系作图。一定的摩尔质量 M_e 之下，依赖性是线性的。然而，一旦超过这个摩尔质量，链就会相互缠结。这对高分子链的运动施加了严格的拓扑约束，可由 P. G. de Gennes 的蛇行模型描述。此时，黏度具有强烈的摩尔质量依赖性，幂律指数为 3

再回来看图 5.33：请注意，实验数据实际上表明，对于开始蛇行的区域，$\eta(M)$ 标度律指数为 3.4，而不是 3，这是由约束管道长度的涨落所致。链端在时间尺度 $t < \tau_{rep}$ 上涨落。由于这种涨落，有效管道长度实际上更短，从而使 τ_{rep} 减小。但是，当摩尔质量 M 增加时，这种影响变得不那么显著。因此，除了式(5.90) 所示的 M 增加对 η 的主要影响外，还有一个次要影响，即管道长度涨落不再有效。总之，这导致观察到 3.4 次幂这种对摩尔质量更强的依赖性。在非常高的摩尔质量范围内，这种管道长度涨落的效应失去了显著性，于是恢复为原始的蛇行幂律指数 3。

5.10.3 蛇行和扩散

除了讨论我们的样品的宏观黏度外，还可以量化它的一个微观特征参数：链的平移扩散系数。在短于 τ_{rep} 的时间尺度上，链表现出**一维管道扩散系数** D_{Tube}，如式(5.85) 所示。相比之下，在长于 τ_{rep} 的时间尺度上，每条链在空间中进行三维扩散，其 **Fick 扩散系数**为 D_{rep}。我们可以把这种扩散想象成从一根管道到另一根管道的一种跳跃过程，每次跳跃的时间增量为 τ_{rep}。基于这种物理图景，三维空间中链的宏观位移可以再次采用爱因斯坦-斯莫卢霍夫斯基公式进行量化：

$$D_{rep} \approx \frac{R^2}{\tau_{rep}} \sim \frac{Nl^2}{N^3} \sim N^{-2} \tag{5.92}$$

这种幂律标度确实已经被多种类型实验所证实。

当我们专注于高分子链在蛇行图景中的微观扩散时，正如上述量化两个相关的链扩散系数 D_{Tube} 和 D_{rep} 开始所做的那样，我们还可以采取更详细的考量。按照这种详细的考量，我们认定在蛇行链上的一个单体链段以某种方式被标记，例如，通过放射性标记或荧光标记。若我们跟踪该标记链段随时间变化的均方位移 $\langle \Delta r^2 \rangle$，我们可以区分出四个不同的区域，如图 5.34(B) 所示。

（1）在链段弛豫时间 τ_0（在该时间尺度以下根本不可能有链段运动）到缠结时间 τ_e（从该时间尺度开始，链段首次受限于管道环境）之间的时间尺度上，链段位移因与相邻链段的连通性而受阻。按照 Rouse 模型，该约束给出均方位移的时间依赖性为：

$$\langle \Delta r^2 \rangle \sim t^{1/2} \tag{5.93}$$

（2）在缠结时间 τ_e 时，链段也"注意到"了附加约束管道。直到 Rouse 时间 τ_{Rouse}，沿管道的链段位移仍然是 Rouse 型，但在三维中是：

$$\langle \Delta r^2 \rangle \sim \sqrt{\langle s^2 \rangle} \sim \sqrt{t^{1/2}} \sim t^{1/4} \tag{5.94}$$

这是因为管道本身具有 $r \sim s^{1/2}$ 的无规行走形状。换言之，在时间窗口 τ_e-τ_{Rouse} 中，我们的标记链段受到两种约束，其与其他链段的连通性的约束，根据式(5.29)，给我们以一个其值为 1/2 的标度指数贡献。其二是它现在还"意识到"它受限于管道，只能沿管道轮廓移动，在三维空间中，它是一个标度为 $\langle r^2 \rangle \sim \sqrt{\langle S^2 \rangle}$ 的随机行走，给我们以另一个其值也为 1/2 的标度指数贡献，使得总标度指数为 $1/2 \cdot 1/2 = 1/4$。

（3）在比 Rouse 时间 (τ_{Rouse}) 更长的时间标度上，我们讨论整个线团沿着管道的运动。它的运动机制仍然是一维 Rouse 型扩散，但在三维中是：

$$\langle \Delta r^2 \rangle \sim \sqrt{\langle s^2 \rangle} \sim \sqrt{D_{Tube} t} \sim t^{1/2} \tag{5.95}$$

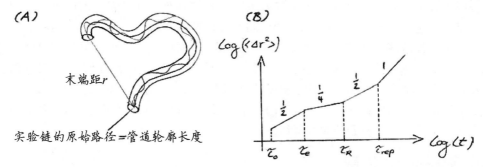

图 5.34 （A）在约束管道中受限链的示意图，链的末端距为 r，轮廓长度为 s。（B）在蛇行过程中，不同时间尺度上标记链段的亚扩散位移作为时间的函数。只有在长于 τ_{rep} 的时间尺度上，标记链段的均方位移 $\langle \Delta r^2 \rangle$ 才正比于时间 t。因为，只有在这些长时间尺度上，标记链段才遵循链在空间中的三维 Fick 扩散（我们可以把它想象成从一根管道到另一根管道的一种跳跃过程，其三维总扩散系数为 D_{Rep}）。相比之下，在较短的时间尺度上，所考虑链段的运动是亚扩散性的。第一，在很短的时间尺度上，我们有标记链段的亚扩散性的散布，这是由于它与相邻链段的连通性所带来的约束，根据 Rouse 模型（适用于高分子熔体），其时间依赖性为 $\langle \Delta r^2 \rangle \sim t^{1/2}$。第二，在更长的时间尺度上，从缠结时间 τ_{e} 开始，额外的约束开始发挥作用，因为我们的标记链段现在"意识"到它同样也受限于一根管道，只能沿着管道的轮廓移动，在三维空间中，这是一个无规行走，其标度比例为 $r \sim N^{1/2}$，于是总的标度指数为 $\frac{1}{2} \cdot \frac{1}{2} = \frac{1}{4}$。第三，从 Rouse 时间 τ_{R} 开始，在更长的时间尺度上，第一个约束消失了，但是第二个约束仍然有效，这样我们仍然有亚扩散的标度，现在又是遵循 $\langle \Delta r^2 \rangle \sim t^{1/2}$。第四，只有在时间尺度长于蛇行时间 τ_{Rep} 的情况下，后一种约束才会消失，链条在空间中自由移动，其上的标记链段也是如此

（4）在比蛇行时间更长的时间标度上，即 $t > \tau_{\mathrm{rep}}$，按照爱因斯坦-斯莫卢霍夫斯基公式，我们得到整个线团的宏观三维扩散：

$$\langle \Delta r^2 \rangle \sim 6 D_{\mathrm{rep}} t \tag{5.96}$$

高分子链现在有足够的时间从一根受限管道"跳跃"到另一根管道，从而在空间中自由移动。

5.10.4 约束释放

在蛇行模型发展后的几年里，为了更好地与实验数据相匹配，对其进行了一些改进。一个有影响力的改进是发现了所谓的**约束释放机理**。除了测试链，还须考虑体系的所有其他链也在运动。因此，由缠结点产生的拓扑约束可能会通过约束链的扩散自行解决，如图 5.35 所示。因此，有效扩散决定于蛇行和瞬时管道的有限寿命：

$$D_{\mathrm{eff}} \approx \frac{R^2}{\tau_{\mathrm{rep}}} + \frac{R^2}{\tau_{\mathrm{Tube}}} \tag{5.97}$$

依赖于哪个过程更快，总扩散中占优势的或为蛇行运动，或为约束释放机理。因此，示踪剂和基体二者的摩尔质量都很重要。

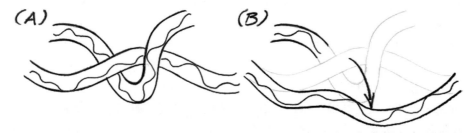

图 5.35 约束释放作为缠结体系中链弛豫的附加机理。(A) 受限于各自管道中的两条缠结链的示意图。(B) 一条链的蛇行为另一条链提供了由于本身重排而释放的一个自由度,其起因不仅是沿其管道轮廓进行曲线运动,还有相对于管道的横向运动。示意图源自 M. Rubinstein, R. H. Colby:*Polymer Physics*,Oxford University Press,2003

第 16 讲　选择题

(1) 为什么缠结链可以用管道概念来描述?

a. 因为缠结链试图优先实现高的末端距,从而在管道的形状中实现极大值。

b. 因为周围的链段交叠,形成了一根概念管道,包裹在那条缠结链的周围。

c. 因为缠结链唯一能呈现的形状是管道的形状。

d. 因为管道的形状显示出熵上最有利的构象。

(2) 哪种势描述了相邻链段对测试链的约束?

a. 库仑势,由于周围链段和测试链的静电排斥。

b. Lennard-Jones 势,由于周围链段和测试链之间的排斥和吸引相互作用。

c. 硬球势,由于测试链和周围链段在运动过程中发生碰撞时产生的硬球排斥作用。

d. 抛物线势,这只是一个简单实用的概念,没有明确提及任何类型的相互作用。

(3) 高分子的总摩尔质量如何影响其力学谱中的橡胶弹性平台?

a. 更高的摩尔质量导致剪切模量的总体增大,这意味着更高的平台值。

b. 在更宽的时间/频率范围内,更高的摩尔质量导致更大范围的平台。

c. 更高的摩尔质量导致更高的模量平台值和更扩展的平台。

d. 较高的摩尔质量不会以任何方式影响平台。

(4) 对于 Rouse 时间和蛇行时间,黏度 η 与聚合度 N 的标度关系成立吗?

a. 在 Rouse 时间,$\eta \sim N$;而在蛇行时间,$\eta \sim N^3$。

b. 在 Rouse 时间,$\eta \sim N^3$;而在蛇行时间,$\eta \sim N$。

c. 在 Rouse 时间和蛇行时间,$\eta \sim N^3$。

d. 在 Rouse 时间和蛇行时间,$\eta \sim N$。

(5) 如何从描述微观过程的蛇行模型推导出宏观性质黏度 η?

a. 黏度直接包含在蛇行模型的数学描述中。

b. 从蛇行模型可以推导出的蛇行时间,再简单乘以储能模量 G',就可以计算黏度。

c. 从蛇行模型可以推导出的蛇行时间,再简单乘以损耗模量 G'',就可以计算黏度。

d. 必须通过计算机模拟进行数值计算,才能从蛇行时间计算黏度。

（6）实验数据显示，若摩尔质量高于极小缠结摩尔质量 M_e，η 对 M 标度律的指数为 3.4，此值明显更高，这是为什么？

a. 摩尔质量更高，高分子链的长度增大，这分别导致弛豫时间或黏度的总体增大。

b. 摩尔质量的增加导致测试链受到更严重约束，因此根据管道概念，其直径更小，这导致黏度的增加，因为测试链的运动受更多的限制。

c. 如果考虑相对较短的链，摩擦系数这一项仅与 N 呈线性标度。随着摩尔质量的增加，也就是聚合度的增加，此模型描述的摩擦的标度为 $N^{\sqrt{2}} \approx N^{1.4}$，从而得出总幂律指数为 3.4。

d. 由于管道长度的涨落，管道末端的蛇行时间实际上较低，在管道末端涨落尤为严重。随着摩尔质量的增加，这种效应的数值减小。

（7）使用爱因斯坦-斯莫卢霍夫斯基方法，扩散系数可以从蛇行时间推导出来，扩散系数对 N 是何种标度关系？

a. N^2

b. N^{-2}

c. $N^{1/2}$

d. N^{-3}

（8）哪两个时间标记出一种范围，其中管道约束有效？

a. τ_0 和 τ_{Rouse}

b. τ_e 和 τ_{Rouse}

c. τ_{Rouse} 和 τ_{rep}

d. τ_e 和 τ_{rep}

（王海波、王九澳、杜宗良　译）

第 6 章
高分子体系的散射分析

　　高分子物理化学的总体目标是在高分子结构和性质之间架起桥梁，这需要对结构和性质二者都要加以评估。在本讲中，你将了解散射实验是一种主要方法，可用以评估不同尺度的高分子结构。你将了解散射矢量作为散射的"放大镜"，将看到作为散射矢量函数的散射强度如何与微结构的各方面联系。

6.1　散射基础

　　本书——更一般说来，高分子物理化学领域——的基本目标是揭示高分子体系的结构和性质之间的关系。在第 5 章中，我们已经了解与高分子最相关的一类性质是其力学特性，还了解到量化这些特性的一类方法：流变学。但我们现在仍然不了解与此对等表征高分子结构的一类方法。我们知道高分子及其超级结构的尺寸在 10～1000nm 的胶体微区，因此我们寻求的结构表征方法必须能够解决这一问题。大多数高分子体系是非晶的，而只有少数可以显示出规则的晶体结构。因此，从方法论上，我们通常需要能够在胶体尺寸范围内评估非晶和晶体这两种结构。可以实现所有这些的一类方法基于散射。**散射**的物理学基础是量子物体和物质之间的相互作用。我们关注的最突出的量子物体是**中子**、**X 射线**和**光**；它们都遵循波粒二象性，波粒二者之间的联系是德布罗意波长

$$\lambda = \frac{h}{m\nu} \tag{6.1}$$

如果一个量子物体击中样品中的粒子或**散射中心**，它会被再辐射进入空间。但是，对于多个那样的散射量子物体，由于有多个相邻散射中心，因而产生再辐射，这些量子物体的叠加将得出一种**散射强度图样**。对这种图样的分析，使我们可以得出结论，包括样品中散射中心的空间分布，还有我们所研究样品的结构。依赖于散射量子物体的波长，我们可以在不同的长度尺度上这样做。因此，上述三种量子物体都可以用作"放大镜"，以提供有关样品的结构信息，不同的放大倍数依赖于它们的波长。然而，这三种方法的视角略有不同。这是由于散射实验中主射束与散射实验产生的射束之间有一定衬比度，其不同方式将引起不同的散射强度图样。当使用光线时，散射衬比度源于样品中折射率的空间变化，这与极化率的空间变化相关。对于 X 射线，衬比度是由电子密度的空间分布引起的。而对于中子，衬比度则是由样品中某些原子的所谓散射长度的差异引起的，这在氢和氘的同位素对中最为明显。对于所有这些不同的散射源，最终都可以追溯到样品中物质的空间分布，追溯到样品的**纳米结构**，因此可以通过散射来加以探索。为了正确解释光、中子和 X 射线散射中衬比度的不同来源，在其中一些方法中需要特殊的样品制备。在中子散射的情况下，我们需要通过氢原子与氘原子的交换来标记样品中感兴趣的部分[89]。对于 X 射线散射，在样品中必须具有高电子密度的原子。虽然乍一看，这可能很乏味，但它提供了一个机会，可以选择性地**标记**高分子的某些特定区域，例如其侧链或链端，然后对其进行选择性研究。通常，三种散射方法的组合用于生成互补的数据集。

---

　　[89]　实现这一点的最简单方法是用氘代溶剂交换正常溶剂，这也用于 NMR 谱。

一个简单的散射实验是晶格的布拉格衍射，如图 6.1 所示。入射光束使每个散射中心（此处为样品中的原子）将入射 X 射线再辐射为各向同性球面波。当从特定的散射角度 θ 观察时，我们检测到所有偏转到该特定方向的辐射的叠加。图 6.1 中的示意图表明，在下晶格平面散射的波前部分与在上晶格平面的波前部分相比，必须要运行更远。根据几何关系，额外运行距离为 $2d\sin\theta$。如果该额外距离与波长的整数倍匹配，会导致正的干涉，并在检测器处产生散射峰值。干涉的判据表示为布拉格公式：

$$2d\sin\theta = n\lambda , n = 1,2,3,\cdots \tag{6.2}$$

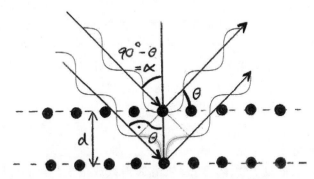

图 6.1　在晶格常数为 d 的晶体层上，中子束或 X 射线束的**布拉格衍射**（见彩图）。在下层晶格平面散射的波前部分与在上层晶格平面散射部分相比，必定要运行得更远才能到达探测器。额外运行距离在彩图中以蓝色突出表示，根据几何关系，其值为 $2d\sin\theta$。注意，由于光疏介质与光密介质界面处的反射，波的相位在反射点处偏移 $180°$

描述这个散射实验的另一种方法是使用波矢量的概念，如图 6.2 所示。这里，矢量 $\vec{k}_e$ 是入射束的**波矢量**，矢量 $\vec{k}_s$ 是散射束的波矢量。两个矢量之差称为**散射矢量** $\vec{q}$。两个矢量的绝对值均等于

$$|\vec{k}_e| = |\vec{k}_s| = \frac{2\pi}{\lambda} \tag{6.3}$$

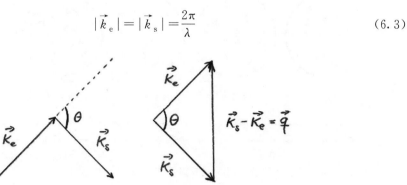

图 6.2　散射过程的矢量表示。入射波矢量标记为 $\vec{k}_e$，而 $\vec{k}_s$ 表示散射矢量。两者的差产生散射矢量 $\vec{q}$。示意图源自 J. S. Higgins，H. C. Benoît：*Polymers and Neutron Scattering*，Clarendon Press，Oxford，1994

根据几何关系（见图 6.2），得到散射矢量 $\vec{q}$，如下所示：

$$|\vec{q}| = q = \frac{4\pi}{\lambda}\sin(\theta/2) \tag{6.4}$$

于是正干涉的布拉格条件可以写为

$$\frac{2\pi}{q} = \frac{d}{n} \qquad (6.5)$$

该式表明结构特征 d 与散射矢量 q 的关系：结构越小，探测它们的 q 必须越大。换句话说，低 q 值意味着低放大倍数，反之亦然。

6.2　散射状态

散射矢量，即我们的"放大镜"，可以随散射量子物体的波长而变化。中子和 X 射线具有短波长（$\lambda = 0.01 \sim 10$nm），从而实现高散射矢量，而光具有长波长（绿色激光 $\lambda = 543$nm，红色激光 $\lambda = 633$nm），因此其散射覆盖了小的 q 值。可以通过散射角 θ 作进一步的微调。这允许研究高分子体系的各种结构特征，其范围从整个高分子线团，一直小到其局部化学结构。对于高分子体系，可及的结构微区类型如图 6.3 所示。光散射探测前两个微区。在第一种微区中，我们的放大倍数的水平非常低，以至于高分子线团看起来像点状质块，这允许确定它们的摩尔质量（"零角度微区"）。在第二种微区中，放大倍数大一点，高分子线团的尺寸变得可见（Guinier 微区）。为了达到更大的放大倍数，我们必须从可见光切换到更小波长的量子物体。通过使用 X 射线或中子，我们可以进一步放大并达到第三种微区，其中链的某一部分变得可见（如果我们以小的散射角观察）。这里，不能收集到更多关于链尺寸的信息，因为，链的聚合度及多分散性与此已无关联，代之而求得的是子结构特征，如相关长度，或者在溶液中，可求出溶液网络的相关长度。在更高的散射角下实现的进一步放大，让我们得以一窥单个的链段，如果它们的相关长度大于缩放水平，这些单个的链段可能看起来已经像杆状了。在达到最终区域，在更高的散射角下，我们可以解析局部化学结构，并获得有关链立构规整度和（侧）链取向的其他信息。

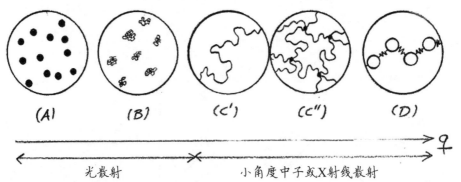

图 6.3　可及散射区域示意图。光散射可以到达前两个微区，其中（A）高分子链呈现点状，或者（B）在 Guinier 微区中，呈现为其尺寸、形状和质量可以确定的物体（前提是它们的回转半径大于约 50nm）。小角度中子或 X 射线散射允许进一步放大。在这里，我们失去了关于聚合度和多分散性的信息，但我们获得了关于亚结构特征的知识，例如：（C′）在稀溶液中线形链情况下的相关长度，或（C″）在亚浓网络中交联或交叠链的情况下的相关长度。（D）进一步放大，我们开始只观察单链链段，直到我们最终解析出高分子链段单元的局部化学结构。示意图源自 J. S. Higgins，H. C. Benoît：*Polymers and Neutron Scattering*，Clarendon Press，Oxford，1994

6.3 结构和形状因子

如果我们把图 6.1 和图 6.3 放在一起，我们可能已经会猜到，散射强度 $I(q)$ 的 q 依赖性和样品的结构之间一定存在一般联系。事实真是如此，这种联系是由所谓的结构因子 $S(q)$ 给出，其定义为

$$I(q) = \Delta b^2 S(q) \tag{6.6}$$

因子 Δb 是所讨论样品与环境形成衬比度差异的度量。对于光散射，这与相对极化率的差异有关；在小角 X 射线散射（SAXS）中，这与相对电子密度差异有关；如果样品的部分用重原子标记，则相对电子密度差特别大；对于小角中子散射（SANS），衬比度是所谓散射长度密度差产生的这种差异在氘原子和氢原子之间特别明显。因此，用氘取代氢可以在 SANS 中定制出衬比度，但不会对高分子的其他性质造成太大改变。

上述公式的简化形式描述了每单位体积的**微分散射截面**：

$$\frac{1}{V} \cdot \frac{\partial \sigma}{\partial \Omega} = \frac{1}{V} \cdot \frac{l(\vec{q}) r^2}{I_0} \tag{6.7}$$

式中 σ 表示散射横截面，或每个探测器区域散射量子物体的数量，Ω 表示观察样品的立体角。式右端的一项 $\frac{1}{V} \cdot \frac{l(\vec{q}) r^2}{I_0}$ 也称为**瑞利比**。

结构因子 $S(q)$ 本身可以分为两个贡献。对于中子散射，我们有

$$S(q) = Nz^2 P(q) + N^2 z^2 Q(q) \tag{6.8a}$$

式中 N 对应于散射体积（即射束截面积和检测器视图纵深形成的体积）中所研究样品的分子数，其中每个分子包含 z 个散射中心。$P(q)$ 是形状因子，当散射波起源于同一（大）分子的不同散射中心时，此项考量为所发生的分子内干涉，由于它与分子的形状直接相关，被称为**形状因子**。$Q(q)$ 解释为分子间干涉。

相比之下，对于光散射的情况，我们有

$$S(q) = Nz^2 P(q) \cdot Q'(q) \tag{6.8b}$$

式中 $Q'(q)$ 解释为不同分子的质心所散射光的干涉。在稀溶液的极限情况下，$Q(q) \rightarrow 0$，$Q'(q) \rightarrow 1$，这使两个表达式简化为

$$S(q) = Nz^2 P(q) \tag{6.8c}$$

现在的关键在于确定 $P(q)$ 的解析表达式，它可以与实验记录的数据集相匹配。请注意，在浓度 $c \rightarrow 0$ 的情况下，即当不可能发生分子间干扰时，$q \rightarrow 0$ 时，$P(q) \rightarrow 1$。因此，在零角极限中，散射强度变得与散射矢量 q 无关，只反映散射体积中的分子数量以及每个分子的散射中心的数量。然后可以将其转化为摩尔质量，因此可以根据低 q 极限下的散射强度来确定该量。形状因子 $P(q)$ 的数学定义由下式给出：

$$P(q) = \frac{1}{z^2} \sum_{i=1}^{z} \sum_{j=1}^{z} \langle \exp(-i\vec{q} \vec{r}_{ij}) \rangle \tag{6.9}$$

此公式定义出对相关函数（pair correlation function）。要理解什么是对相关函数，以及为什么它是估计形状因子（以及最终的散射强度图样）的基础，我们可作如下讨论：为了计算空间相关（即 q 相关）的散射强度，我们实际上需要获得关于检测体积中散射中心的特

定空间分布的精确信息（例如，如果我们的检测体积刚好适合这一个线团，则需要高分子线团中的单体单元）。然而，我们只有关于它们在空间中密度的平均信息（例如高分子线团中的高斯链段密度分布）。我们需要丰富的信息，而给出的信息又十分贫乏，相关函数是二者之间的某种"妥协"。最简单的相关函数类型是对相关：对于相距有向（即矢量）距离 $\vec{r}_{ij}$ 的两个散射中心，它们彼此发现对方的概率即由对相关函数估算。因此，在这个定义中，所讨论（大）分子中两个散射中心 i 和 j 之间连接的向量就是 $\vec{r}_{ij}$。算子 $\langle \cdots \rangle$ 表示所有取向和构象的平均值。函数 $f(\theta, \phi)$ 的取向平均值为

$$\langle f(\theta, \phi) \rangle = \frac{1}{4\pi} \int_{\phi=0}^{2\pi} \int_{\theta=0}^{\pi} f(\theta, \phi) \sin\theta \, \mathrm{d}\phi \, \mathrm{d}\theta \qquad (6.10)$$

当我们将上式代入式(6.9)时，得到

$$P(q) = \frac{1}{z^2} \sum_{i=1}^{z} \sum_{j=1}^{z} \langle \frac{\sin q r_{ij}}{q r_{ij}} \rangle \qquad (6.11)$$

对于连续体，以下替代表达式也有效：

$$P(q) = \frac{1}{\int n(r) \mathrm{d}r} \int n(r) \left(\frac{\sin q r_{ij}}{q r_{ij}} \right) \mathrm{d}r \qquad (6.12)$$

式中 $n(r)$ 与所讨论物体的径向密度函数相关。

散射体可以具有的最简单几何形状是规则球体。这里，由于对称性，散射强度不依赖于其取向。这就得到：

$$P_{\text{sphere}}(q) = \left(\frac{3}{R^3} \int_0^R \frac{\sin q r}{q r} r^2 \mathrm{d}r \right)^2 = \frac{9}{(qR)^6} \left[\sin(qR) - (qR)\cos(qR) \right]^2 \qquad (6.13)$$

在此式中，散射矢量作为一个无量纲的约化变量 qR 出现，这意味着散射矢量 q 按观测长度尺度 R，加以归一化，一个球形物体的典型结果示于图6.4。请注意，在 **Guinier 区域**的极低 q 端，对散射矢量 q 没有依赖性。此区域中的散射强度取决于散射体积中球体的质量，从而可以估算它们的摩尔质量。

球形物体在理论上很容易处理，因为它是完全对称的。对于更复杂的物体，如高分子线团，我们必须通过分别考察低 q 和高 q 的极端情况来简化推导。

为了得到与光散射测量相对应的低 q 值的真实情况，我们可以将式(6.11)给出的基本公式展开为泰勒级数，即利用下列的表达式：

$$\frac{\sin x}{x} = 1 - \frac{x^2}{3!} + \frac{x^4}{5!} - \cdots \qquad (6.14)$$

于是得出

$$P(q) = 1 - \frac{q^2}{3!} \frac{1}{z^2} \sum_{i=1}^{z} \sum_{j=1}^{z} \langle r_{ij}^2 \rangle + \frac{q^2}{5!} \frac{1}{z^2} \sum_{i=1}^{z} \sum_{j=1}^{z} \langle r_{ij}^4 \rangle - \cdots \qquad (6.15)$$

在这个级数展开式中，第二项给出了回转半径 R_g，其定义为

$$R_g^2 = \frac{1}{z} \sum_{i=1}^{z} \langle r_{ij}^2 \rangle \qquad (6.16a)$$

式中 r_i 是将散射点 i 连接到物体质心的向量。

采用 ij 两点表示法的记号，另一个表达式改写为：

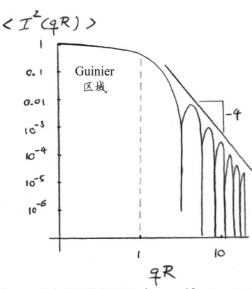

$$R_g^2 = \frac{1}{2z^2}\sum_{i-1}^{z}\sum_{j-1}^{z}\langle r_{ij}^2\rangle \qquad (6.16b)$$

由此，我们得出

$$P(q) = 1 - \frac{q^2}{3}R_g^2 + \cdots \qquad \text{(Zimm)}$$

$$(6.17)$$

上式允许我们进行 **Zimm 作图**，这是一种传统的方法，可以推导出回转半径 R_g、重均摩尔质量 M_w 和第二位力系数 A_2。

　　形状因子也可以通过指数函数来近似，以生成所谓的 **Guinier 函数**

$$p(q) \cong \exp\left(-\frac{R_g^2 q^2}{3}\right) \text{ 当 } qR_g < 1 \quad \text{(Guinier)}$$

$$(6.18)$$

图 6.4　均方平均散射强度 $\langle |I(qR)|^2\rangle$ 的示意图，作为球形粒子的简化散射矢量 qR 的函数。在低 Guinier 区域（$qR \ll 1$）中，散射强度不依赖于散射矢量 q，而仅依赖于散射体积中球体的数量。相反，在较高 q 的区域中，出现了允许确定球形粒子尺寸的特征峰

在高 q 值下，即在 SANS 和 SAXS 实验的区域，我们求助于标度讨论。我们保留归一化散射矢量 qR 作为变量，并使用以下恒等式：

$$S(q) = Nz^2 P(qR) = V\phi z P(qR)$$

$$(6.19)$$

式中 V 是样品体积，N 是其中散射粒子的数量，并且 ϕ 是每单位体积中聚合度为 Z 的散射单元的数量。因为我们只去看一个单链，甚至可能只是看高分子单链的一部分，即 $N = 1$。NZ 现在直接对应于每条链的散射中心的数量。我们可以将每个 Kuhn 链段检测为一个散射中心，因此 Z 对应于聚合度。

　　假设在大的散射矢量上，$P(qR)$ 有一个 $(qR)^{-\alpha}$ 型的渐进尾。此外，我们知道高分子的质量（这里用聚合度 Z）和尺寸 R 之间的几种关系。对于高斯线团，有 $R \sim z^{1/2}$；对于良溶剂中的链，有 $R \sim z^{3/5}$；而对于棒状链，有 $R \sim z^1$。一般，我们可以说，高分子的尺寸-质量关系按 Flory 指数进行标度，$R \sim z^\nu$。将此 R 值代入式(6.19) 中，得到：

$$S(q) = V\phi z P(qz^\nu) = V\phi (qz^\nu)^{-\alpha} = V\phi q^{-\alpha} z^{(1-\nu\alpha)} \qquad (6.20)$$

在高 q 值下，散射强度变得与聚合度 z 无关，因为我们去看每个线团内部，但没有看到它的整体。然而，只有 $\alpha = \frac{1}{\nu}$ 才能满足这一要求，因为此时 z 因子才会是 z^0。这产生了上述高分子几何结构的 q 依赖性：高斯链的 $S(q) \sim q^{-2}$，在良溶剂中的高分子线团的 $S(q) \sim q^{-5/3}$，以及极大伸长的高分子棒的 $S(q) \sim q^{-1}$。一般来说，我们可以写为 $S(q) \sim q^{-1/\nu}$。

　　让我们再次回到规则球体的最简单的例子。对于这种几何形状，在较高的 q 区域中[90]，散射只能来自球体的表面，因为如果我们完全观察球体的内部或外部，就不会有散射，因为没有空间衬比度差异。因此，散射强度正比于散射体积中总表面的大小。对于曲

---

[90]　确切地说：对于 $q > 1/R$，表示为 Mie 区域。

面 S，我们可以表示 $R \sim S^{0.5}$ 和 $Nz^2 = NV^2 = NS^3$。将其代入式(6.8b)，再次在渐近幂律尾的假设下，得出

$$S(q) = Nz^2 P(qR) = NS^3 (qS^{0.5})^{-\alpha} \tag{6.21}$$

因此，散射强度必须与散射体积中样品的总表面成正比例，即与 NS 成正比。要满足这一点，只有 $\alpha = 4$：

$$S(q) \sim q^{-4} \tag{6.22}$$

这被称为 **Porod 定律**，在图 6.4 中可以看到：包络线的斜率为 -4。

第 17 讲　选择题

（1）根据所使用的量子物体，可以区分用于高分子分析的三种相关类型的散射实验：光散射、X 射线散射和中子散射。这三种不同实验的适用性如何？

a. 不同的三种方法适用于不同类型的高分子样品。完全溶胀的高分子可以用光散射来研究，而完全塌缩的高分子需要使用中子散射。

b. 量子物体是否适合探测给定的高分子样品取决于高分子的尺寸，此尺寸应在量子物体的德布罗意波长范围内。

c. 每种散射方法都可以用于相同类型的高分子样品。唯一的区别在于：不同方法中成像的不同结构特征，光散射成像的是单个线团，中子散射成像的则是沿高分子链的结构。

d. 每种散射方法都可以用于相同类型的高分子样品，从而对高分子的特征产生不同的见解，例如它们的摩尔质量或相关长度。

（2）对给定材料进行散射分析的合适波长的标准是什么？

a. 波长应与样品中散射中心的距离相匹配。

b. 波长应与样品中散射中心的距离尽可能不同。

c. 波长应小于样品中散射中心的距离。

d. 波长应大于样品中散射中心的距离。

（3）从散射分析中获得的数据有何作用？

a. 这些数据可以用于预示微观结构。

b. 这些数据可用于测定微观结构。

c. 该数据可用于支持微观结构的预测图像。

d. 这些数据可用于反应监测。

（4）晶格间距离 d 和散射矢量 q 的关系如何？

a. 距离 d 越小，q 必须越低才能获得更小的放大倍数。

b. 距离 d 越小，q 必须越低才能获得更高的放大倍数。

c. 距离 d 越小，q 必须越高才能获得更小的放大倍数。

d. 距离 d 越小，q 必须越高才能获得更高的放大倍数。

（5）除了散射量子物体的波长之外，可以改变哪个参数以实现所需的放大倍数？

a. 温度　　　　　　b. 探测角度　　　　　c. 样品厚度　　　　　d. 入射束的强度

（6）形状因子 $P(q)$ 解释了什么？

a. 形状因子总结了分子间和分子内干涉的贡献。

b. 形状因子说明了分子间干涉。

c. 形状因子说明了分子内干涉。

d. 形状因子说明分子间干涉的数量，即散射中心的数量。

（7）为什么固体规则圆球的均方平均散射强度在较高 q 的 Porod 区域显示出特征峰，而在较低 q 的 Guinier 区域趋于恒定值？

a. 在较高的 q 下，放大倍数足够高，可以检测单个球体，而在较低的 q 下这种差异消失了。这两种情况的边界线由球体的半径决定。

b. 在较高的 q 下，只有球体的一部分对散射强度有影响，而在较低的 q 下，整个球体产生的散射强度趋于平稳。

c. 在较低的 q 下，散射不明显，导致强度趋于平稳。只有在较高的 q 下，散射才足够明显，以显示强度的特征性降低。

d. 在较低的 q 下，散射矢量与球体的尺寸不匹配，导致没有散射响应。只有在较高的 q 下，散射矢量和球体尺寸才足够相似，从而产生明显的散射信号。

（8）当规划和分析样品散射测量时，常见程序步骤如何安排？选择以下步骤排序正确的答案。

① 使用对相关函数。

② 假设样品的结构。

③ 比较实验数据和理论数据。

④ 进行散射实验。

⑤ 预测样品的角度相关性。

a. ③→①→⑤→④→②   b. ③→⑤→①→④→②

c. ②→⑤→①→④→③   d. ②→①→⑤→④→③

6.4 光散射

第 18 讲　高分子的光散射
许多高分子体系的结构可以通过不同的散射方法来评估，每种方法都有其特定的优点和缺点。最广泛的技术是光散射。这一讲对此方法有一个特别的观点，并证明了光散射如何用于估算高分子的摩尔质量、形状以及与环境的相互作用。

基于以上关于散射的一般思想，我们现在来看看这在实际的实验中是如何反映的。我们专注于光散射，因为这种方法比中子散射或 X 射线散射更容易实现，而且从样品成分的角度来看，它的要求更低，从某种意义上说，不需要重元素或同位素标记。根据上一讲对散射矢量 q 的讨论，光散射涵盖了零角区域和 Guinier 区域。这意味着可以获得关于高分子线团的摩尔质量和尺寸的信息。

6.4.1 静态光散射

正如我们之前已经了解，光散射通过样品及其环境的折射率的相对差异产生衬比度。

但是光散射过程本身是如何工作的呢？它从入射的偏振光束开始，该光束撞击可偏振的物体（即散射中心）。在那里，光可以诱导出偶极矩 μ，遵循下式：

$$\mu_{ind} = \alpha \cdot E_{incident} = \alpha \cdot E_0 \cos(\omega t) \qquad (6.23)$$

式中 α 是所研究物体的极化率。由于诱导的偶极矩，散射体开始振动，因此，它向各个方向发射辐射。散射电场可以按照下式估算：

$$E_s \sim \frac{1}{r} \sin\varphi \cdot \frac{\partial^2 \mu_{ind}}{\partial t^2} \sim \frac{1}{r} \sin\varphi \cdot E_0 \alpha \omega^2 \cdot [-\cos(\omega t)] \qquad (6.24)$$

式中 $\left(\dfrac{1}{r}\right) \sin\varphi \cdot E_0 \alpha \omega^2$ 是散射光的振幅，取决于光源的距离、角度和振荡频率；它对应于 $E_{0,s}$。表达式中的 $-\cos(\omega t)$ 表示散射光的周期性，这也是入射光的周期。散射光的强度与电场的平方成正比（$I \sim E^2$）。于是可得：

$$\left(\frac{E_{0,s}}{E_0}\right)^2 = \frac{I_s}{I_0} \sim \alpha^2 \omega^4 \qquad (6.25)$$

我们意识到散射强度有很强的频率依赖性。蓝光的散射比其他颜色的光强得多。这就是为什么当仰望天空的时候，我们主要看到阳光的一部分，看起来是蓝色的[1]，其原因正是如此（而太阳看起来是黄色的，因为当我们在看它时看到的是没有蓝色的剩余光谱）[2]。确切的表达式为：

$$\frac{I_s}{I_0} = \frac{\pi^2 \cdot \alpha^2 \cdot \sin^2\varphi}{\varepsilon_0^2 \cdot r^2 \cdot \lambda^4} \qquad (6.26)$$

式中 ε_0 为真空介电常数，λ 为所用光的波长。

既然现在知道了如何处理单个粒子，我们就可以将视野扩展到多个粒子体系。最容易处理的那种体系是稀薄理想气体的体系，因为它包含与上述性质相同的 N 个粒子（球体）。因此，我们只需要将上式按照粒子数 N 加以扩展：

$$\frac{I_{s,total}}{I_0} = N \cdot \frac{\pi^2 \cdot \alpha^2 \cdot \sin^2\varphi}{\varepsilon_0^2 \cdot r^2 \cdot \lambda^4} \qquad (6.27)$$

与稀薄的理想气体相反的是理想晶体。然而，那种材料不能通过光散射进行研究。这是因为晶格平面的距离在若干皮米的范围内，而所使用可见光的波长 λ 是几百纳米。这导致在任何方向上的每束散射光总是找到一个引起相消干涉的对应点源，从而发生散射光的消光。晶体为什么透明，这就是原因。晶体最多可能呈现彩色，但这主要是光吸收而不是光散射造成的。

乍一看，后一种概念对液体来说也同样适用：尽管没有像晶体中那样完美有序的结构，但液体中的分子仍然如此紧密堆积，以至于彼此之间的平均距离仍然远小于光的波长。结果，光再次消散，并且液体具有透明的外观。然而，与晶体相反，由于分子的热运动，可能会发生密度**涨落**。因此，在某一给定的时间，并不是所有的散射光线都会与消光

---

[1] 海洋看起来也是蓝色的，因为其反射了上面天空的蓝色。

[2] 准确地说，只有当光线经过较短的距离时，对我们来说天空才会是蓝色的，因为此时散射发生不太频繁，一天中午的正午时分就是如此。相比之下，在早上和傍晚，光路更长，因此蓝色成分被完全散射掉，我们在黎明和黄昏看到的只是剩下的红橙色部分。

对冲的光线发生干涉，因此我们确实观察到了某些散射。例如，考虑液态水：它的散射强度是气态水的 200 倍。然而，应该记住，液态水中的粒子数密度是气态水中的 1200 倍。因此，液态水的"归一化"散射仅有气态水的 1/6！事实上，由于相消干涉，仍然存在显著的消光。

分子的极化率通常是各向异性的。如果分子旋转和振动，这表现为极化率 α 会振荡：

$$\alpha = \alpha_0 + \alpha_k \cos(\omega_k t) \tag{6.28}$$

式中 ω_k 是分子的本征频率，该频率与其旋转和振动本征频率密切相关。我们可以将上述表达式代入式（6.23）中，得出：

$$
\begin{aligned}
\mu_{\mathrm{ind}} &= \alpha \cdot E_{\mathrm{incident}} = \alpha_0 \cdot E_{\mathrm{incident}} + \alpha_k \cdot \cos(\omega_k t) \cdot E_{\mathrm{incident}} \mid E_{\mathrm{incident}} = E_0 \cdot \cos(\omega t) \\
&= \alpha_0 \cdot E_0 \cdot \cos(\omega t) + \alpha_k \cdot E_0 \cdot \cos(\omega t) \cdot \cos(\omega_k t) \\
&= \alpha_0 \cdot E_0 \cdot \cos(\omega t) + \frac{1}{2}\alpha_k \cdot E_0 \cdot [\cos(\omega - \omega_k)t + \cos(\omega + \omega_k)t]
\end{aligned}
\tag{6.29}
$$

式中第一项 $\alpha_0 \cdot E_0 \cdot \cos(\omega t)$，解释为**瑞利散射**，瑞利散射主要是比辐射波长小得多的粒子的弹性散射。**弹性散射**是指散射光的频率与入射光的频率相同，这意味着瑞利散射不伴随光子和散射体之间的任何能量交换。另外两个术语解释为**拉曼散射**和斯托克斯-拉曼散射，拉曼散射包括非弹性散射光的部分，由此散射光子与入射光子具有不同的频率和能量。假若散射体吸收能量，并且散射光子的能量小于入射光子的能量，我们称之为**斯托克斯-拉曼散射**；而能量转移到散射光子，使其能量高于入射光子的能量，则称为**反斯托克斯-拉曼散射**。对于液体或溶液的静态光散射，更重要的是过程中的瑞利散射部分，这就是为什么我们在进一步的讨论中仅限制于这种类型。

让我们首先来看高分子稀溶液的情况。它的折射率 n_{solution} 由下式得出：

$$n_{\mathrm{solution}} = n_{\mathrm{solvent}} + \frac{\mathrm{d}n}{\mathrm{d}c}c \overset{\text{square}}{\Rightarrow} n_{\mathrm{solution}}^2 = n_{\mathrm{solvent}}^2 + 2n_{\mathrm{solvent}}\frac{\mathrm{d}n}{\mathrm{d}c}c + \left(\frac{\mathrm{d}n}{\mathrm{d}c}c\right)^2 \tag{6.30}$$

由于此式中最后一项 $\left(\frac{\mathrm{d}n}{\mathrm{d}c}c\right)^2$ 的影响很小，我们可以忽略不计。

折射率 n 通过以下表达式与极化率 α 相联系：

$$n^2 - 1 = \frac{(N/V)}{\varepsilon}\alpha \tag{6.31}$$

代入溶液的折射率 n_{solution}，我们得出：

$$n_{\mathrm{solution}}^2 - 1 = \frac{\left(\dfrac{N_{\mathrm{solvent}}}{V}\right) - \left(\dfrac{N_{\mathrm{solute}}}{V}\right)}{\varepsilon_0}\alpha_{\mathrm{solvent}} + \frac{\left(\dfrac{N_{\mathrm{solute}}}{V}\right)}{\varepsilon_0}\alpha_{\mathrm{solute}} \tag{6.32}$$

溶剂折射率 n_{solvent} 对应的表达式为：

$$n_{\mathrm{solvent}}^2 - 1 = \frac{\left(\dfrac{N_{\mathrm{solvent}}}{V}\right)}{\varepsilon_0}\alpha_{\mathrm{solvent}} \tag{6.33}$$

将上列二式彼此相减，并考虑到式（6.30），我们可以导出一个公式，将折射率之差与折射率随浓度的增量变化 $\dfrac{\mathrm{d}n}{\mathrm{d}c}$ 联系起来：

$$n_{\text{solution}}^2 - n_{\text{solvent}}^2 = \frac{\left(\dfrac{N_{\text{solute}}}{V}\right)}{\varepsilon_0}(\alpha_{\text{solute}} - \alpha_{\text{solvent}}) = 2n_{\text{solvent}} \cdot \frac{\mathrm{d}n}{\mathrm{d}c}c \qquad (6.34)$$

令 $\Delta\alpha = \alpha_{\text{solute}} - \alpha_{\text{solvent}}$，求解描述极化率之差的上式，得出：

$$\Delta\alpha = 2n_{\text{solvent}} \cdot \varepsilon_0 \frac{\mathrm{d}n}{\mathrm{d}c}\frac{c}{N/V} = 2n_{\text{solvent}} \cdot \varepsilon_0 \frac{\mathrm{d}n}{\mathrm{d}c}\frac{M}{N_A}，且\frac{N}{V} = \frac{c \cdot N_A}{M} \qquad (6.35)$$

我们现在可以将这个表达式代入上面的瑞利公式中[93] [式（6.27）]：

$$\frac{I_{s,\text{total}}}{I_0} = N \cdot \frac{\pi^2 \cdot 4n_{\text{solvent}}^2 \cdot \varepsilon_0^2 \left(\dfrac{\mathrm{d}n}{\mathrm{d}c}\right)^2 M^2}{N_A^2 \cdot \varepsilon_0^2 \cdot r^2 \cdot \lambda^4} \cdot \sin^2\varphi \mid N = \frac{cN_A V}{M}$$

$$= \frac{cN_A V}{M} \cdot \frac{\pi^2 \cdot 4n_{\text{solvent}}^2 \cdot \varepsilon_0^2 \left(\dfrac{\mathrm{d}n}{\mathrm{d}c}\right)^2 M^2}{N_A^2 \cdot \varepsilon_0^2 \cdot r^2 \cdot \lambda^4} \cdot \sin^2\varphi \qquad (6.36)$$

$$= c \cdot M \cdot V \cdot \left(\frac{\mathrm{d}n}{\mathrm{d}c}\right)^2 \cdot \frac{4\pi^2 \cdot n_{\text{solvent}}^2 \cdot \sin^2\varphi}{N_A \cdot r^2 \cdot \lambda^4}$$

虽然这个公式乍一看可能很复杂，但对于给定的体系和实验装置，除了浓度 c 和摩尔质量 M 之外的所有参数都是常量。这使我们能够通过有浓度依赖性的静态光散射测量来确定化合物的摩尔质量 M。

由于光被散射到各个方向，样品-检测器距离的这种 r^{-2} 依赖性无关紧要。此外，散射体积 V 对检测到的散射强度的影响也无关紧要：体积越大，相对强度 $I_{s,\text{total}}/I_0$ 就越大。为了获得不依赖于实验装置的结果，我们将这两个因素归一化，并引入**瑞利比** R_θ（其单位为 m^{-1}）：

$$R_\theta = \frac{I_\theta r^2}{I_0 V} = \frac{4\pi^2 n^2}{N_A \lambda^4}\left(\frac{\mathrm{d}n}{\mathrm{d}c}\right)^2 \sin^2\varphi \cdot cM \qquad (6.37a)$$

我们可以把所有的常数值组合为一个常数 K，从而简化这个表达式。得到：

$$R_\theta = \frac{I_\theta r^2}{I_0 V} = K \cdot c \cdot M \qquad (6.37b)$$

在多分散样品中，对于摩尔质量 M_i 和相应浓度 c_i 的所有组分，均独立发生散射，于是得到：

$$R_\theta = K \sum_i c_i M_i \qquad (6.38)$$

我们从第 1.3.2 小节中知道，高分子的重均摩尔质量定义为

$$M_w = \frac{\sum_i N_i M_i^2}{\sum_i N_i M_i} = \frac{\sum_i c_i M_i}{\sum_i c_i} \qquad (6.39)$$

将其代入瑞利比 R_θ 的表达式中，得到

$$\frac{Kc}{R_\theta} = \frac{1}{M_w} \qquad (6.40)$$

---

[93] 式（6.27）中有 α，因为它适用于气体，其中发生折射率差异，其原因是我们在一个点中要么有一个气体分子（具有极化率 α），要么什么都没有；在溶液的情况下，我们需要使用 $\Delta\alpha$，的确这个折射率差异发生，因为我们在一个点中或者有一个溶剂分子（具有极化率 α_{solvent}）或者有一个溶质分子（具有偏振率 α_{solute}）。

有了这个公式，我们可以通过从散射实验中测得的瑞利比来直接计算重均摩尔质量。

另一种观点可以从涨落理论中获得，该理论将热力学与光散射相结合。为了解释和量化浓度涨落（溶液实际发生散射的原因），我们认为体系由许多基元微胞（elementdry cell）δV 组成，其尺寸大于分子尺寸，但小于 $\left(\dfrac{\lambda}{20}\right)^3$。由于这些微胞之间的分子交换，从而发生浓度涨落，可以描述如下：

$$c = \bar{c} + \delta c \Rightarrow \alpha = \bar{\alpha} + \delta \alpha \tag{6.41}$$

请注意，在这种情况下，严格来说，每个基元微胞中的极化率 α 都有涨落，起因不仅是浓度涨落，还有体系中的其他类型的涨落，如温度和压力的涨落：

$$\delta \alpha = \left(\frac{\partial \alpha}{\partial c}\right)_{p,T} \partial c + \left(\frac{\partial \alpha}{\partial p}\right)_{c,T} \partial p + \left(\frac{\partial \alpha}{\partial T}\right)_{c,p} \partial T \tag{6.42}$$

然而，这些涨落对溶剂和溶质二者的影响是相等的，所以我们可以忽略它们。

回到原始散射公式[式(6.27)]，我们需要 α^2 的表达式。由式(6.41)计算得出：

$$\alpha^2 = (\bar{\alpha} + \delta \alpha)^2 = \bar{\alpha}^2 + 2\bar{\alpha}\delta\alpha + (\delta\alpha)^2 \tag{6.43}$$

让我们更仔细地研究一下此式的三个项。第一项 $\bar{\alpha}^2$，对于所有体积元都是相同的，非常像理想晶体中的 α^2，这里没有干涉产生的贡献。第二项 $2\bar{\alpha}\delta\alpha$，可以有正值，也可以有负值，但平均后为零。只有余下的第三项 $(\delta\alpha)^2$ 才实际产生所观察到的散射强度。通过将最后一项代入瑞利公式，得到

$$\frac{I_{s,\text{total}}}{I_0} = N \cdot \frac{\pi^2 \cdot (\delta\alpha)^2 \cdot \sin^2\varphi}{\varepsilon_0^2 \cdot r^2 \cdot \lambda^4} \tag{6.44}$$

请注意，在这种情况下，$\sin^2\varphi$ 项是由光偏振引起的。

极化率 α 的均方涨落与折射率 n 有关，如下所示：

$$\langle \delta\alpha \rangle^2 \sim n^2 \left(\frac{\mathrm{d}n}{\mathrm{d}c}\right)^2 \langle \delta c^2 \rangle \tag{6.45}$$

浓度的均方涨落 $\langle \delta c^2 \rangle$ 由统计热力学给出，公式为

$$\langle \delta c^2 \rangle = \frac{RTc}{\left(\dfrac{\partial \pi}{\partial c}\right)_T} \tag{6.46}$$

将此结果代入我们前面的公式，并使用浓度依赖性渗透压的位力级数展开，我们得到：

$$\frac{Kc}{R_\theta} = \frac{1}{M_w} + 2A_2 c + \cdots \tag{6.47}$$

式中 A_2 是作为 z 均值获得的渗透压的第二位力系数。

假若分子的尺寸大于所用波长的二十分之一 $\left(\dfrac{\lambda}{20}\right)$，大约为 20nm，由于光程差，将存在额外的分子内干涉，如图 6.5 所示。这导致散射光的额外角度依赖性，并需要考虑有角度依赖性的粒子形状因子 $P(\theta)$：

$$\frac{Kc}{R_\theta} = \frac{1}{M_w P(\theta)} + 2A_2 c + \cdots \tag{6.48}$$

我们可以使用在上一节中导出的形状因子的公式[式(6.17)]，并在其中代入散射矢量 q 的表达式[式(6.4)]，从而得出：

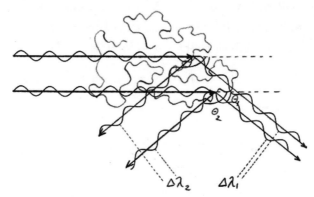

图 6.5　光程差 $\Delta\lambda$ 的示意图：随着观测角度不同，在一个高分子线团中不同点散射的两条光束发生干涉，图中左下一对光束具有较大的散射角，结果有较大的光程差；而右下一对光束具有较小的散射角，所以有较小的光程差

$$P(\theta)=1-\frac{1}{3}q^2\langle R_g{}^2\rangle=1-\frac{16\pi^2 n^2}{3\lambda^2}\langle R_g{}^2\rangle\sin^2\frac{\theta}{2} \tag{6.49}$$

请注意，这里的 $\sin^2\theta$ 不是源自光的偏振，而是源自散射矢量 q 的定义。

将上式代入式（6.48）中可得出

$$\frac{Kc}{R_\theta}=\frac{1}{M_w}\left(1+\frac{16\pi^2 n^2}{3\lambda^2}\langle R_g{}^2\rangle\sin^2\frac{\theta}{2}\right)+2A_2c \tag{6.50}$$

将瑞利比 R_θ 作为散射角 θ 和浓度 c 的函数加以测定，这种测定就可以同时确定另外三个参数：重均摩尔质量 M_w、回转半径 R_g 和第二位力系数 A_2。这种确定通常通过图解方式，称为 **Zimm 作图**来进行。为此，需要对于均满足条件 $qR_g<1$ 的几个角度以及至少四个浓度进行实验。不需要为角度依赖性和浓度依赖性的系列创建两个图，而是可以将两者绘制在一个图中，如图 6.6 所示。从角度依赖性的序列数据线性外推至 $\theta\to0$，以及从浓度依赖性的序列数据线性外推至 $c\to0$，二者都分别可以确定出重均摩尔质量。回转半径可以根据零浓度下角度序列的斜率计算，第二位力系数可以根据零角度下浓度序列的斜率来计算[94]。

---

[94]　注意，按此上下文，量 R_g 和 A_2 是从 Zimm 图获得的 z 平均值，而摩尔质量是获得的 w 平均值 M_w。这是基于以下推理。通常，单个光散射粒子（或在 $\theta\to0$ 的极限下的高分子线团，其中分子内干涉不重要）的电场振幅 E 与其质量成正比：$E\sim m$（或者，与它的摩尔质量成正比：$E\sim M$）。散射光的强度与电场振幅的平方成比例：$I\sim E^2$。这意味着 $I\sim m^2$（也可以按照使用习惯表示成 $I\sim M^2$）。对于 N 个粒子的系综，我们得到 $I\sim N\cdot m^2$（或者，如果我们用摩尔数表示，$I\sim(n/N_A)\cdot M^2$，其中 N_A 是阿伏伽德罗数），这已经类似于一个量的 z 平均值的基本定义（而 w 平均值的定义与 $N\cdot M^1$ 有关，n 平均值的定义则与 $N\cdot M^0$ 有关）。结果是，从光散射获得的任何量通常被接收为 z 平均值，包括流体动力学半径 R_H（其由动态光散射确定，如后面章节详细描述的）、回转半径 R_g 和第二位力系数 A_2。然而，摩尔质量是由 Zimm 公式 $\frac{k_c}{R_\theta}=\frac{1}{M_w}$［式（6.40）］确定的（它反映了 $\theta\to0$ 和 $c\to0$ 极限下的 Zimm 图）。此算式分子中的浓度 $c=\frac{\Sigma_i n_i M_i}{V}$，而分母中的瑞利比 $R_\theta=K\Sigma_i c_i M_i$。根据式（6.38）。这一起给出了 $R_\theta=K\frac{\Sigma_i n_i M_i M_i}{V}=K\frac{\Sigma_i n_i M_i^2}{V}$。将两者代入 Zimm 公式，得到 $\frac{\Sigma_i n_i M_i}{\Sigma_i n_i M_i^2}=\frac{1}{M_w}$，此式直接反映了按照式（6.39）对摩尔质量的 w 平均值的定义。

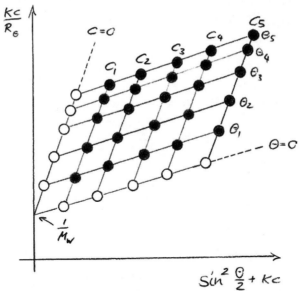

图 6.6 将 $\dfrac{Kc}{R_\theta}$ 作为 $\sin^2\left(\dfrac{\theta}{2}\right)+kc$ 的函数作图，即所谓的 Zimm 作图。常数 k 可以任意选择，以使作图的数据点看来在 x 和 y 方向上为清晰的均匀分布。按照 $\theta\rightarrow0$ 和 $c\rightarrow0$，可以确定重均摩尔质量 M_w。除此之外，$\theta\rightarrow0$ 外推的直线给出第二个位力系数 A_2，而 $c\rightarrow0$ 外推的直线给出回转半径 R_g。示意图源自 B. Tieke：*Makromolekulare Chemie*，Wiley-VCH，1997

在统计热力学中，浓度的均方涨落也可以给出为

$$\langle\delta c^2\rangle=\frac{RTc}{\left(\dfrac{\partial^2 g}{\partial c^2}\right)_{p,T}},\ \text{其中}\ g=\frac{\partial G}{\partial V}\ (\text{单位体积元素的吉布斯自由能}) \tag{6.51}$$

从这个表达式中，可以看出

$$\frac{I_\mathrm{s}}{I_0}\sim\frac{RTc}{\left(\dfrac{\partial^2 g}{\partial c^2}\right)_{p,T}} \tag{6.52}$$

在某个临界分层点，我们有一个 $G(c)$ 的水平斜率，这意味着 $\left(\dfrac{\partial^2 G}{\partial c^2}\right)=0$，如图 6.7 所示。在这一点上，我们观察到非常强的散射，即所谓的临界乳光（critical opalescence）。

6.4.2 动态光散射

当光散射测量以时间依赖性的方式进行时，我们就谈及**动态光散射**。顾名思义，使用这种方法，我们可以获得有关样品动力学的信息。这是因为探针体积中的散射

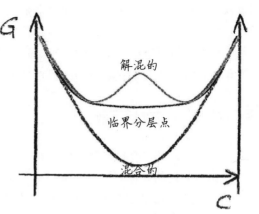

图 6.7 在临界分层点，$G(c)$ 的斜率是水平线，因此发生了非常强烈的散射，称为临界乳光

中心要承受热运动：它们不断改变相互距离，由于分子间干涉的瞬时涨落而导致散射强度的瞬时涨落。这些时间依赖性涨落如图 6.8（A）所示。

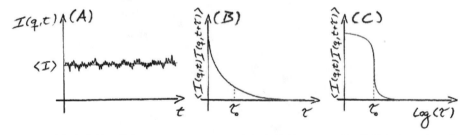

图 6.8　动态光散射的数据处理。（A）通过动态光散射记录的时间依赖性的强度涨落；（B）强度自相关作为 τ 的函数，表示为双线性作图；（C）半对数图。特征时间 τ_0 对应于自相关函数衰减至其初始值的 $1/e$，并且可以很容易发现它是半对数曲线中的拐点

涨落的散射强度可以通过**自相关**（autocorrelation）进行数学处理：

$$g_2(\tau) = \frac{\langle I(t) I(t+\tau) \rangle}{\langle I(t) \rangle^2} \tag{6.53}$$

式中指数 2 表示这是一个**强度的自相关函数**。指数 1 表示是电场的自相关函数，是与 E 而不是与 I 相关。在这种自相关分析中，我们将涨落强度信号的副本沿概念时间轴移动滞后时间 τ。我们移动得越远，复制信号与初始信号的相似性就越低。结果是，自相关函数 $g_2(\tau)$ 衰减，如图 6.8（B）所示。自相关函数值在特征时间 τ_0 将衰减到原始值的 $1/e$，称为特征点，也示于图 6.8（B）。在半对数图中，它是很容易被确定的拐点，如图 6.8（C）所示。此时，散射中心自身位移为 $1/q$ 的距离。这个结果遵循以下爱因斯坦-斯莫卢霍夫斯基模拟公式：

$$\frac{1}{q^2} \approx D\tau_0 \Leftrightarrow \frac{1}{\tau_0} = \Gamma \approx Dq^2 \tag{6.54}$$

在不同散射矢量 q（即在不同散射角）下测量 τ_0，可以证明样品中的运动是否为扩散型。对于扩散运动，我们需要找到 $1/\tau_0$ 和 q^2 的线性相互依赖关系。如果是这种情况，那么我们可以计算 DLS 获得的最终主要参数：**扩散系数 D**。使用斯托克斯－爱因斯坦公式，我们可以将该扩散系数转换为流体动力学半径 R_H。然而，这并不是样品的精确流体动力学半径，而是对于一个假想的完美球形，它发生理想的扩散，而且扩散系数与实验所得的相同，这只是它的流体动力学半径，对于高分子，这一假定在大多数时间中都是有效的，其原因在于：若时间尺度大于 Rouse 时间或 Zimm 时间，高斯线团的形状可以假设为球形。

第 18 讲　选择题

（1）为什么天空看起来是蓝色的？

a. 由于光谱的其他部分被大气中的分子吸收，只剩下蓝色部分。

b. 大气中的污染主要散射光谱中的蓝色部分。

c. 在一定高度，空气中的分子呈现蓝色。

d. 由于其较高的频率，蓝光比可见光谱的其他部分散射更强。

（2）为什么理想晶体不能通过光散射方法来研究？

a. 晶格的格座如此接近，以至于必须要波长较短的光（至少是紫外线）才能对其进行研究。

b. 晶格平面如此接近，以至于它们的距离远小于所使用的波长。每一散射光束总有一个对应光束，并发生破坏性的干涉。

c. 晶格平面的距离全部都是相同的。散射光束立即被它遇到的下一个散射中心吸收，然后再次散射光束。晶体变得不透光。

d. 晶体中的距离是很确定的。这就是为什么单色光束是必要的，而这在可见光谱中无法实现。

（3）瑞利散射和拉曼散射对应于什么？

a. 具有能量损失和能量增益的非弹性散射。

b. 弹性和非弹性散射。

c. 基于可见光和紫外线的弹性散射。

d. 比所用波长更小和更大的粒子的非弹性散射。

（4）引入瑞利比的优点是什么？

a. 通过用 V 和 r^{-2} 对相对强度进行归一化，我们得到与实验装置无关的一个变量。

b. 瑞利比是按浓度归一化的强度，这意味着它与样品的浓度无关。

c. 瑞利比与多分散样品的摩尔质量直接相关，从而容易通过实验测定该参数。

d. 瑞利比的单位是 m^{-1}，因此它与散射光的波数直接相关。

（5）哪个参数对光学常数 K 没有影响？

a. 波长　　　　　　b. 极化率　　　　　　c. 折射率　　　　　　d. 真空介电常数

（6）为什么 Zimm 公式的位力级数展开是必要的？

a. 不可能使用 Zimm 公式确定回转半径。这个参数可以从位力级数展开引入。

b. 对于不是无限稀释的真实高分子溶液，必须考虑额外的相互作用，这实际上通过位力级数展开估算。

c. 通过位力级数展开，可以包括更复杂的特殊情况，如多次散射。

d. 随着高分子尺寸的增加，形状因子不再被忽视；它可以被确定为位力级数展开的一个系数。

（7）从 Zimm 作图中可以导出哪些参数？

a. 回转半径、第二位力系数、重均摩尔质量。

b. 流体动力学半径、第二位力系数、重均摩尔质量。

c. 回转半径、第二位力系数、Z 均摩尔质量。

d. 重均摩尔质量、形状因子、回转半径。

（8）DLS 实验的结果是什么？

a. D_{ref}　　　　　　b. R_H　　　　　　c. τ_{correl}　　　　　　d. η

第 19 讲　高分子凝胶的光散射

高分子凝胶为被溶剂溶胀的相互交联的链构成的三维网络；它们是高分子基软物质的主要代表，具有各式各样的应用，这些应用依赖于其黏弹性软力学以及溶剂和溶质相互贯穿的能力。这些应用对凝胶微观结构有很大的依赖性，这里所指的微观结构是：1～10nm 范围内的高分子网络的筛网尺寸和 10～100nm 范围内凝胶交联密度的空间不均匀性。为了定量评估这些结构特征，散射技术是可选择的一些方法。以下内容介绍了静态和动态光散射表征高分子凝胶结构的原理和前景。

6.4.3　高分子凝胶的光散射

6.4.3.1　高分子网络和凝胶

高分子凝胶是含有溶剂的三维网络，其链通过物理交联（即通过配位键或氢键、离子对或其他弱相互作用）或化学交联（即共价键）连接。原则上，它们可以通过以下任何机理形成：

（1）单体和多官能单体的共聚。

（2）含有交联基团的预聚合线形链的高分子类似反应。

（3）多官能交联剂用于线形高分子链的端基交联。

（4）星形大分子单体作为含有合适端基的前体进行的交联。

（5）线形链通过（通常是剧烈的）转移反应进行的交联。

按照一种理想化的图景，高分子凝胶由单独的一个网络组成，交联点在几个纳米的尺度上均匀分布。相比之下，从真实的图景来看，高分子凝胶的结构通常更复杂，这是由于微结构和/或纳米结构的**不均匀性**和不规则性，其大小取决于使用上述哪种凝胶[95]形成方式。Shibayama 和 Norisuye 提出以下分类：

（1）空间不均匀性，源于**空间上不均匀的交联密度**。

（2）拓扑学不均匀性，源于**局部缺陷**如网络的网状结构中的环状、交联剂-交联剂的捷径或松散的悬链端等。

（3）连接缺陷造成的不均匀性，发生于逾渗过程。

最后两类可以概括为局部缺陷，相应第一类中列出的是更大尺度上的空间不均匀性。在这一分类的基础上，Okay 进一步界定了术语"**不均匀性**"，特指"**空间中交联密度的涨落**"，而不同的术语"**不均一性**"，是指"**高分子凝胶中存在相分离微区**"[96]。许多最重要的凝胶性质，包括黏弹性软力学、光学透明度，以及溶剂和溶质相互贯穿的能力，都受到高分子网络（不均匀）结构的决定性影响。因此，对那种结构的定量评估，是合理设计高分子凝胶材料的关键。

---

[95]　S. Seiffert："Origin of Nanostructural Inhomogeneity in Polymer-Network Gels."*Polymer Chem.*2017，8，4472-4487.

[96]　这一观点与 Dušek 和 Prins 早期的观点一致，他们表示"异质"凝胶是在凝胶化过程中通过微凝胶形成的。

6.4.3.2　凝胶的静态光散射

如果有高分子凝胶，又有同等制备的相同浓度的非交联高分子溶液（均在亚浓区域，也就是说，在链已经交叠的范围内），可以将二者的散射强度进行比较，结果表明凝胶的散射强度更高。这是因为溶液中的光散射仅由瞬时局部随机浓度涨落引起，而在凝胶中，有两种类型的浓度涨落：

（1）由分子运动引起的**动态热浓度涨落** $\delta c_F(\vec{r})$。

（2）交联点在凝胶中的不均匀分布引起的稳定的"**冻结**"浓度涨落 $\delta c_C(\vec{r})$。

位置 $\vec{r}$ 处的总浓度涨落 $\delta c(\vec{r})$ 由以下两个贡献组成：

$$\delta c(\vec{r}) = \delta c_F(\vec{r}) + \delta c_C(\vec{r}) \tag{6.55}$$

图 6.9 用示意图表示了这种贡献的叠加。与此类似，散射强度以及凝胶的瑞利比 R_{Gel} 都是两个独立散射贡献的叠加：（1）热涨落产生的流体散射强度 R_F，很大程度上等于类似的未交联高分子溶液的散射强度；（2）由凝胶中冻结的空间不均匀性引起的**超额散射** R_{Ex}，于是有：

$$R_{Gel} = R_F + R_{Ex} \tag{6.56}$$

正如有位置依赖性的"冻结"浓度涨落 $\delta c_C(\vec{r})$ 一样，凝胶的散射强度也有位置依赖性，如图 6.10 所示。由于这些凝胶性质的永久位置依赖性，高分子凝胶是一个**非遍历体系**（non-ergodic system）。因此，必须在几个不同的样品位置进行光散射测量，并且对所得数据进行适当的统计处理，这是详细表征结构所必需，正如进一步讨论将阐明的那样。在实践中，通过使用旋转比色杯单元，同时与基于计算机的重复测量方案结合，可以实现这种表征。

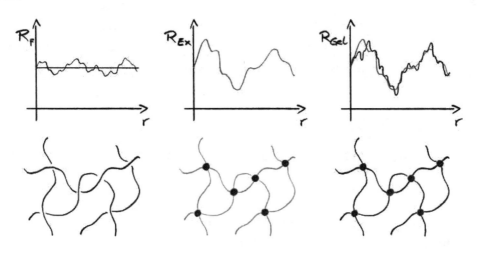

图 6.9　高分子凝胶的散射强度随局部纳米尺度空间位置 r 变化：变化的起因是热涨落、"冻结"的空间不均匀性，或者是二者的组合

图 6.10 表示凝胶中位置依赖性散射强度的典型**散斑图样**，在不同的位置 p，通过测量时间平均散射强度 $\langle I \rangle_{t,p}$，可获得此图样。我们看到散射强度因位置而异。通过在几个位置上求平均值，可以确定系综平均值 $\langle I \rangle_E$。假设散射强度的最小值 $\langle I_F \rangle_E$ 对应于纯流体参照

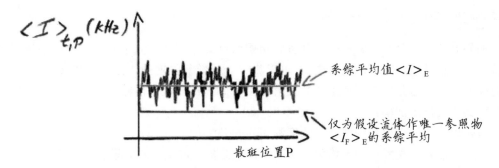

图 6.10 一种凝胶的时间平均散射强度$\langle I\rangle_{t,p}$的散斑图样；探测在不同的位置 p，系综平均值为 $\langle I\rangle_E$ 以及假想纯流体参照物的系综平均值为 I_{FE}

物，则可以计算超额散射$\langle R_{Ex}\rangle$的瑞利比：

$$\langle R_{Ex}\rangle = \langle R\rangle_E - \langle R_{FE}\rangle \qquad (6.57)$$

类似于溶液中大粒子的散射强度（承受粒子内干涉），超额散射$\langle R_{Ex}(q)\rangle$有角度依赖性。在一个简单的方法中，角度依赖性的超额散射$\langle R_{Ex}(q)\rangle$可以设想为是零角散射强度 $R_{Ex}(0)$ 和 q 相关结构因子 $S_{Ex}(q)$ 的乘积，其可以类比于粒子溶液的形状因子来处理：

$$R_{Ex}(q) = R_{Ex}(0) \cdot S_{Ex}(q) = 4\pi \cdot K \cdot \Xi^3 \overline{n^2} \cdot S_{Ex}(q) \qquad (6.58)$$

在这些公式中，Ξ 是静态相关长度，它是凝胶中发生空间浓度涨落的平均距离的度量；其典型值为几十到几百纳米；$\langle \overline{n^2}\rangle$ 是折射率的均方变化，这是浓度在该距离上变化强度的度量；若已知折射率增量 dn/dc，其值通常是凝胶中高分子总浓度的百分之几到几十，还可以进一步将其转化为浓度涨落。$K = (8\pi^2 n^2_{solvent})/\lambda^4$ 是一个光学参数。

几种经验理论给出了凝胶结构因子的表达式，总结于表 6.1。利用表 6.1 最下面一行中的线性公式，通过线性拟合数据集作图，按其直线的斜率 m 和截距 b，可以获得静态相关长度 Ξ 和折射率的均方变化 $\langle \overline{n^2}\rangle$，从而得出凝胶中空间不均匀性的长度尺度和数值的信息。

6.4.3.3 凝胶的动态光散射

类似于上文对静态光散射的讨论，凝胶在动态光散射中的时间涨落强度由两个贡献组成：

$$I_{Gel}(t) = I_F(t) + I_C \qquad (6.59)$$

（1）高分子链段扩散运动引起的**时间依赖性涨落强度** $I_F(t)$。

（2）凝胶中固定静态不均匀性引起的**恒定散射贡献** I_c。

从数学分析上来说，在时刻 t 的强度为 $I(q,t)$，在有滞后时间 τ 的时刻 $(t+\tau)$ 强度为 $I(q,t+\tau)$，将这两个强度相乘，则得到瞬时强度自相关。通过仪器硬件相关器的强度测量信号，可以获得强度自相关函数的归一化形式：

$$g^{(2)}(q,\tau) = \frac{\langle I(q,t) \cdot I(q,t+\tau)\rangle}{\langle I(q,t)\rangle^2} \qquad (6.60)$$

对于稀溶液，从强度相关性 $g^{(2)}(q,\tau)$ 可以得出场相关性 $g^{(1)}(q,\tau)$，只需借助 Siegert

关系：

$$g^{(1)}(q,\tau)=\sqrt{g^{(2)}(q,\tau)-1}=\exp(-Dq^2\tau) \tag{6.61}$$

表 6.1　高分子凝胶结构因子模型计算的重要理论方法

理论	Debye-Bueche	Ornstein-Zernike	Guinier
形象说明	具有明确界面的两相体系	一个组分分布在另一个组分中	可变密度的无规分布微区
结构因子 $S_{Ex}(q)$	$S_{DB}(q)=\dfrac{1}{(1+q^2\Xi_{DB}^2)^2}$	$S_{0Z}(q)=\dfrac{1}{1+q^2\Xi_{0Z}^2}$	$S_{GU}(q)=\exp(-q^2\Xi_{GU}^2)$
线性公式	$R_{Ex}^{-1/2}(q)$ $=(2\sqrt{\pi K\Xi_{DB}^3 n^2})^{-1}+\dfrac{1}{2}\sqrt{\dfrac{\Xi_{DB}}{\pi K n^2}}q^2$	$R_{Ex}^{-1}(q)$ $=\dfrac{1}{4\pi K\Xi_{0Z}^3 n^2}+\dfrac{1}{4\pi K\Xi_{0Z} n^2}q^2$	$\ln(R_{Ex}(q))$ $=\ln(4\pi\cdot K\cdot\Xi_{GU}^3 n^2)-\Xi_{GU}^2 q^2$
Ξ	$\left(\dfrac{m}{b}\right)^{1/2}$	$\left(\dfrac{m}{b}\right)^{1/2}$	$\|m\|^{1/2}$
$\langle n^2\rangle$	$(4\pi\cdot K\cdot m^{3/2}b^{1/2})^{-1}$	$b^{1/2}(4\pi\cdot K\cdot m^{3/2})^{-1}$	$\exp(b)\cdot(4\pi\cdot K\cdot\|m\|^{3/2})^{-1}$

　　假若也像在溶液中一样，光只被高分子网络筛网链段的（协同）扩散运动散射，则称之为**零差散射**。然而，在高分子网络中，静态不均匀性也会导致恒定的散射贡献，从而导致部分**外差散射**。两者如图 6.11 所示。

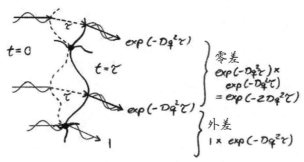

图 6.11　凝胶中的零差散射和外差散射。示意图源自 M. Shibayama，*Bull. Chem. Soc. Jpn* 2006 79 (12)，1799-1819

　　对于受热运动影响的一个链段，它的场相关函数 $g^{(1)}$ 按照 $\exp(-Dq^2\tau)$ 呈指数形式下降，但由于静态不均匀性的影响，场不随时间而变。因为测量的强度对应于两个散射场的乘积，所以强度相关函数可能出现两种情况：

$$g^{(2)}(q,\tau)-1\sim\exp(-Dq^2\tau)\cdot\exp(-Dq^2\tau)=\exp(-2Dq^2\tau)\quad\text{（零差散射）} \tag{6.62}$$

$$g^{(2)}(q,\tau)-1\sim 1\cdot\exp(-Dq^2\tau)=\exp(-Dq^2\tau)\quad\text{（外差散射）} \tag{6.63}$$

这意味着在纯外差（HD）散射的情况下，场相关性可以直接测量［参见式(6.61)和式(6.63)］。

如图 6.9 所示，对于每个测量位置，恒定散射贡献是可变的；该体系是不均匀的，且是非遍历的。这意味着需要在许多不同位置 p 进行测量，以通过动态光散射来完全表征凝胶。

在 1973 年，为了解释通过动态光散射探测的聚丙烯酰胺水凝胶的实验结果，Tanaka、Hocker 和 Benedek（THB）首次阐明了物理原理。THB 理论将凝胶视为一种黏弹性高分子网络加以处理，其筛网尺寸为 1～100nm，分散于溶剂的连续介质。位于筛网两个结点之间的高分子链段与溶剂有密度的涨落，这种涨落的流体动力学耦合允许区分它的纵向模式和横向模式。假设交联点无规分布，散射近似为零差。根据凝胶的黏弹性性质，可以发现**集体扩散系数**（collective diffusion coefficient）的以下形式的公式：

$$D = K_{os} + \frac{4}{3} G/\zeta \tag{6.64}$$

式中 K_{os} 是渗透体积模量，G 是剪切模量，ζ 是高分子-溶剂摩擦系数，进一步地可将 D 与密度相关函数联系起来：

$$D = \frac{1}{3N} \int_0^\infty g(r) \frac{kT}{6\pi\xi_h} dr \tag{6.65}$$

式中 N 是网络节点之间链的聚合度。亚浓高分子溶液的空间相关函数为：

$$g(r) = \frac{\xi_h}{r} \exp\left(-\frac{r}{\xi_h}\right) \tag{6.66}$$

借此我们得出与斯托克斯-爱因斯坦类似的公式，其中的流体动力学相关长度为：

$$\xi_h = \frac{kT}{6\pi\eta_{solvent}D} \tag{6.67}$$

Joosten 采用另一种方法，讨论某个测量点 p 处的时间平均强度涨落，并通过使用强度相关函数的以下公式来估算部分 HD 散射：

$$g_{HD,p}^{(2)}(q,\tau) = 1 + X_p^2 \left[(g_F^{(1)}(q,\tau))^2\right] + 2X_p(1-X_p)\left[g_F^{(1)}(q,\tau)\right]$$

$$\qquad\qquad\qquad\quad 零差散射 \qquad\qquad 外差散射 \tag{6.68}$$

在位置 p 处，时间平均的流体散射强度 $\langle I_F \rangle_t$ 与时间平均的总强度 $\langle I \rangle_{t,p}$ 之间的比率，可以定义为零差散射比 X_p。它是那两项之间的标度因子，即有：

$$X_p = \frac{\langle I_F \rangle_t}{\langle I \rangle_{t,p}} \tag{6.69}$$

在纯零差散射的情况下，我们得到了 $X_p = 1$。随着外差（HD）散射贡献的增加，总强度 $\langle I \rangle_{t,p}$ 增大而 X_p 变小。此外，强度相关性 σ^2 的振幅随着零差散射比的减小而变小：

$$\sigma^2 = g_{HD,p}^{(2)}(0) - 1 = X_p(2 - X_p) \tag{6.70}$$

虽然强度相关函数因位置而异，但流体相关函数 $g_F^{(1)}(q,\tau)$ 可以假设为一个简单的位置无关的指数函数，因为它现在只体现网络的动态性质：

$$g_F^{(1)}(q,\tau) = \exp(-D_{HD}q^2\tau) \tag{6.71}$$

Shibayama 采用 Joosten 的方法，去确定不同测定位置的表观扩散系数 $D_{app,p}$，他们

假设强度相关性 $g_{\mathrm{HD},p}{}^{(2)}(q,\tau)$ 仅为零差散射，并考虑到 Siegert 关系［即式(6.61)］，但此关系并不严格成立。与 Joosten 的方法相比，可以建立关于部分外差的表观扩散系数 $D_{\mathrm{app},p}$ 和扩散系数 D_{HD} 之间的关系：

$$D_{\mathrm{HD}}=(2-X_p)D_{\mathrm{app},p} \tag{6.72}$$

利用式(6.69)，得到

$$\frac{\langle I\rangle_{t,p}}{D_{\mathrm{app},p}}=\frac{2}{D_{\mathrm{HD}}}\cdot\langle I\rangle_{t,p}-\frac{\langle I_F\rangle_{t,p}}{D_{\mathrm{HD}}} \tag{6.73}$$

根据式(6.73)对数据集进行作图和线性拟合。然后仅基于简单的实验可测量，人们能够确定扩散系数 D_{HD} 和流体散射强度 $\langle I\rangle_{\mathrm{F}t,p}$。借助于式(6.67)，从扩散系数 D_{HD} 可以确定动态相关长度 ξ_h，而此扩散系数反过来又作为筛网尺寸的一种度量，即高分子网络凝胶中两个交联点之间的空间距离。

Toyoichi Tanaka（田中丰一）（图 6.12）1946 年生于日本新泻县长冈市。他在东京大学获得物理学理学学士（1968 年）、硕士（1970 年）和博士学位（1973 年）。Tanaka 于 1975 年进入麻省理工学院物理系，在那里他应用动态光散射方法研究生物医学现象。同时，他还发现并详细研究了环境响应性高分子凝胶的体积相变。在 20 世纪 90 年代，Tanaka 进一步发展了这一概念，创造了模仿蛋白质功能的"智能凝胶"。他的想法是用不同单体（起氨基酸的作用）的混合物，并通过"印记"过程的序列设计制造凝胶。在这项工作的中途，Tanaka 于 2000 年 5 月 20 日意外死于心力衰竭，当时他 54 岁，正在打网球。

图 6.12　Toyoichi Tanaka（田中丰一）肖像。图片由 Len Irish 拍摄

第 19 讲　选择题

（1）若有相同的高分子做成的相同浓度的高分子凝胶和高分子溶液，当我们比较二者的散射强度时，以下哪种说法正确？

a. 高分子溶液的散射强度高于高分子凝胶的散射强度，因为光可以更容易地在高分子线团之间传输，从而发生多次散射。

b. 高分子溶液的散射强度高于高分子凝胶的散射强度，因为高分子凝胶吸收了不能再散射的部分光，导致散射强度降低。

c. 高分子凝胶的散射强度高于高分子溶液的散射强度，因为在瞬时浓度涨落的最大处，由于交联密度的空间不均匀性，形成永久涨落。

d. 高分子凝胶的散射强度高于高分子溶液的散射强度，因为散射中心的密度通常更高，导致入射光子将被散射的概率更高。

（2）在高分子凝胶中，瑞利比对散射强度的不同贡献将产生什么后果？

a. 凝胶的瑞利比是不同散射贡献的瑞利比之和。

b. 凝胶的瑞利比是不同散射贡献的瑞利比之差。

c. 凝胶的瑞利比是不同散射贡献的瑞利比的平均值。

d. 凝胶的瑞利比是不同散射贡献的瑞利比的乘积。

（3）遍历性是指？

a. 当一个过程是非周期过程时，在统计学中称它为遍历过程。

b. 对于一个体系，当系综平均和时间平均有相同的平均值时，就满足遍历性。

c. 对于一个有相关衰减的体系，所谓相关衰减即指在特定时间后失去记忆，称为遍历体系。

d. 遍历性是一个体系的特征，其中在给定时间 t 的每个参数都是由更早时间步（即 $t-\tau$）的参数所决定。

（4）以下哪一个是非遍历体系的例子？

a. 液体中的微粒子　b. 理想高分子线团　c. 理想气体　　　　d. 高分子凝胶

（5）超额散射的瑞利比为什么可以实现？

a. 它依赖于时间和位置，因此必须要对时间和位置进行平均。

b. 它依赖于时间和位置，因此必须要对时间和位置进行平均，并归一化至极小值。

c. 它依赖于时间和位置，因此必须要对时间和位置进行平均，并以极小值进行修正。

d. 它依赖于时间和位置，因此必须要对时间和位置进行平均，但只有对遍历体系才可能实现。

（6）由于过于复杂，高分子凝胶的结构因子无法用数学分析求解。因此，从经验数据中已经得出多种理论方法。以下哪一种方法不适合理论上模拟高分子凝胶？

a. 具有明确界面的两相体系

b. 一个给定的系综，其分子动力学由给定的势函数加以模拟

c. 在无规分布微区存在的可变密度

d. 整体为一种主要组分，其中分布有另一种组分

（7）如何从场相关函数中推导出强度相关性？

a. $g^{(2)}(q,\tau)=g^{(1)}(q,\tau)^2+1$

b. $g^{(2)}(q,\tau)=\sqrt{g^{(1)}(q,\tau)+1}$

c. $g^{(2)}(q,\tau)=g^{(1)}(q,\tau)^2-1$

d. $g^{(2)}(q,\tau)=\sqrt{g^{(1)}(q,\tau)-1}$

（8）下列哪一项引起高分子凝胶产生外差散射贡献？

a. 静态光散射　　　b. 动态光散射　　　c. 静态不均匀性　　d. 动态不均匀性

（岳豪、杜晓声、杜宗良　译）

第 7 章
高分子体系的状态

第 20 讲　高分子稀溶液

在许多高分子合成中，以及在几乎所有高分子分析研究中，高分子溶液都是初始状态；此外，在自然环境中，许多生物高分子也是以溶液状态存在的。这一讲处理此类溶液中最简单的浓度区域——稀溶液区域。在这种状态下，高分子的体积分数如此之小，以至于链不相互接触或不相互交叠。因此，这种溶液类似于一种胶体悬浮液，其中的胶体微粒是溶剂填充的纳米凝胶粒子，此考虑方法使得可从概念上估算这种稀溶液的黏度。事实证明，稀溶液的黏度为高分子尺寸和形状的测定奠定了基础；借助于稀溶液黏度法这种既简单又精确的实验方法，可以得出高分子的摩尔质量和溶解状态。

7.1　高分子溶液

到目前为止，在本教科书的课程中，我们已经学习过高分子的结构、动力学和性质的基本原理，在性质中特别关注力学特征。接下来，我们将进一步深化对高分子体系的认识，采用一种特别的观点，来研究它们特征的外观状态，这种外观状态又与应用紧密关联。我们要分别具体讨论高分子结构、动力学和（力学）性质。我们首先仔细考察高分子溶液，然后在后续各章节中，同样去研究网络、凝胶以及玻璃态和结晶态的高分子。相比之下，由于在前面的章节中我们已经讨论了与熔体相关的大量内容，因此熔体状态无须再特别讨论，从某种意义上说，在这种状态下，线团显示出理想的构象，具有 Rouse 型动力学，并表现出黏弹性，正如我们在篇幅巨大的第 5 章中所述。

7.1.1　形成

在第 4 章中，我们已经了解，对于高分子在溶剂中的溶解，熵只有很小的贡献，因此，溶解过程主要由焓的变化（ΔH）决定，此过程伴随着高分子溶液中单体-溶剂（M-S）接触的建立，取代了固体高分子中已有的单体-单体（M-M）的接触和普通液体介质中已有的溶剂-溶剂（S-S）的接触。从经典物理化学中，我们同样还知道，溶解过程通常是一种平衡，具有正向和逆向的"反应"，从某种意义上说，溶质样品中的每个分子都在经受离解-沉淀平衡。然而，在高分子中，这些分子以一条链中链段的形式相互连通，因此，只有当所有这些链段通过动态平衡，达到溶液这一侧，整个链才算完全溶解。最重要的是，在固体高分子样品中，链可能相互缠结；在这种情况下，仅仅使一条链完全处于溶解状态还不足以使其与固体分离，与之缠结的其他链也必须溶解。因此，固体高分子样品的溶解通常需要很长时间，约数小时或者几天，有时甚至几周！在如此长时间的溶解过程中，溶剂分子因其尺寸小而具有高的流动性，它们首先渗透到（基本上是非晶的）高分子固体中，并填充单个链之间的自由体积，导致材料溶胀。因此，我们通常会在固体高分子最终溶解之前观察到**溶胀**。如果溶剂不是良溶剂，那么对单体链段的溶解平衡就不那么有利，这样所有单体链段永远不会在同一时间内处于溶液这一侧。如果是这种情况，则仅发生溶胀，而不能达到高分子链的自由溶解。

实际操作的一点说明：与小分子溶液相比，不推荐对高分子溶液使用超声处理作为加速溶解的方法，因为这会破坏高分子链的化学键！事实上，如果对固体高分子样品和溶剂的混合物进行超声处理，表面上看来溶解确实很快，但这是由于超声处理破坏了链，因此断裂的链很快溶解。通过观察到最终的溶液具有较低的黏度，很容易辨别链的断裂，通过耐心等待而不是超声处理制成的溶液黏度通常较高。这是因为 $\eta \sim M^3$，将低 M 的碎裂短链与高 M 的完整长链相比，产生的 η 低得多。

7.1.2　浓度区域

高分子溶液可以在不同的特征浓度区域内制备，如图 7.1 所示。在**稀溶液**中，每个线团仅被溶剂溶解和包围，而不与其他线团接触。换言之：溶液如此之稀，以至于所有的线团彼此相距很远[97]。如果增大高分子浓度，意味着我们在给定体系的固定体积中要添加更多线团，从而使单个线团之间的间距缩小。在**交叠浓度**（c^*）处，高分子线团彼此间首先发生物理接触[98]。从 c^* 这一点开始，线团不再作为单个实体而起作用，它们相互贯穿。这种互穿是可能的，因为每个线团都是一个松散的模糊物体，内部有大量的自由体积[99]，可以被溶剂（在稀溶液中）或其他线团的链段（在交叠浓度之外的情况下）占据。在这种状态下，我们引入了**亚浓溶液**的概念。这个名称指的是该浓度状态的双重性：一方面，浓度仍然相对较低（质量分数只有百分之几），因此溶液仍然较为"稀释"；但另一方面，这种溶液本质上不同于真正的稀溶液（线团彼此隔离）。如果我们通过添加更多的高分子从而进一步提高浓度，还必须保持体系为给定体积，实现这一点的唯一方法是使线团更多地互穿。通过这种方式，每个线团内部的排除体积相互作用被其他线团的交叠链段逐渐屏蔽；因此，在稀浓度下，每个线团所处的良溶剂状况就变成了较差的良溶剂状况。结果是，所有的线团发生收缩。在这一特殊点上，它们已经收缩到无扰尺寸，就像它们在没有任何排除体积相互作用的状态下一样，即为 θ 状态。从这一点开始，溶液已经变成了一种类似于熔体的流体。之后，我们再谈及**浓溶液**。

当溶液中链段的体积分数等于每个线团中链段的体积分数时，即达到交叠浓度 c^* 或 ϕ^*。将每个链段的体积 l^3，乘以线团的体积 R^3 中的链段数量 N，我们可以估算：

$$\phi^* = \frac{Nl^3}{R^3} \sim N^{1-3\nu} \tag{7.1}$$

很容易得出，交叠浓度随着聚合度 N 的增加而减小。换言之，长链（即按照 $R \sim N^\nu$ 为尺寸较大线团）在较低浓度下已经交叠。

通常，交叠浓度可用另一种公式来表示[100]：

$$c^* \,[\text{g} \cdot \text{L}^{-1}] = \frac{3M}{4\pi N_A R_g^3} \tag{7.2}$$

---

[97]　请记住我们对高斯线团的了解：单个线团内部的链段密度相对较高，对应于每升约数十摩尔的局部物质的量浓度（取决于线团的溶胀程度以及溶剂质量）。然而，在稀溶液中，线团之间的链段密度为零，因为线团被溶剂很好地分开了。

[98]　所以，overlap concentration（交叠浓度）也有人译为"接触浓度"，从这一句可见两种译法是一致的——译校者注。

[99]　再次注意，线团体积与实际高分子链段质量的体积之比大约是 10000∶1！

[100]　实际上，交叠浓度有很多不同的表达式，如 Ying 和 Chu 在 *Macromolecules* **1987**，20（2），362-366 中的总结。

此公式以十分常见的单位 $g \cdot L^{-1}$ 来计算 c^*。

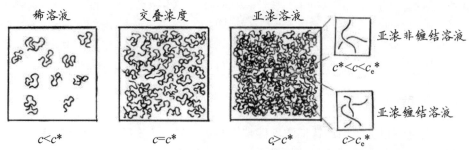

图 7.1　高分子溶液的浓度区域示意图。关键参数是高分子链开始相互物理接触时的浓度，即交叠浓度 c^*。c^* 以下的浓度称为稀溶液区域，而 c^* 以上的浓度称为亚浓溶液区域。假如高分子链足够长，还要有另一个相关参数，即缠结浓度 c_e^*。在达到 c_e^* 时，高分子链高度交叠，开始形成相互缠结。因此，亚浓溶液体系被细分为非缠结体系和缠结体系。通常情况下，c_e^* 是 c^* 的 2～10 倍。在非常高的浓度下，溶液类似于高分子熔体，尽管仍有残留的溶剂存在。这种浓度区域被称为"浓区域"[⑩]

如量化一个典型的高分子化合物的 c^*：摩尔质量 $M = 1000000 g \cdot L^{-1}$ 的聚苯乙烯。在良溶剂中，其 c^* 仅为 $3.6 g \cdot L^{-1}$ 或 0.36%（质量分数）；而在 θ 溶剂中，其 c^* 值为 $14.7 g \cdot L^{-1}$，或 1.47%（质量分数）。前一个 c^* 的数值相当低，说明了在良溶液中高分子线团的溶胀到了何等程度。这样一来，即使低含量高分子也已经形成了交叠的高分子溶液。

7.1.3　稀溶液

7.1.3.1　结构

稀溶液体系是最容易从概念上把握的浓度体系，因为在该体系中各个高分子线团之间并不相互接触。线团的总体构象依赖于溶剂品质，遵循普适的标度律 $R \sim N^v$。然而，要注意的是，在第 2.6.2 小节中已经引入链滴的概念，在低于热链滴尺寸的尺度上，理想的高斯统计可能会发生潜在的变化。大于这个特定的长度尺度 ξ_T，最相关的能量是热能 $k_B T$，超过任何其他能量（例如排除体积的相互作用能）。因此，我们可以区分两个长度尺度：在小于热链滴大小的尺度上（即 $r < \xi_T$ 时），排除体积的相互作用能小于 $k_B T$；并且，在这些小尺度上，高分子链的链段遵循三维无规行走的理想构象，而在大于热链滴尺寸的尺度上（即 $r > \xi_T$ 时），排除体积的相互作用能大于 $k_B T$；并且，在这些尺度上，高分子链的链段遵循三维自回避行走代表的真实链线团的构象。因此，结构依赖于观测的

[⑩]　原文为 concentrated regime。de Gennes 新学派的标度理论极大推动了高分子溶液的理论研究，并不断为新实验结果证实，这种浓度区域的划分（稀溶液-亚浓溶液-浓溶液-熔体）就是标志性成果之一，给人造成平均场理论已经过时的印象。但是，十分有戏剧性的是：新学派另一位主帅 Edwards 采用平均场方法，证明亚浓-浓溶液之间还存在一个半浓区域（semi-concentrated regime），并为实验结果所证实，这是标度理论实际上没有做到的贡献。关于这一问题，理论推导可看看：S. F. Edwards, E. F. Jeffers, J. Chem. Soc. Faraday Trans. Ⅱ 75.1.21 (1979), R. W. Richards 等, Polymer 22, 147, 153, 158 (1981) ——译校者注。

尺度。

7.1.3.2 动力学

在稀溶液区域中，要描述高分子链的动力学，Zimm 模型最好。我们在第 3.6.3 小节中已经介绍过。在这里，M-S 相互作用导致移动的高分子链段拖动溶剂分子。这些分子反过来也会对与其相邻的溶剂分子产生同样的作用。这种阻力从一个溶剂分子扩散到另一个溶剂分子，直到最终到达同一高分子链的其他链段。因此，即使相距很远的链段也会通过这些**流体动力学相互作用**在空间中相互耦合。结果是，每个线团将溶剂拖入其所包覆的体积中。被捕获的溶剂与周围的溶剂分子进行扩散交换，但不会从线团中穿流。线团看起来像充满溶剂的纳米凝胶颗粒，如图 7.2 所示。给定这样一种形状，高分子线团的尺寸和在溶剂介质中的溶胀程度是影响**溶液黏度**的主要因素。所以，反过来，对稀溶液黏度实验测定的估算，实际上可以作为一种方法，来获得线团尺寸和形状的信息，这就是线团的平均摩尔质量和线团的溶胀程度，后者又进一步对应于溶

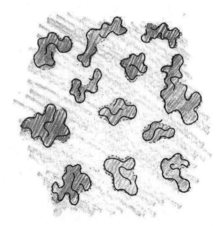

图 7.2　高分子线团在其包覆体积内夹带溶剂，并在其运动时凭借流体动力学的相互作用将其拖曳。这部分溶剂与周围的溶剂分子进行扩散交换，但线团在运动时不会被介质穿流。示意图源自 B. Vollmert：*Grundriss der Makromolekularen Chemie*，Springer，1962

剂的品质。在此前提下，**溶液黏度测定法**是一种精确而简便的高分子表征方法，所得的信息与渗透压测定法获得的相似，即摩尔质量和溶剂品质两方面的信息。

高分子稀溶液的黏度可通过多种不同的形式进行评估，所有的评估方式都是基于**相对黏度**：

$$\eta_{\text{rel}} = \frac{\eta_{\text{solution}}}{\eta_{\text{solvent}}} \tag{7.3}$$

此公式量化了溶剂中存在高分子线团而导致黏度升高的相对程度。

公式的一种变体形式是**增比黏度**：

$$\eta_{\text{sp}} = \eta_{\text{rel}} - 1 = \frac{\eta_{\text{solution}}}{\eta_{\text{solvent}}} - 1 = \frac{\eta_{\text{solution}} - \eta_{\text{solvent}}}{\eta_{\text{solvent}}} = \frac{\eta_{\text{polymer}}}{\eta_{\text{solvent}}} \tag{7.4}$$

此式仅"分离出"相对黏度升高中高分子产生的效应。

我们可能已经猜到，由于流体中存在高分子，流体黏度升高的程度肯定依赖于浓度。当涉及这种依赖关系时，引入所谓的对比量是很有帮助的，在这种情况下，对浓度进行归一化处理；我们在第 4.3 节中已经知道这种量，在那里介绍并讨论了比浓渗透压。按照这一思路，我们可以引入**比浓黏度**：

$$\eta_{\text{red}} = \frac{\eta_{\text{sp}}}{c} \tag{7.5}$$

高分子甚至只是低浓度也会对黏度产生巨大的效应，这是由高分子线团的大尺寸所致，由

此须将比浓黏度的值外推到零浓度，这就引入了一个普适的量度；此极限值称为**特性黏数**[⑩]或 **Staudinger 指数**：

$$[\eta] = \lim_{c \to 0} \eta_{\text{red}} = \lim_{c \to 0} \frac{1}{c} \frac{\eta_{\text{solution}} - \eta_{\text{solvent}}}{\eta_{\text{solvent}}} \tag{7.6}$$

回到已经提及的浓度依赖性问题上。对于 η_{red}，这是由 Huggins 提出的一个公式给出的：

$$\eta_{\text{red}} = [\eta] + k_{\text{Huggins}} [\eta]^2 c \tag{7.7}$$

重新整理为：

$$\eta_{\text{solution}} = \eta_{\text{solvent}} (1 + [\eta] c + k_{\text{Huggins}} [\eta]^2 c^2) \tag{7.8}$$

这是一种类似于渗透压的位力级数展开的形式，其中第一位力系数与高分子的摩尔质量有关，而第二位力系数解释了高分子与溶剂的相互作用。在后一个公式中，最重要的一项是 $[\eta]$，第二重要的一项是 k_{Huggins}[⑩]。

为了理解 $[\eta]$ 与高分子摩尔质量之间的关系，我们必须进入胶体科学领域[⑩]。在此领域中，胶体硬球是非相互作用的球形颗粒，尺寸在几十至几百纳米的范围，其尺寸已经足够大，以至于不再表现出分子特征；但是，这一尺寸虽然已经很小，但仍然可表现出重力沉降，这种胶体硬球悬浮体的相对黏度作为体积分数 ϕ 的函数，可以用**爱因斯坦定律**[⑩]给出：

$$\eta_{\text{rel}} = 1 + \frac{5}{2} \phi \tag{7.9}$$

应用此关系式，可以计算 $[\eta] = \lim_{\phi \to 0} \eta_{\text{red}} = \lim (\eta_{\text{sp}} / \phi) = \lim [(1/\phi)(\eta_{\text{rel}} - 1)]$ 形式的特性黏数，得到球形胶体的数值[⑩]为 5/2。其他几何形状的物体，如椭球状、棒状、片状物体会得出不同的数值。据此，可以得出 $[\eta]$ 是与胶体溶质形状有关的一个量。我们可以通过以下思路将其转嫁给高分子：

首先，即使使用简单的爱因斯坦定律，我们实际上也可以区分溶液中的单体和二聚体

[⑩]　实际上，只有当一个量没有物理单位时才是一个"数"。上面引入的所有各类黏度值都没有单位，因为它们都是基于式（7.3）中引入的相对黏度，其中相同的单位出现在分子和分母中，因此相互抵消。这意味着在式（7.5）分母中的浓度也必须没有单位，才能得到无量纲量 $[\eta]$；只有当我们使用无量纲的浓度度量，例如体积分数时，才能实现这一点。如果我们使用一个有单位的浓度度量，例如在高分子科学中很常见的单位体积质量的浓度，那么 $[\eta]$ 有一个与之相反的单位（即 $L \cdot g^{-1}$，等等）。这样已经可以了吧，但严格来说，我们不应该把它命名为特性黏数（直译：极限黏度），因为在这种情况下它不是一个数。

[⑩]　严格来说，参数 $[\eta]$ 已经包括了高分子-溶剂相互作用的信息，因为它实际上是一个反映高分子溶质的尺寸和形状的因素，而不是严格反映溶质高分子摩尔质量的因素，这当然取决于溶剂品质，因此也取决于高分子-溶剂的相互作用。这实际上也解释了为什么这个因素也存在于式（7.8）的第二位力级数这一项。然而，其中该参数本身就"有点多余"，因此它会被第二位力级数项中的额外因素 k_{Huggins} "减弱"。该因子的数值，在良溶剂中 k_{Huggins} 通常为 0.38，在 θ 溶剂中 k_{Huggins} 为 0.5～0.8，在不良溶剂中 k_{Huggins} 为 1～1.3。

[⑩]　胶体科学领域实际上是高分子科学的一个很好的邻近学科，因为高分子实际上是一种（非常多变和有趣的）胶体软物质。在 Staudinger 提出大分子链状结构的概念之前，它们实际上被认为是小分子的胶体团簇。采用 Staudinger 的见解，胶体科学和高分子科学的领域彼此分离，但随着近期超分子化学和高分子化学的融合，高分子科学和胶体科学领域也重新相互接近。

[⑩]　该定律只适用于小体积分数。如果我们考虑致密堆砌的悬浮液的极限情况，这一观点就很好理解了；此极限的黏度应为无穷大，也就是说，比爱因斯坦定律预测的要高得多。

[⑩]　这里我们得到一个数字，因为使用无量纲体积分数作为浓度的度量；在这种情况下，才可准确地称之为特性黏数。

样品。如果假设单体样品是球形的，它得出 $[\eta]=5/2$；而如果假设二聚体物质是哑铃形的，长宽比为 2：1，它将得出 $[\eta]=3$，从而相比于相同体积分数的球体二聚体将使黏度提高更多。这一趋势持续存在：长宽比为 3：1 的三聚体哑铃形将得出 $[\eta]=3.6$。由此我们可以清楚地看到，特性黏数是一个形状参数。

其次，现在我们假设若将高分子线团视为球体，高分子线团的溶液则必然是一个简单的极限情况。在这种情况下，溶液中线团的体积分数可以估算为：

$$\phi_H \sim n \cdot r_H^3 \qquad (7.10)$$

式中 n 是线团的数量，r_H 是每个线团的流体动力学半径[10]，这使得 r_H^3 成为一种量度线团体积的方法，因此，$n \cdot r_H^3$ 是样品中所有线团体积的量度值。用该体积除以整个样品的体积，就得到样品中高分子线团的体积分数，如式（7.10）中的简化比例形式。该体积分数在式（7.10）中用指数 H 表示，以表明它是一个流体动力学体积分数，即它不仅仅等于每个线团内链段的体积分数，而且还考虑了线团中潜在附加的流体动力学俘获的溶剂[108]。这在稀溶液中确实非常相关，使得式（7.10）中的 ϕ_H 不再简单表示为高分子体积分数，而是由链材料本身加上俘获的溶剂共同组成高分子线团的体积分数。

在假设的情况下，高分子线团在没有俘获任何溶剂的条件下完全塌缩为固态的球体（即链球），则我们有非溶剂的标度律[109]：

$$r_H \sim R_g \sim \langle r^2 \rangle^{1/2} \sim N^{1/3} \qquad (7.11)$$

在给定的高分子体积分数和给定的高分子质量-体积浓度下，线团的数量 n 与其尺寸成反比，因此也与每个线团的质量成反比，这两者都与其聚合度 N 成反比，利用这些关系，我们可得：

$$\eta_{rel} \sim \phi \sim n \cdot r_H^3 \sim N^{-1} \cdot (N^{1/3})^3 \sim N^0 \qquad (7.12)$$

这正是爱因斯坦定律所精确表达的：球体悬浮液的相对黏度实际上与球体的体积分数成正比，但明确不是与球体的尺寸成正比！

对于高斯线团内部带有某些溶剂这种更常见的条件的，我们得到 θ 状态的标度为：

$$r_H \sim R_g \sim \langle r^2 \rangle^{1/2} \sim N^{1/2} \qquad (7.13)$$

因此，得到：

$$\eta_{rel} \sim \phi \sim n \cdot r_H^3 \sim N^{-1} \cdot (N^{1/2})^3 \sim N^{1/2} \qquad (7.14)$$

在良溶剂的情况下，线团会溶胀，并在其运动中携带大量溶剂。这样一种线团表现出良溶剂的标度，如下式：

$$r_H \sim R_g \sim \langle r^2 \rangle^{1/2} \sim N^{3/5} \qquad (7.15)$$

进一步得到：

$$\eta_{rel} \sim \phi \sim n \cdot r_H^3 \sim N^{-1} \cdot (N^{3/5})^3 \sim N^{4/5} \qquad (7.16)$$

Mark、Houwink 和 Sakurada 在实验中也发现了类似关系的一般形式：

$$[\eta] = K \cdot M_\eta^a \qquad (7.17)$$

---

[10] 该量参见第 3.6.1 小节；它量化了假设理想球体的半径，该球体的扩散特性与我们关注的对象相同，即高分子线团。

[108] 这是在高分子动力学的 Zimm 模型中处理的情况。

[109] 原文为 poor-solvent scaling，但完全塌缩是非溶剂状态，故改正——译校者注。

式中 M_η 是所谓的**黏均分子量**，即：

$$M_\eta = \sqrt[a]{\frac{\sum_i N_i M_i^{a+1}}{\sum_i N_i M_i}} \qquad (7.18)$$

它通常介于数均和重均分子量之间❿。

K 是比例常数，a 是与高分子线团在相关溶剂中的溶胀程度有关的标度指数。将式(7.17)与式(7.6)和式(7.4)以及式(7.12)、式(7.14)、式(7.16)进行比较，表明有下列关系：

$$a = 3\nu - 1 \qquad (7.19)$$

式中 ν 是第 3.4 节中的 Flory 指数。

因此，Mark-Houwink-Sakurada 公式⓫是实验测定高分子摩尔质量的重要依据，由此得到的是黏度平均摩尔质量值。这种测定的估算需要给定的高分子-溶剂配对的 K 和 a 的数据，对于许多不同的高分子-溶剂混合物这些值都有列表。

Herman Franz（Francis）Mark（图 7.3）1895 年 5 月 3 日生于维也纳。早在 12 岁时，他就经常参观维也纳大学的一个科学实验室。Mark 在第一次世界大战期间开始学习化学，并于 1921 年获得博士学位，同年，成为柏林大学 Wilhelm Schlenk 的助理。仅一年后，Mark 受 Fritz Haber 的邀请，在柏林新成立的 Kaiser Wilhelm 纤维化学研究所工作。1926 年，他接受了 I. G. Farben 公司（后来成为路德维希港的巴斯夫公司）的邀请，成为研究部副主任；在那里他的科学研究重点是纤维成型高分子的 X 射线分析。当时，他仍然反对 Staudinger 的链状大分子理论，直到 1935 年，才开始接受这一观点。除了与 Guth 一起对橡胶弹性进行基础研究外，他还探索了聚苯乙烯、聚氯乙烯和聚乙烯醇的商业化。法西斯主义在德国掌权后，Mark 迁到维也纳，后来又辗转到达纽约，1944 年他在布鲁克林理工学院建立了高分子研究所，他一直领导该研究所直到 1964 年退休。Mark 于 1992 年 4 月 6 日在得克萨斯州的奥斯汀去世。

图 7.3　Herman F. Mark 肖像。图片经许可转载自化学遗产基金会/科学图库

实验测定 η 基于使用**毛细管黏度计**，其中最著名的是乌氏黏度计，如图 7.4 所示。在该装置中，高分子溶液的密度为 ρ，仪器细长的毛细管半径为 r_c，长度为 l_c，测定给定准确体积 ΔV 的流体流经毛细管的时间 Δt，测定中采用不同的高分子浓度，包括浓度为零，也就是说包括采用纯溶剂。然后，利用 Hagen-Poiseuille 公式可将这些流出时间转换为

---

❿　在良溶剂中，M_η 更接近 M_w，而不是 M_n。你要想明白这一点，可以将良溶剂的 $a=0.8$［见式(7.16)］代入式(7.18)，你会发现它形式上非常接近第 1 章中重均摩尔质量 M_w 的定义。

⓫　这是文献中遇到的包括众多人名的一个公式，这里我们列出 3 人，有时仅列 2 人（最通常只列 Mark-Houwink），有时还加列或代替用人名 Staudinger 和/或 Kuhn。

黏度：

$$\eta = \frac{\rho g h \pi r_{c}^{4} \Delta t}{8 l_{c} \Delta V} = \text{const} \cdot \rho \Delta t \tag{7.20}$$

这种估算的风险是式(7.20)中毛细管半径 r_c 的 4 次方，这个幂指数很高。因此，测定此量的任何不精确性（以及在毛细管长度 l_c 上可能发生的任何变化）都将导致很大的误差。然而，十分幸运，我们求得特性黏数 $[\eta]$ 的整套公式是基于**相对黏度**的，其可简单定义为

$$\eta_{\text{rel}} = \frac{\rho_{\text{solution}} \Delta t_{\text{solution}}}{\rho_{\text{solvent}} \Delta t_{\text{solvent}}} \approx \frac{\Delta t_{\text{solution}}}{\Delta t_{\text{solvent}}} \tag{7.21}$$

这样一来，无论 r_c 有任何误差，都同时出现在溶液和纯溶剂二者的估算中，因此相互抵消。

从相对黏度 η_{rel}，我们可以计算出比浓黏度 η_{red}，然后将其作为浓度的函数作图，根据式(7.8)得出 **Huggins 作图**，如图 7.5 所示。按照直线的斜率，可以确定 Huggins 常数，它评估了高分子与溶剂的相互作用；按照直线的截距，可以得到特性黏数 $[\eta]$，然后根据 Mark-Houwink-Sakurada 公式得出黏均摩尔质量。此外，$[\eta]$ 还可以用来评估所考虑的溶剂中的链交叠浓度，大致可以表达为 $c^* = [\eta]^{-1}$。

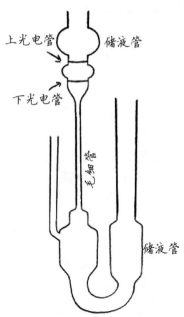

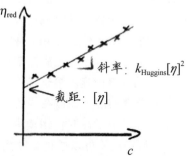

图 7.4 乌氏黏度计示意图，用于测定本节中处理的各种量。将溶液样品（通常需要约 20mL）倒入右管中。然后，关闭左侧细的通气管（可通过将手指放在其上手动完成），并通过向右侧填充管施加压力（可手动施加压力），将一部分流体泵入上部储液球中。卸去压力，并重新打开通气管（例如，将手指从通气管上取下），然后让流体流过中间的通气管，再通过细的毛细管。测定流体弯月面通过上、下光电管所需的时间，得出式(7.20)和式(7.21)中所要求的特征流出时间

图 7.5 Huggins 作图的示意，从浓度依赖性的比浓黏度 η_{red} 的一系列估算值可以测定特性黏数 $[\eta]$ 和 Huggins 常数

第20讲　选择题

（1）为什么超声处理不适合加速高分子的溶解过程？

a. 超声处理强化了链的运动，导致更多的缠结，从而使溶解过程受阻。

b. 超声处理可能会破坏高分子链中的化学键，由此导致快速溶解，但高分子链的长度变短。

c. 超声处理导致高分子链的受迫、非随机分布，产生熵损失，不利于溶解过程。

d. 超声处理加速受困于高分子线团内溶剂的穿流，导致消溶胀/收缩，从而阻碍溶解。

（2）交叠浓度 c^* 中的"交叠"指的是什么？

a. 稀溶液区域和亚浓溶液区域的交叠　　b. 同一高分子链的链段的交叠

c. 不同高分子链的链段的交叠　　　　　d. 整个高分子链的交叠

（3）交叠浓度表示哪些浓度区域之间的边界？

a. 稀溶液区域与亚浓溶液区域　　　　　b. 亚浓溶液区域与浓溶液区域

c. 稀溶液区域与浓溶液区域　　　　　　d. 浓溶液区域与饱和溶液区域

（4）根据链滴的概念，何种能量决定一个链滴的尺寸？

a. 链内相互作用的势能　　　　　　　　b. 连接链段的化学键的能量

c. 热能 k_BT　　　　　　　　　　　　d. 内能 U

（5）热链滴尺寸_____。

a. 在理想线团构象和真实线团构象之间划定界线的长度标尺。

b. 给出了热平衡下溶胀高分子线团的尺寸。

c. 是将 Zimm 模型方法转变为 Rouse 模型方法所需的链滴的临界尺寸上限。

d. 描述一个概念性链滴的尺寸，是高分子链因热激发而可移动的尺寸。

（6）哪个假设不是 Zimm 模型的一部分？

a. 线团可以看作是充满溶剂的纳米凝胶颗粒。

b. 运动的链段拖动溶剂随之运动。

c. 被俘获的溶剂保留在线团内。

d. 流体动力学相互作用使得相距较远的链段之间存在相互作用。

（7）哪些性质可以通过黏度测量来确定？

a. 摩尔质量和高分子尺寸　　　　　　　b. 摩尔质量和溶剂品质

c. 高分子尺寸和排除体积　　　　　　　d. 高分子尺寸和溶剂品质

（8）由于毛细管非常细，对于毛细管黏度计的测量，毛细管半径的误差非常敏感。为什么该误差绝不会影响黏度呢？

a. 所采用的黏度是一个相对量，这意味着半径的误差会被抵消。

b. 由于我们在不同浓度下完成一系列的测量，并通过数据线性拟合的斜率来确定黏度，因此这种误差仅导致数据点偏离，并不影响斜率。

c. 半径的误差与常见的最终测量误差在数值上相近，这些误差在黏度的计算中相互补偿。

d. 由于制造上的原因，毛细管半径的偏差和毛细管长度的偏差一样非常普遍。在黏度计算中，这些误差被抵消。

7.1.4 亚浓溶液

7.1.4.1 特异性

浓度超过 c^* 的高分子溶液有点特殊，因为它们的结构和动力学依赖于所考虑的长度标尺。在这种亚浓溶液中，体系可以视为**相关链滴**⑪的空间填充阵列，这些链滴是概念上的球形实体，其尺寸为 ξ，即**相关长度**。ξ 的示意图如图 7.6。在距离小于 ξ 时，链上随机选择的单体单元仅被溶剂分子或来自同一链的其他单体包围，而并不能注意到其他链单体单元的存在。相比之下，在大于 ξ 的尺度上，我们所选择单体可以"看到"其他链的交叠链段，这些其他链段则将所选择单体的相互作用作为排除体积或流体动力学相互作用而加以**屏蔽**。

7.1.4.2 结构

小于相关长度时，$r<\xi$，所选择的单体只能"看到"溶剂和同一链上的单体——精确地说，只能"看到"其中的 g 个链段，该链段占据并定义了所选单体周围的链滴。链滴内那种链段的构象是真实链的构象，其标度为

$$\xi = g^{\nu} \cdot l \tag{7.22}$$

大于相关长度时，$r>\xi$，链的构象是相关链滴的理想无规行走，每个链滴的尺寸为 ξ，我们有 N/g 个链滴。这给出一个标度关系：

$$R = \xi \cdot \left(\frac{N}{g}\right)^{1/2} \tag{7.23}$$

这些相关链滴是空间完全填充的，如图 7.6 所示。一个链滴内的链段体积为 gl^3，一个链滴体积为 ξ^3，因此这二者之比值为单个链滴的高分子体积分数，这又应当等于整个体系的高分子体积分数：

$$\phi_{\text{total system}} = \phi_{\text{per blob}} \approx \frac{gl^3}{\xi^3} \tag{7.24}$$

---

⑪ 链滴的英文是 blob，这是 de Gennes 借用普通名词创造的一个术语。按照大多数英语字典的说明，blob 最主要的含义是 a drop of thick liquid or vicous substance（液滴，尤其指黏稠液体的一滴），在高分子科学中如何翻译，目前尚无定论。按照 de Gennes 的定义，blob 是概念上链的一段序列，依照将 segment（原意为片段）译为"链段"，十分自然地可将 blob 译为"链滴"——译校者注。

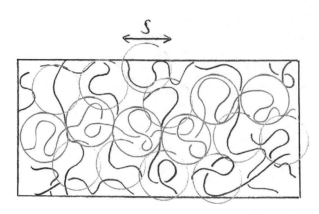

图 7.6　交叠高分子链的亚浓溶液中相关长度的示意图。在这样的溶液中，该体系可以视为尺寸为 ξ 的**相关链滴**的空间填充阵列组成。每个链滴内部只容纳同一链的链段，只有当长度标尺大于相关链滴的尺寸，才能注意到其他链交叠链段的存在。因此，在小距离上，所选择的单体单元仅被溶剂或来自同一链的其他单体包围，只有在长度标尺大于 ξ 的尺寸加以观察时，才能注意到来自其他链的单体单元的存在。示意图源自 P. G. de Gennes：*Scaling Concepts in Polymer Physics*，Cornell University Press，1979

这基本上是式(7.1) 中交叠浓度从链滴尺度角度的变体公式。

根据上式，并详细参考 Rubinstein 和 Colby 的《高分子物理学》教科书（见第 5.3 节），可以作进一步的标度论证，由此将相关长度 ξ 作为体积分数的函数，可以推导出一种标度律依赖性：

$$\xi \sim \phi^{-\frac{\nu}{3\nu-1}} \tag{7.25}$$

以及高分子线团尺寸 R 对体积分数 ϕ 的依赖性：

$$R \sim \phi^{-\frac{\nu-0.5}{3\nu-1}} \tag{7.26}$$

在良溶剂中，有 $\nu=3/5$，上述两个标度律变为 $\xi \sim \phi^{-3/4}$ 和 $R \sim \phi^{-1/8}$；而在 θ 溶剂中，当 $\nu=1/2$ 时，标度律为 $\xi \sim \phi^{-1}$ 和 $R \sim \phi^{0}$，如图 7.7 所示。

我们明白，当高分子体积分数 ϕ 或浓度 c 增大超过交叠阈值时，相关长度 ξ 和线团尺寸 R 都会减小。对于这两个参数来说，这一点十分合理：当我们在亚浓溶液中加入更多的高分子时，线团会有更多的相互贯穿，于是，对于一个线团链段上随机选择的一个单体，我们迫使它"可见"更小距离上其他链段的那些单体；换言之，我们减小了相关长度 ξ。类似的论点也适用于高分子尺寸 R。高分子线团在良溶剂的稀溶液中溶胀。然而，在交叠点以上，线团溶胀是相互阻碍的，因为每个线团可溶胀的空间会受到其他线团的存在和交叠的限制，并且因为线团溶胀的排除体积相互作用会被其他线团的交叠链段屏蔽。因此，每个线团的尺寸都会缩小。这种收缩随着浓度的进一步增加而继续，直到它下降到线团的理想高斯尺寸。这一点称为 ϕ^{**} 或 c^{**}；浓度更高的区域（$\phi > \phi^{**}$ 或 $c > c^{**}$）称为**浓区域**。当到达这个区域时，线团尺寸保持恒定，为理想高斯值 R_0，相关长度已减小到热链滴尺寸（$\xi = \xi_T$），然后持续减小到其绝对最低极限，即单体尺寸（图 7.7 中标记为 l）；在此极限，已经达到了高分子熔体状态，其体积分数 $\phi=1$。

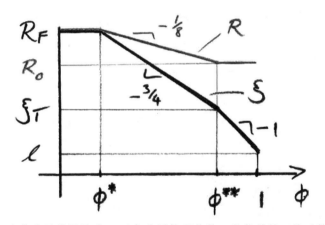

图 7.7　相关长度 ξ 和高分子线团尺寸 R 对高分子体积分数 ϕ 的依赖性（按对数-对数作图形式表示）。在交叠浓度以下，$\phi < \phi^*$，这些链是分离的实体，具有 Flory 半径 $R = R_F$，且没有表现出任何浓度依赖性，因为在这个区域，它们还没有"意识"到彼此的存在。一旦它们开始交叠，在 $\phi = \phi^*$ 处，链上随机选择的单体第一次可以"看到"其他链的单体，所处的距离大于相关长度 ξ，而 ξ 正是该交叠的 Flory 半径 R_F，因为线团在这里第一次相互接触。在更高浓度下，$\phi > \phi^*$，由于其他线团的互穿链段交叠，对线团溶胀排除体积相互作用受到屏蔽，从而使高分子线团的尺寸按照式(7.26)减小，若 $\nu = 3/5$（良溶剂值），则得出 $R \sim \phi^{-1/8}$ 的标度；与此同时，越来越明显的线团互穿导致相关长度按式(7.25)减小，直到单体只能看到溶剂或同一链上的单体，若 $\nu = 3/5$（良溶剂值），则得出 $\xi \sim \phi^{-3/4}$ 的标度。在浓区域中，即 $\phi > \phi^{**}$ 处，线团已经缩小到理想高斯半径为 R_0，于是 R 不再显示任何进一步的浓度依赖性。然后，每个线团内的排除体积相互作用的屏蔽最大限度地运作，使溶剂品质从良溶剂（有很强的排除体积相互作用）转变为 θ 溶剂（没有排除体积相互作用）；因此，式(7.25)的标度变为 $\xi \sim \phi^{-1}$，其中 $\nu = 1/2$（θ 溶剂值）。于是，相关长度本身变得与热链滴尺寸 ξ_T 一样小，低于此尺寸值，剩余的排除体积相互作用将弱于永恒的热能

请注意：在许多高分子-溶剂体系中，第一个特征阈值 ϕ^* 按质量分数算通常很小，而第二个阈值 ϕ^{**} 通常非常大。因此，在许多体系中，作图中 ϕ 坐标轴的最大部分实际上对应于亚浓区域。这就是我们在这里如此强调亚浓区域的原因。

Pierre-Gilles de Gennes 也非常巧妙地用另一种方法推导出上述 $R(\phi)$ 和 $\xi(\phi)$ 的标度律，他意识到在高分子科学中，几乎所有关系均有幂律类型的本性，因而可以实施以下的策略：de Gennes 首先先验地假设对某种幂律依赖性可进行运算，然后包括适用性的边界条件，以确定此幂律适用性的上限和下限，最后求解未知幂律指数的数值。事实证明，他的方法既准确又简单。

基于这一前提，$R(\phi)$的推导依赖于以下论证：我们知道，在达到交叠浓度 ϕ^* 之前，高分子线团所具有的构象，就是稀溶液中的那种构象，即 $R_F \sim N^\nu$。现在我们假设，对于高于 ϕ^* 的浓度，有一个幂律的依赖性，遵循 $R \approx R_F (\phi/\phi^*)^x$。我们可以写出这一公式，因为根据定义我们知道，在交叠的起点（$\phi = \phi^*$），高分子线团具有其溶胀尺寸 $R = R_F$。同时考虑到两个关系式 $R_F \sim N^\nu$ 和 $\phi^* \sim N^{1-3\nu}$，我们可得：

$$R \approx R_F \left(\frac{\phi}{\phi^*} \right)^x \sim N^{\nu + 3\nu x - x} \phi^x \tag{7.27}$$

亚浓溶液中高分子线团是相关链滴的无规行走，遵循 $R \sim N^{1/2}$，根据这种认识，我们一定有

$$\nu + 3\nu x - x = \frac{1}{2} \Rightarrow x = \frac{0.5 - \nu}{3\nu - 1} \tag{7.28}$$

结果与我们之前在式(7.26)中推导出的标度律一样。

对于 $\xi(\phi)$ 也可以进行类似的推导。我们再次假设一个幂律依赖性是有效的，使用与上面相同的边界条件（$R_F \sim N^{\nu}$ 和 $\phi^* \sim N^{1-3\nu}$），可得出：

$$\xi \approx \phi^{-\frac{\nu}{3\nu-1}} \sim N^{\nu+3\nu y - y} \phi^y \tag{7.29}$$

我们知道，一旦超过链交叠阈值，相关长度对总的链长度再无依赖性，所以对于 N，幂律指数的数值必须为零。这样我们就得到：

$$\nu + 3\nu y - y = 0 \Rightarrow y = \frac{-\nu}{3\nu - 1} \tag{7.30}$$

同样，我们再次得出一个表达式，与之前已经推导出的式(7.25)完全相同。

7.1.4.3 动力学

为了讨论亚浓溶液中的链动力学，需进一步将浓度范围细分为**非缠结亚浓区域**（$\phi^* < \phi < \phi_e^*$）和**缠结亚浓区域**（$\phi > \phi_e^*$）。

非缠结亚浓动力学（$\phi^* \leqslant \phi \leqslant \phi_e^*$）

让我们从不太复杂的非缠结亚浓高分子溶液的场景开始讨论；在这种情况下，可以使用之前用于高分子稀溶液的相同模型。请记住，Zimm 模型描述了具有流体动力学相互作用的稀溶液（见第 3.6.3 小节），而当没有这些相互作用时，Rouse 模型是适用的。那么，现在应该使用这些模型中的哪一个呢？这取决于观察的长度标尺。在长度标尺小于相关长度 ξ 的情况下，流体动力学相互作用是有效的，所以 Zimm 模型是合适的选择。相比之下，在长度标尺大于 ξ 的情况下，流体动力学相互作用被其他高分子线团的交叠链段屏蔽，因此 Rouse 模型在这里是正确的。对于定量处理，再次将亚浓浓度区域内的高分子链想象成尺寸为 ξ 的相关链滴序列。在每个链滴内，排除体积相互作用导致 $\xi \sim g^{\nu}$，并且流体动力学相互作用也很活跃。这导致了每个链滴内长度为 ξ 的链段的 Zimm 型弛豫，表示为：

$$\tau_{\xi} \approx \frac{\eta \xi^3}{k_B T} \tag{7.31a}$$

既然我们知道了相关长度 ξ 和体积分数 ϕ 之间的关系[式(6.25)]，可重新表述式(7.31a) 为：

$$\tau_{\xi} \sim \frac{\eta}{k_B T} \phi^{-\frac{3\nu}{3\nu-1}} \tag{7.31b}$$

相比之下，对于由 N/g 个链滴组成的整个链，屏蔽了排除体积和流体动力相互作用。这就导致整个高分子链的 Rouse 型弛豫，我们将其概念化为一个相关链滴的无规行走序列，其弛豫遵循：

$$\tau_{Rouse} = \tau_{\xi} \left(\frac{N}{g} \right)^{1+2\nu} \tag{7.32a}$$

在大于 ξ 的尺度上，我们观察到理想统计，且 Flory 指数是 $\nu=1/2$（正如刚才所说的：可将整个链看作是一个链滴的无规行走）。可将最后一个表达式简化为：

$$\tau_{\text{Rouse}}=\tau_{\xi}\left(\frac{N}{g}\right)^2 \tag{7.32b}$$

就像第 5.8.2 小节（图 5.26 的上下文）中一样，对于亚浓未缠结高分子溶液，我们现在可将其频率依赖性的弛豫谱作图，它包括四个区域：(i) 麦克斯韦型完全弛豫区域，其时间标尺长于 τ_{Rouse}；(ii) Rouse 类型的皮革态区域，长于 ξ 的链段在 τ_{Rouse} 和 τ_{ξ} 之间的时间内弛豫；(iii) Zimm 型皮革态区域，短于 ξ 的链段在短于 τ_{ξ} 的时间弛豫；(iv) 完全未弛豫的玻璃区域，时间短于 τ_0，示意可见于图 7.8。

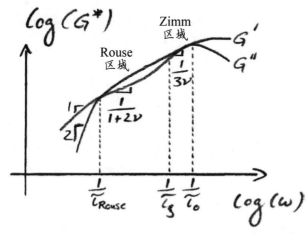

图 7.8　未缠结高分子亚浓溶液的弛豫谱。在比 Rouse 时间 τ_{Rouse} 长的时间上，链可以自由扩散，因此黏弹性响应可以用麦克斯韦模型来描述。类皮革态的区域在时间尺度上较短，即频率（τ_{Rouse} 的倒数）较高，此区域分为两部分：在 Rouse 区域，链段运动发生在大于相关长度 ξ 的尺度上，从而流体动力学和排除体积相互作用均被屏蔽；接下来，是 Zimm 区域，在这里，链段运动发生在小于 ξ 的尺度上，其中存在流体动力学和排除体积相互作用

我们已经明了，相关链滴是空间完全填充的，如图 7.6 所示。由此，我们可得出结果：

$$\phi_{\text{total system}}=\phi_{\text{per blob}}\approx\frac{gl^3}{\xi^3} \tag{7.24}$$

与式(7.25)联立，令取特殊的形式 $\xi\approx l\phi^{-\frac{\nu}{3\nu-1}}$，我们得到标度律的一种依赖性：

$$g\sim\phi^{-\frac{1}{3\nu-1}} \tag{7.33}$$

利用式(7.32b)并代入式(7.31b)中的 τ_{ξ} 以及最后式(7.33)中的 g，然后得出：

$$\tau_{\text{Rouse}}\sim N^2\phi^{\frac{2-3\nu}{3\nu-1}} \tag{7.34}$$

我们可以针对不同溶剂品质进行划分：在良溶剂中，$\nu=3/5$，弛豫时间 τ_{Rouse} 的标度为 $\tau_{\text{Rouse}}\sim\phi^{1/4}$；而在 θ 溶剂中，$\nu=1/2$，它的标度为 $\tau_{\text{Rouse}}\sim\phi^1$。

　　另一个例证，是体现链弛豫的一种实际可测量，即链的平动扩散系数 D，按照简化的爱因斯坦-斯莫卢霍夫斯基公式可以估算比值：

$$D\approx\frac{R^2}{\tau_{\text{Rouse}}} \tag{7.35}$$

此时，以式(7.26) 和式(7.34) 为基础，代入我们所学到的线团尺寸和弛豫时间与其聚合度和体积分数之间的关系，可以得到：

$$R \sim N^{1/2} \phi^{-\frac{\nu-0.5}{3\nu-1}} \Rightarrow R^2 \sim N^1 \phi^{-\frac{2\nu-1}{3\nu-1}} \tag{7.26}$$

$$\tau_{\text{Rouse}} \sim N^2 \phi^{\frac{2-3\nu}{3\nu-1}} \tag{7.34}$$

将此结果代入式(7.35)，得出：

$$D \sim N^{-1} \phi^{-\frac{1-\nu}{3\nu-1}} \tag{7.36}$$

可针对不同的溶剂品质进行划分：在良溶剂中，$\nu=3/5$，得到 $D \sim N^{-1} \phi^{-0.5}$；而在 θ 溶剂中，$\nu=1/2$，得到 $D \sim N^{-1} \phi^{-1}$。

作为另一个更实用的相关量，我们来估算未缠结高分子溶液的黏度。在上一节中，我们讨论了线团和相关链滴尺寸的浓度依赖性，已经使用过 de Gennes 的标度方法，为此，可再次使用这种方法：

$$\eta \approx \eta_{\phi=\phi^*} \left(\frac{\phi}{\phi^*}\right)^x \tag{7.37}$$

使用式(7.1)，可明确写为：

$$\eta \sim \eta_{\phi=\phi^*} N^{(3\nu-1)x} \phi^x \tag{7.38}$$

长时间弛豫模式为 Rouse 型，有 $\eta \sim N^1$。因此，可求解出幂律指数：

$$(3\nu-1)x = 1 \Rightarrow x = \frac{1}{3\nu-1} \tag{7.39}$$

同样，我们可以确定不同溶剂品质的标度律：在良溶剂中，黏度标度为 $\eta \sim N^1 \phi^2$，而在 θ 溶剂中，黏度标度为 $\eta \sim N^1 \phi^{5/4}$。

缠结亚浓动力学 （$\phi \geqslant \phi_e^*$）

在长时间和短时间两种尺度上，缠结高分子亚浓溶液的动力学与非缠结亚浓溶液的动力学相似，但在中等时间尺度上，力学谱上又增加了一个区域；这个区域以链缠结占绝对优势。假定该区域的链运动类似蛇行，再次按照 de Gennes 的标度论证，我们可以估算蛇行时间 τ_{rep} 的浓度依赖性。为此目的，引入了两个边界条件。第一，对于 $\phi > \phi_e^*$，我们期望 $\tau_{\text{rep}} \sim N^3$ 的标度；第二，对于 $\phi < \phi_e^*$，没有蛇行，最长的链弛豫时间为 Zimm 时间，即 τ_{Zimm}。我们假设对于这两个区域之间的范围有一个幂律关系，并通过使用式(3.34) 和式(7.1) 确定出：

$$\tau_{\text{Rep}} = \tau_{\text{Zimm}} \left(\frac{\phi}{\phi^*}\right)^m \sim \tau_0 N^{3\nu} \phi^m N^{-(1-3\nu)m} \sim \phi^m N^{3\nu-(1-3\nu)m} \tag{7.40}$$

为了满足第一个边界条件，我们可以这样求解幂律指数：

$$3\nu - (1-3\nu)m = 3 \Rightarrow m = \frac{3-3\nu}{3\nu-1} \tag{7.41}$$

因此，我们对于蛇行时间的标度律可以写出以下公式：

$$\tau_{\text{Rep}} \sim N^3 \phi^{\frac{3-3\nu}{3\nu-1}} \tag{7.42}$$

同样地，就像上文中的处理一样，对于缠结高分子亚浓溶液，我们可以绘制频率依赖性的弛豫谱，此谱图现在由 5 个区域组成。(i) 在超过 τ_{rep} 的时间尺度上，有麦克斯韦型完全弛豫区域。(ii) 在蛇行时间 τ_{rep} 和缠结时间 τ_e 之间的时间尺度上,有一个平台区。这些缠结阻碍链弛豫,从而导致样品具有熵弹性能量储存的能力;除此之外,就像在非缠结的情况下一样,我们有:(iii) 一个 Rouse 型的类皮革区域,是长于 ξ 的链段在 τ_e 和 τ_ξ 之间的时间内弛豫。(iv) 一个 Zimm 型的类皮革区域,链段小于 ξ 且时间短于 τ_ξ 的弛豫。(v) 在短于 τ_0 的时间上无弛豫的玻璃态区域,示意如图 7.9。

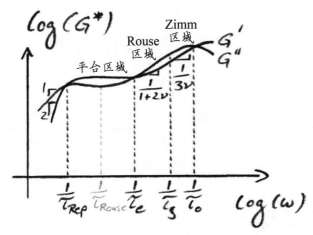

图 7.9　缠结高分子亚浓溶液的弛豫时间谱。在未缠结亚浓溶液的情况下,类皮革态区域分裂成为 Rouse 区域和 Zimm 区域;当存在缠结时,会出现平台区域,作为 Rouse 和 Zimm 区域的补充。这些缠结决定体系的力学行为,并导致由蛇行时间 τ_{rep} 限定的熵弹性平台,超过 τ_{rep} 之后可以出现自由弛豫和麦克斯韦型流动

同样,作为例证,有一个有意义的微观量,即链平移扩散系数,我们可以进行如下计算:

$$D \approx \frac{R^2}{\tau_{Rep}} \tag{7.43}$$

我们再次得出尺寸和弛豫时间的一些关系:

线团尺寸:

$$R \sim N^{1/2} \phi^{-\frac{\nu-0.5}{3\nu-1}} \Rightarrow R^2 \sim N^1 \phi^{-\frac{2\nu-1}{3\nu-1}} \tag{7.26}$$

弛豫时间:

$$\tau_{Rep} \sim N^3 \phi^{\frac{3-3\nu}{3\nu-1}} \tag{7.42}$$

我们将其代入扩散系数的表达式,得到下列标度律:

$$D \sim N^{-2} \phi^{\frac{\nu-2}{3\nu-1}} \tag{7.44}$$

对于不同的溶剂品质,我们可以具体划分为:对于良溶剂,得到 $D \sim N^{-2} \phi^{-1.75}$;对于 θ 溶剂[18],得到 $D \sim N^{-2} \phi^{-3}$。

----

[18]　de Gennes 对这些标度律的推导可见校正的参考文献:*Macromolecules* 1976,9(4),587-593。我们在正文中完全引用复述。与此不同,许多实验研究报告参考的是 de Gennes 的著作《高分子物理学中的标度概念》(高等教育出版社,北京,2013)中的上下文。然而,这是错误的,因为那本书实际上只是(相当谨慎地)推导非热溶剂中蛇行时间的公式,而且那本书也没有给出扩散系数浓度依赖性的表达式。相反,在那本书中对这一点表述为:"对于可变浓度 c 的溶液,进行蛇行研究近来才已经开始……,但是,并没有得出精确的标度指数。"

综上所述，高分子溶液动力学取决于许多因素，如浓度区域和观察的长度标尺。我们已经推导出了各种标度律，它们都使用 Flory 指数 ν 来考量不同的溶剂品质。图 7.10 列出了链扩散系数的所有这些标度律，并给出了每个浓度区域幂律指数的数值。我们可以看到，在 ϕ 轴上从一个浓度区域转变到下一个浓度区域，参数 $N \sim \phi$ 的标度作图线通常会变陡。

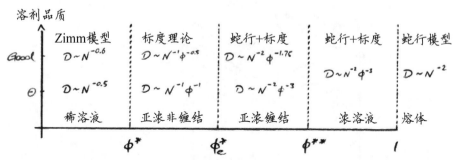

图 7.10　链平移扩散系数 D 的标度律汇集，D 是体系中链聚合度 N 和高分子体积分数 ϕ 的函数

第 21 讲　选择题

（1）什么是相关链滴？

a. 具有相关长度尺寸的概念性链滴。

b. 相关时间的时间尺度内存在的概念性链滴。

c. 相关时间内移动它们自身尺寸距离的概念性链滴。

d. 相关函数之值为 1 的概念性链滴。

（2）若长度标尺大于相关长度 ξ，链保持什么构象？

a. 链段的真实链构象。

b. 相关链滴的真实链构象。

c. 链段的理想链构象。

d. 相关链滴的理想链构象。

（3）整个样品中高分子体积分数为_____。

a. 与单个相关链滴的体积分数相同，因为在相关链滴内，链的构象与长度标尺大于相关长度的情况相同。

b. 与单个相关链滴的体积分数相同，因为相关链滴是空间完全填充的。

c. 与单个相关链滴的体积分数相同，因为相关链滴是整个高分子溶液的任意部分的子体积。

d. 与单个相关链滴的体积分数不同。

（4）当高分子体积分数增大时，高分子线团的尺寸会发生什么？

a. 由于更多地屏蔽了排除体积相互作用，线团溶胀。

b. 随着溶液中高分子链总数的增加，由于相关长度的增大线团溶胀。

c. 由于与其他线团交叠时的相互阻碍，线团收缩。

d. 由于线团内部的相互作用，而且这种相互作用随着高分子浓度的增大而增强，线团收缩。

（5）在浓区域下存在何种线团尺寸？

a. 真实线团

b. 无规线团

c. 完全塌缩线团

d. 随浓度的增大，无规线团收缩到完全塌缩状态

（6）对于非缠结亚浓高分子溶液，下图所示弛豫谱中哪种指定相关频率的答案为正确选择？

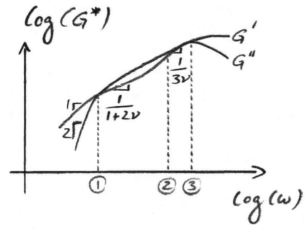

a. ① $= \tau_{\text{Rouse}}^{-1}$，② $= \tau_{\xi}^{-1}$，③ $= \tau_{0}^{-1}$ b. ① $= \tau_{\text{Rouse}}^{-1}$，② $= \tau_{\text{Zimm}}^{-1}$，③ $= \tau_{0}^{-1}$

c. ① $= \tau_{0}^{-1}$，② $= \tau_{\text{Rep}}^{-1}$，③ $= \tau_{\xi}^{-1}$ d. ① $= \tau_{0}^{-1}$，② $= \tau_{\xi}^{-1}$，③ $= \tau_{\text{Zimm}}^{-1}$

（7）未缠结和缠结亚浓溶液的频率依赖性模量为_____。

a. 完全相同，只是相关时间标尺的值不同。

b. 在较短和较长的时间标尺上类似，但在中等时间尺度上不类似。

c. 对于较短的时间标尺类似，但对于较长的时间标尺则不类似。

d. 完全不同，因此需要不同的理论方法。

（8）比较整个链扩散系数 D，随着浓度和溶剂品质的增加，D 对 N 和 ϕ 保持何种标度？

a. 对 N 和 ϕ 的标度都变平。

b. 对 N 的标度变陡，而对 ϕ 的标度变平。

c. 对 N 的标度变平，而对 ϕ 的标度变陡。

d. 对 N 和 ϕ 的标度都变陡。

第22讲　高分子网络和凝胶

　　交联高分子链的体系被称为高分子网络，当浸入溶剂中（从而溶胀），它被称为凝胶。高分子网络和凝胶无论是在汽车轮胎、卫生产品，还是医学中都有着广泛的应用。这一讲的重点是：在逾渗理论的框架内，我们应如何从统计学观点构思高分子网络的形成，以及什么是高分子网络和凝胶最相关的结构和动态性质，特别是其中的纳米结构不均匀性。

7.2 高分子网络和凝胶

7.2.1 基本原理

本章研究高分子形成**网络**结构的能力，当其形成于或浸入溶剂介质中时会变成**凝胶**。这些材料无论是在卫生用品和食品中，还是在生命科学和医学领域，都对我们的日常生活具有重要的价值。事实上，生命形态本身可以视为凝胶：动物是基于蛋白质的水凝胶，而植物是基于多聚糖的水凝胶[⑭]。因此，我们发觉对于这类材料缺乏一个基本的公认定义，真是令人惊讶。1926 年，英国科学家 Dorothy Jordan Lloyd 首次认识到这一困境，他说"胶体状态，或凝胶，识别比较容易，但定义却不容易。"1946 年，荷兰科学家 P. H. Hermans 将凝胶定义为"一个至少包含两种成分的凝聚体系，它表现出具有固体特征的力学性质，其中分散组分和分散介质二者都在整个体系中连续扩展[⑮]。"是美国著名高分子科学家、诺贝尔奖得主 Paul John Flory，最终在 1974 年确切阐述了凝胶的全面定义[⑯]，这个定义同样也包括上述 Hermans 的定义。Flory 界定了四类凝胶：

(1) 有序的层状结构（如皂凝胶和黏土）；

(2) 溶胀介质填充的共价交联的高分子网络（即高分子凝胶）；

(3) 由刚性（生物）高分子的动态阻滞形成的纤维状网络（如肌动蛋白纤维）；

(4) 颗粒状无序结构（即胶体凝胶）。

Paul S. Russo 进一步提出另一种分类方案，区分了"渔网状凝胶"和"格子状凝胶"，前者是交联网络结构，后者即所有空间完全填充结构的凝胶型体系，在某种程度上不同于筛网类型的网络体系[⑰]。在接下来的段落中，我们将仔细研究渔网状类型，对应于 Flory 的第二类凝胶，由高分子链组成。这里必须注意，这种渔网状凝胶的样品是由高分子网络和溶剂组成，几乎总是包含未结合的线形或支化高分子链。这些是样品的一部分，但根据定义，它们不是凝胶的一部分。

7.2.2 凝胶

凝胶化描述凝胶的形成过程。在这一过程中，单体或高分子链相互通过化学键结合，从而构建并支化出越来越大的分子，直到一个特定点，即**凝胶点**。在这一点上，出现了第一个"无穷大的分子"，即一个跨越整个体系的一个分子，我们可以第一次称之为凝胶。进一步凝胶化使这个无穷大的分子增大为一个无限的团簇，即所谓的样品的**凝胶级分**。相比之下，尚未连接到网络结构的高分子链，属于**溶胶级分**。同样也可能形成非跨越体系的团簇，这些团簇可能以后再连接入网络，从而最终融合为凝胶级分。凝胶化的发生有多种原因，但它们都有一个基本原则，那就是在高分子网络中创造**交联点**。图 7.11 中列出了

⑭ 引自 Vollmert：*Grundriss der Makromolekaren Chemie*，Springer，**1962**.

⑮ *Colloid Science*，*Volume II*：*Reversible Systems*，ed. H. R. Kruyt，Elsevier Publishing Company，New York，**1949**，pp. 483-494.

⑯ *Faraday Discuss. Chem. Soc.*，**1974**，57，7-18.

⑰ P. S. Russo in *ACS Symposium Series*，Vol. 350，ed. P. S. Russo，ACS，Washington DC，**1987**，pp. 1-21.

创造那种交联点的各种不同方法。根据交联结点的本性，高分子凝胶（渔网型）的广泛领域可以再分为物理凝胶和化学凝胶两类。在**物理凝胶**中，交联点是基于物理（通常是瞬时的）相互作用，如链之间或沿其主链的某些官能团之间的离子或范德瓦耳斯相互作用，或多条链（至少两条链）参与的局部螺旋的或结晶的微区。这一类可以进一步细分为弱物理凝胶和强物理凝胶，取决于这种相互作用的强度，决定了凝胶在何种时间标尺是稳定的。相比之下，在**化学凝胶**中，交联过程是通过链之间的化学键形成而发生的。高分子化学凝胶可以通过两种不同的途径生成：它们可以由单体在聚加成、缩聚或自由基聚合过程中的交联反应生成；也可以由已预成型的高分子前驱体制成，这些高分子前驱体通过键合模体分子而使端基或侧基功能化。另外，甚至没有特殊的预官能化，只要有适当的交联剂，前驱体高分子链也可以直接沿其主链随机交联，如通过**硫化方法**生产橡胶即是如此。

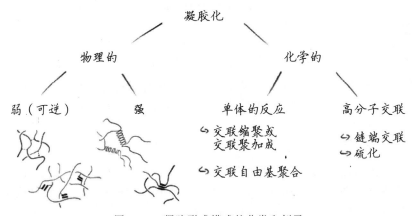

图 7.11　凝胶形成模式的分类和例子

凝胶的形成过程是一种**逾渗**现象。它描述了尺寸不断增长的相互连接支化结构的形成，最终形成上述跨越体系的分子，使材料在凝胶点时转变成凝胶，对应于**逾渗阈值** p_c。

虽然乍一看这很抽象，但逾渗现象相当普遍，我们从日常生活中就很熟悉这个概念。例如，逾渗可能发生于大洪水中（这可能是严重全球过热的后果）。首先，在这个过程之前，我们有一块陆地，其中穿插着分离的单个水体；水量的增加最终会导致一个反转体系，湖泊或海洋变连续了，包含一些陆地孤岛。在这个例子中，逾渗阈值是实现湖泊跨越整个地图的那一个转折点。在另一个例子中，野火可能蔓延到整个森林，也可能不蔓延，这取决于树木的种植密度和干燥程度。如果这两个参数都过于"不幸"（同样可能是全球变暖的结果），火势可以从一棵树跳到另一棵树，在一个临界点（即逾渗阈值），火灾的通道第一次跨越了整个森林。第三个例子是全世界在 2020 年初目睹的（新冠）病毒的传播。首先，只有些局部疫情暴发，实际上可能仍然仅限于局域，但如果在关键的临界阶段错失良机，病毒就无处不在，而且任何局域的遏制手段都不再有效。

对于高分子凝胶，可以基于格子模型，将凝胶化过程的统计处理模型用于逾渗，非常类似于高分子热力学的 Flory-Huggins 平均场理论。逾渗的这种平均场方法称为 **Flory-**

Stockmayer 理论[18]，我们从最简单的情况来开始详细研究：一维的键逾渗。

7.2.2.1 一维的键逾渗

当仅限于一维时，对于含有互补键合基团 A 和 B 的单体或高分子前体，它们相互连接的唯一方式是线性连接，如图 7.12 示意图所示。为了从统计学上处理这一过程，我们将反应 A 基团的分数定义为 p。因此，未反应 A 基团的分数为 $(1-p)$。这种分数直接对应于体系中分子的数量密度 $n_{tot}(p)$。我们可以通过以下思路来理解：只要还没有形成键，分子的数量密度必定是 1，这确实对应于 $n_{tot}(p=0)=(1-0)=1$。在凝胶化过程中，单体或前体高分子之间每形成一个新的连接，都会使体系中分子数量减少 1。因为每个生成的分子正好有一个未反应的 A 基团，所以生成的分子的数量密度与未反应的 A 基团的分数是相同的，所以得出：

$$n_{tot}(p)=1-p \tag{7.45}$$

由此得到**数均聚合度** $N_n(p)$，有：

$$N_n=\frac{1}{n_{tot}(p)}=\frac{1}{1-p} \tag{7.46}$$

在逾渗阈值为 $p_c=1$ 处，此值**发散**。因此，一维体系可以通过将体系中的所有分子连接成一个跨越体系的大分子，从而达到逾渗阈值，但不能超过逾渗阈值。

7.2.2.2 二维的键逾渗

为了给逾渗过程增加另一个维度，我们需要多官能团的分子有可能连接 1 个以上的分子。让我们考虑具有单个 A 基团和 $(f-1)$ 个互补 B 基团的单体的缩合（或加成）得到 AB_{f-1}，图 7.12 中下面的图是 $f=3$ 的示例结构。

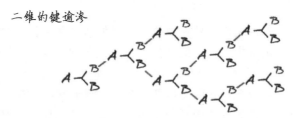

图 7.12 相互反应的 AB 型单体形成线形（上图）和支化（下图）大分子，即一维（上图）和二维（下图）相互连接的示意图

在统计处理中，我们将 p 定义为已反应 B 基团的分数，因此 $p(f-1)$ 是已反应 A 基

---

[18] percolation（逾渗）这个术语是著名数学家 Hammersle 在 1957 年创造的，尔后数学家和物理学家发现，在尺度从 10^{-13} cm（核子）到 10^{22} cm（银河系）的许多转变，都属于逾渗现象。令他们十分惊讶的是：化学家 Flory 早在 1941 年已经对此提出明确的物理概念和完整的数学处理，由此也可折射出 Flory 先生的伟大。正如美国高分子科学的"教父"Mark 所赞誉：Flory 不仅是一位伟大的化学家，而且也是伟大的物理学家和数学家。当代的"牛顿"de Gennes 的评论则更有诗意："Kuhn 和 Flory 对高分子所为，正好等同于巴赫对管钢琴所为。"——译校者注。

团的分数，而未反应 A 基团的分数是 $1-p(f-1)$。同样，后一个分数与分子的数量密度 $n_{tot}(p)$ 相等，因为每个生成的 N-聚体都有一个未反应的 A 基团：

$$n_{tot}(p) = 1 - p(f-1) \tag{7.47}$$

因此，数均聚合度可以表示为：

$$N_n(p) = \frac{1}{n_{tot}(p)} = \frac{1}{1-p(f-1)} \tag{7.48}$$

在逾渗阈值处有：

$$p_c = \frac{1}{f-1} \tag{7.49}$$

考虑到图 7.12 中示例的官能团有 $f=3$，逾渗阈值则为 $p_c=0.5$。这意味着，所有分子必须有一半相互连接，才能实现一个跨越体系的分子，从而到达凝胶点。

这些简单示例向我们说明，应如何从统计学的角度来讨论键的逾渗，如何得出两个关键参数，即逾渗阈值 p_c 和数均聚合度 $N_n(p)$。在下文中，我们将概括这个讨论。

7.2.2.3 凝胶化的平均场模型

在描述键逾渗过程的**平均场**方法中，f 官能度的单体被放置于 f 官能度的格子上，这与高分子热力学的 Flory-Huggins 平均场理论的概念方法非常相似。在非常简单的方法中，这可能是一个规则格子，比如去处理一个正方形格子的几何结构；在较复杂的方法中，我们也可以处理单体的不规则排列，如图 7.13 所示。然而，在这样的几何结构上，可能形成的环状结构［"咬尾（backbiting）"］将导致高度的数学复杂性。为了避免这种情况，我们使用了一种树枝状格子，即所谓的 **Bethe 格子**，其上环的形成被几何结构所排除。它在图 7.14 中显示官能度 $f=3$。在这样的格子上，凝胶化过程可以采用如下的概念：当转换化为 p 时，随机选择两个相邻格座之间成键的概率也为 p。在逾渗阈值 $p=p_c$ 下，第一个完全跨越体系的分子出现了。从这一临界点开始，体系包含两个级分：一个是**凝胶级分**，构成它的所有分子都已经是跨越体系的"无穷大团簇"中的一部分；另一个是**溶胶级分**，构成它的所有分子或者还根本没有反应，或者仅是非跨越体系的"有限团簇"中的一部分。

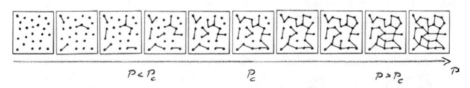

图 7.13　格子基的平均场视图中的键逾渗概念。相邻格座之间随机成键对应于格子上单体的相互连接；发生的转化率 $p=0-1$。若反应程度为 p，随机选择的两个相邻格座之间已经成键的概率直接对应于这一转化率 p。在临界逾渗阈值，也称为凝胶点 p_c，发生第一个跨越体系的"无穷大"分子

I. 凝胶点

为了确定凝胶点，我们随机选择一个格座，来看一个"父代"分子。它与相邻分子之一成键结合，进一步说是与剩余的 $(f-1)$ 个相邻格座（"潜在的子代分子"）中的一个键合，其概率为 p，由此产生出祖代分子。这意味着存在 $p(f-1)$ 个"父代-子代键"。

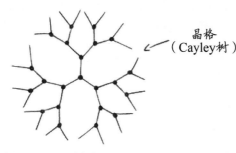

图 7.14 一种树枝状格子，称为 **Bethe 格子**或 **Cayley 树**，在键逾渗方法中特别容易进行数学处理。示意图表示官能度 $f=3$ 的那种格子

晶格（Cayley 树）

与此类似，每个"子代"分子和潜在的"孙代"分子可形成 $p(f-1)$ 个键，以此类推。由此，可以构造两种情况：在第一种情况下，键的平均数量 $p(f-1)$ 小于 1，这意味着成键概率 p 小于 $1/(f-1)$。在这种情况下，"家族王朝"由于缺乏足够的后代而无法续存。在第二种情况下，情况恰恰相反。平均键数 $p(f-1)$ 大于 1，因此成键概率 p 大于 $1/(f-1)$。此时，每一代都比前一代产生更多的键，从而形成"无限的家庭树"。这相当于创造了一个跨越体系的"无穷大"分子。这两种情况之间的转变点是逾渗阈值 p_c，或称凝胶点，由此现在可表示为

$$p_c = \frac{1}{f-1} \tag{7.49}$$

Ⅱ．溶胶分数和凝胶分数

超出凝胶点之后，有两个可以区别级分的分数：溶胶分数和凝胶分数。为了确定溶胶分数，随机选择一个格座 A，它是仍有 f 官能度潜在键的格座，但没有任何一个已经成键，因而格座 A 并没有连接到凝胶，我们现在将一个分子置于那种格座 A 上的概率定义为 Q。在这种情况下，这个分子或者没有连接于相邻的 B 本身，其概率是（$1-p$）；或是它虽然连接到邻位的 B（其概率是 p），但是并没有借其（$f-1$）个剩余相邻格座使 B 连接到凝胶，此时的概率为 Q^{f-1}。由此，得出递归公式

$$Q = 1 - p + pQ^{f-1} \tag{7.50}$$

对于随机选择的一个格座，未经 f 个邻座中的任一个直接或间接连接入凝胶的概率定义为溶胶分数。用公式可表述为：

$$P_{sol} = Q^f \tag{7.51a}$$

相应的凝胶分数可以很容易地由 P_{sol} 计算得到，为：

$$P_{gel} = 1 - P_{sol} \tag{7.51b}$$

在低于逾渗阈值以下，溶胶分数的值始终为 1，即 $P_{sol}=1$；同时凝胶分数保持为零，即 $P_{gel}=0$。而在凝胶点以上，这两个分数都可以通过式(7.50) 计算。该关系如图 7.15 左侧示意图所示。

Pierre-Gilles de Gennes 首先认识到凝胶分数的演化类似于二阶相变的**序参数**，如金属固体中铁磁-顺磁态之间的**相变**。图 7.15 的右侧示意图表示相变的图形，图 7.15 的左侧示意图表示在凝胶点后凝胶分数的演变，二者之间的相似性令人感到震惊。

Ⅲ．凝胶点的数均聚合度

定义凝胶化过程的一个关键参数是在凝胶点上的聚合度。为了计算此值，进行如下假设：在体系中不存在任何键合的情况下，分子的数量密度定义为 1，即 $n_{tot}(p=0)=1$。然后，每新形成一个键将使分子的总数减少 1。因此，可以形成的键的极大数是 $f/2$。所有中间状态均遵循下式：

$$n_{tot}(p) = 1 - p\frac{f}{2} \tag{7.52}$$

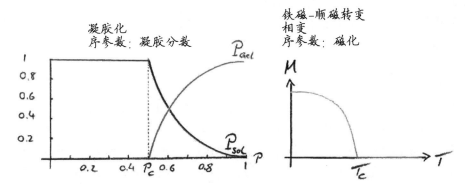

图 7.15　键逾渗产生的溶胶分数和凝胶分数是凝胶化过程的特征参数。在逾渗阈值处，也称凝胶点 p_c，出现了第一个跨越体系的"无穷大"分子。从这一点开始，进一步还有单体加入这个无穷大的团簇，使体系中的凝胶分数逐渐增大，而所有剩下的单体或齐聚体材料（它们是非空间完全填充的）是溶胶的一部分，其量相反会稳步减少。凝胶分数可比喻为量化凝胶化过程的"序参数"，类似于对一些二阶相变（如金属固体中的铁磁-顺磁转变）的概念处理

由此产生的数均聚合度为：

$$N_{\mathrm{n}}(p) = \frac{1}{n_{\mathrm{tot}}(p)} = \frac{1}{1 - p\,\dfrac{f}{2}} \tag{7.53}$$

在逾渗阈值处，其特征值是：

$$N_{\mathrm{n}}(p_{\mathrm{c}}) = \frac{1}{1 - f/2(f-1)} = \frac{2(f-1)}{f-2} \tag{7.54}$$

我们观察到，与之前处理的一维和二维逾渗过程相比，在凝胶点处，数均聚合度没有发散。例如，对于官能度为 3 的分子，在逾渗阈值处，数均聚合度为 4，即 $N_{\mathrm{n}}(p_{\mathrm{c}}) = 4$。

Ⅳ. 凝胶点的重均聚合度

确定凝胶点的重均聚合度的方法与对溶胶分数和凝胶分数的讨论十分相似。将 μ 定义为通过其 f 个邻位之一连接到随机选择的格座 A 的平均分子数。μ 由两个贡献组成：第一，直接相邻格座 B，它以 p 的概率连接到 A；第二，B 有剩余 $f-1$ 个邻座，每一个邻座反过来又连接平均数量为 μ 的单体。由此，得出以下递推公式：

$$\mu = p\,[1 + (f-1)\mu] \Rightarrow \mu = \frac{p}{1 - (f-1)p} \tag{7.55}$$

重均聚合度 N_{w} 对应属于随机选择格座的那些单体的平均数量。这个数量由所选格座本身的 1 和其 f 个邻座中每一个 μ 组成。因此，N_{w} 可以通过下式来计算：

$$N_{\mathrm{w}}(p) = 1 + f\mu = \frac{1+p}{1-(f-1)p} \tag{7.56}$$

与数均聚合度相比，它在凝胶点确实出现了发散，因为重均聚合度更强调大的团簇/分子，所以在凝胶点出现"无穷大的团簇/分子"的爆发。

在上述的讨论中，我们（再次）成功地简化了复杂的多体情况，即凝胶化过程中的键逾渗，使用平均场方法计算了统计平均值。我们已经明白，在逾渗过程中的临界点上，如何估算逾渗阈值 p_{c}，以及数均和重均聚合度。超过凝胶点之后，我们已经计算出溶胶分

数和凝胶分数，并意识到它们的演变非常像磁活性固体中常见的二阶相变。这种关于软物质的现象从根本上类似于看似截然不同的硬物质的现象的理解，使得 Pierre-Gilles de Gennes 荣获了 1991 年的诺贝尔物理学奖。

7.2.2.4 凝胶点

逾渗过程和凝胶点可以使用流变学进行监测。这是因为流变学能够区分样品中黏性的、流体状并兼有弹性的、固体状的成分，它们在很大程度上对应于溶胶分数和凝胶分数。此外，在凝胶化过程中，通过测量样品黏度 η 升高的方法，可以很容易地监测越来越长的链的连续发展。最典型的是，起始反应混合物具有低的初始黏度值 η_0，特别是当它由低摩尔质量的单体而不是高分子前驱体分子组成时。然而，一旦反应开始，更长链的聚集体形成，而且混合物变得更加黏稠。如果这些聚集体的链变得足够长而且相互缠结，特别是当它们也有支链的时候，黏度将以非线性的方式更快地升高。

一旦第一个跨越体系的分子出现，在逾渗阈值 p_c 处，黏度就会发散。图 7.16 总结了凝胶化过程的力学特征。在超过逾渗阈值后，凝胶化过程的延续发展将表现在储能模量 G' 和损耗模量 G'' 的时间演变。超过凝胶点后，样品是黏弹性固体，其中储能模量高于损耗模量（$G'>G''$）；体系不再具有流动性，而是表现出弹性。损耗模量主要反映了样品中剩余的溶胶分数，以及凝胶网络中的能量耗散实体，如环状链和悬链。超过凝胶点后，那种结构越来越紧密相互联系于凝胶的内部，因此损耗模量的数值逐渐减小，直到最后在完全交联点处消失。储能模量反映凝胶分数和凝胶的力学强度；它包含（固定的）链缠结产生的贡献 G_e，以及由链间交联产生的贡献 G_x。

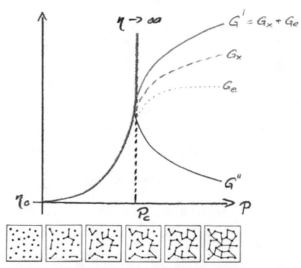

图 7.16　如图下方一系列示意图所表明，可以通过流变学来跟踪凝胶化过程。黏度的连续测定可将黏度发散处视为逾渗阈值 p_c。在凝胶点之外，溶胶分数和凝胶分数的演变可以由储能模量 G' 和损耗模量 G'' 来确定，储能模量 G' 表示凝胶分数（由分配给交联点的部分 G_x 和陷于网络凝胶中缠结部分 G_e 组成），损耗模量 G'' 代表溶胶分数。当交联过程超过凝胶点时，由于进一步交联的形成，储能模量 G' 增大（这意味着，主要是其 G_x 贡献增加）；同时，在体系中，由于非无限团簇以及凝胶网络中的环和悬链等能量耗散实体的比例降低，从而导致 G'' 降低

从更深入的角度来看，频率依赖性的振荡剪切流变学可以监测是否已经超过逾渗阈值，在凝胶点处，可以使用 G 弛豫的幂律依赖性的 **Winter-Chambon 判据**，其公式为

$$G(t) \sim t^{-n} \tag{7.57}$$

在凝胶点，复数模量有弹性部分和黏性部分，即 G' 和 G''，二者都有频率依赖性的标度关系：$G'(\omega) \sim G''(\omega) \sim \omega^n$，作图得出的幂指数 n 是变化的；对于 G'，则如图 7.17 所示。指数 n 反映交联结点数量与交联剂数量的相对比例。对于化学计量平衡的端基交联网络，这意味着每个结点都通过适当的交联剂而相互连接，此值 $n=0.5$。过量的交联剂会导致较小的值，即 $n<0.5$；而交联剂不足则会导致较大的值，即 $n>0.5$。准确地说，储能模量和损耗模量可由以下公式得出：

$$G'(\omega) = \omega \int G(t) \sin(\omega t)\,\mathrm{d}t = \frac{\pi \omega^n}{\Gamma(n)\sin\left(\frac{1}{2}\pi n\right)} \tag{7.58a}$$

$$G'(\omega) = \omega \int G(t) \cos(\omega t)\,\mathrm{d}t = \frac{\pi \omega^n}{\Gamma(n)\cos\left(\frac{1}{2}\pi n\right)} \tag{7.58b}$$

根据这些公式，幂律指数 n 反映两个模量相对值的信息：如果 $n=0.5$，说明储能模量和损耗模量具有相同的值，即 $G'(\omega)=G''(\omega)$；$n>0.5$ 的值意味着损耗模量大于储能模量，即 $G'(\omega)<G''(\omega)$；而 $n<0.5$ 的值意味着储能模量大于损耗模量，即 $G'(\omega)>G''(\omega)$。

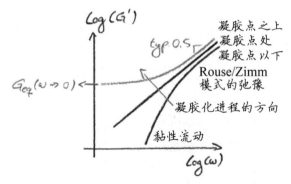

图 7.17 根据 Winter-Chambon 关系 $G(t) \sim t^{-n}$，在凝胶点复数模量对测量频率表现出无限的幂律依赖性，其两部分均根据 $G'(\omega) \sim G''(\omega) \sim \omega^n$ 进行标度。低于凝胶点，G' 在麦克斯韦自由流动区域和开尔文-沃伊特类皮革态区域具有不同的标度；相比之下，在凝胶点以上，它表现为无频率依赖性弹性平台

7.2.3 高分子网络和凝胶的结构

上文中，我们已经了解，高分子凝胶基本上是交联在一起的高分子链的亚浓溶液。因此，凝胶本质上是"形状稳定的流体"：它们由 90% 以上（通常高达 99%）的流体介质组成，受到柔性高分子网络骨架支撑和固定。在最常见的凝胶类型中，流体介质是水；这类凝胶称为**水凝胶**。对那种水凝胶一种简化的认知是"形状稳定的水"，由此表明它们有两个最相关的应用领域。首先，正如我们在第 5.9.3 小节中所量化的那样，它们吸收大量液体（此处为水）并发生溶胀的能力，使凝胶可用作**超级吸水剂**，在尿布和其他卫生产品中

有着突出的应用。其次，90％以上的水的组成使其对小分子物质具有渗透性，而它们的高分子网络骨架则阻止了大于网络筛网尺寸的扩散物。这种组合使凝胶可在能源转换设备、分析科学和大型生物医学领域中用作**隔膜**和基质。尽管如此，了解凝胶网络的**纳米结构和微结构**，以及通过凝胶网络的客体物质的**扩散动力学**是至关重要的；这将是以下两小节的重点。让我们从对凝胶结构的观察开始。

对高分子网络凝胶的直观想象是：它是规则的、单分散的、尺寸为 ξ 的均匀筛网阵列，ξ 通常约在几纳米的范围。然而，在几乎所有情况下，这种猜想都是错误的。相反，凝胶通常显示出丰富的结构缺陷和不规则性，如图 7.18 所示。

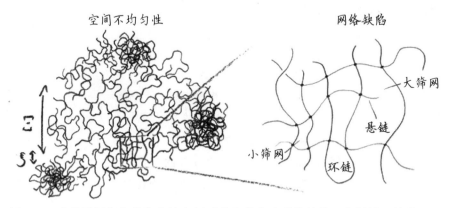

图 7.18　高分子网络和凝胶中的空间不均匀性和连通性缺陷。在标尺 ξ 约为 10～100nm 的尺度上，高分子网络凝胶的交联度和高分子链段密度通常具有相当不均匀的空间分布；此外，在标尺 ξ 约为 1～10nm 的尺度上，高分子网络通常显示出局部结构缺陷，如松散的悬链和环状链，以及网络筛网尺寸的不均匀分布

在凝胶网络筛网的局部尺度 ξ（约为 1～10nm）的范围内，首先我们必须考虑网络筛网尺寸的多分散分布，包括小的、大的以及介于两者之间的各种尺寸。此外，高分子网络通常在这些尺度上显示出结构**缺陷**，如仅有一端连接到网络的松散的悬链，又如虽有两端连接到网络但没有连接到网络其他部分的环链，从而在变形时不能储存弹性能。

在更大的尺度，Ξ 约为 10～100nm 的范围上，高分子网络凝胶通常具有相当明显的交联和高分子链段密度的**空间不均匀性**。在第 6.4.1 小节中已经讨论了这一点，并在第 6.4.2 小节中详细介绍了通过光散射对这些结构的实验评估。这些不均匀结构的形成有两个原因。首先，在前驱体高分子链随机互连形成凝胶的情况下，体系中的涨落总是会造成其中链材料的瞬间非均匀分布；而在交联时，这些随机的瞬时涨落被"冻结"于网络结构中，成为永久性的空间波动。其次，在通过聚合多官能单体（或双官能单体和一些充当交联剂的多官能单体的混合物）形成凝胶的情况下，在反应的早期阶段，将发生多重环化和自交联，导致局部纳米凝胶团簇的形成和生长。在该过程的后期，这些团簇将相互连接，形成空间完全填充凝胶，于是仍保持类似于该过程早期材料的不均匀分布。

甚至在 100～1000nm 及以上的尺度上，一些凝胶显示出进一步的结构不均匀性，称为**孔隙率**。凝胶中的这种孔隙可以由于多种原因形成，包括体系中由于形成气态副产物而产生的气泡，成孔剂的有意使用，或在凝胶化过程中由于反应热而导致热反应性凝胶的微相分离。

凝胶的不均匀结构对其性质有多重影响,技术上最有意义的是它们对凝胶力学的影响。在第5.9.2小节中,我们已经学到橡胶弹性模型的背景,可以用于评估高分子网络(也包括凝胶)的弹性模量。然而,该模型假设在拓扑学上是一种单分散的、均匀网络的筛网。但在更真实的多分散筛网阵列中,实验评估的模量将是某种平均值。更重要的是,在存在空间不均匀性的情况下,局部密集交联的纳米凝胶团簇内部基本上不储存弹性能,而只是像一个个巨大的交联结点那样起作用。这意味着"埋藏"在这些团簇内部的所有交联点都"丢失"了,并对弹性储能没有贡献,凝胶的弹性模量往往比基于交联剂的纯化学计量的预期值小得多(通常只有百分之几),其原因正是如此。

7.2.4 高分子网络和凝胶的动力学

高分子网络的筛网结构(以及它所表现出的所有不均匀性)使凝胶成为令人感兴趣的隔离材料,允许小于筛网尺寸的物质通过,同时阻挡大于筛网尺寸的扩散物。基于这一前提,对于通过高分子网络凝胶基质的扩散,有不同的区域和各种机理,依赖探针的尺寸和灵活性,可以对此加以识别或推测,这一点看来是合乎逻辑的。

有一种情况,涉及小分子通过网络网筛结构的扩散。对于这种类型的小分子探针扩散,已经发展出三类模型,与没有高分子基质时的扩散相比,这些模型都预测了高分子网络对小分子的扩散有明显的阻碍作用,这通常是由于:(i)探针小分子扩散所需的自由体积减少;(ii)探针小分子和凝胶网络基质之间的流体动力相互作用;(iii)由凝胶网络基质设置的障碍导致探针小分子运动的路径长度增加。此外,还已经讨论过这些效应的组合。

当较大分子的探针,如大分子或胶体粒子作为探针,通过凝胶网络扩散时,会出现更复杂的情况,这实际上需要精确考虑探针大分子的柔性、分形维数、与网络筛网大小相比的尺寸,以及其扩散特征时间与网络重排特征时间的比率,见图7.19所示和总结。我们可简化和区分为两种情况:只有在网络对探针来说还不算太小的情况下,刚性介观探针才能通过;而柔性介观探针则可能表现出具有在网络筛网中移动的机理,即使这些网络筛网本身甚至比探针还小。

刚性介观探针的典型例子是胶体硬球。就这些探针在高分子基体中的扩散,针对未交联的亚浓高分子溶液的情况,最初由 de Gennes 进行了评估,后来 Langevin 和 Rondelez 也有报道[19],通过考虑摩擦系数以 $f_0/f \sim \exp(-(r/\xi)^\delta)$ 的形式增大,其中 r 为探针半径,c 为屏蔽长度,对应于(此处为瞬态)网络筛网大小。这个概念是基于(探针)对筛网滑移活化能的简单估计。Cukier 的进一步论证认为 δ 的值为 1[20]。在实验中也发现了同样类型的公式,后来由 George D. Phillies 从理论加以推导,他假定有 $D \sim \exp[-(r)]^\alpha$ 型的普适标度公式,可用于描述各种类型探针的平移扩散系数 D,例如这些探针是球状颗粒、线形链或星形高分子,适用于从稀溶液到浓溶液的整个浓度范围内的大分子基质。在另一种评估中,可以根据蛇行机理和标度参数加以量化,对于自由柔性高分子链通过高分子网络凝胶的运动,正如我们在7.1.4.3中已经处理。

---

[19] *Polymer* 1978,19(8),875-882.
[20] *Macromolecules* 1984,17(2),252-255.

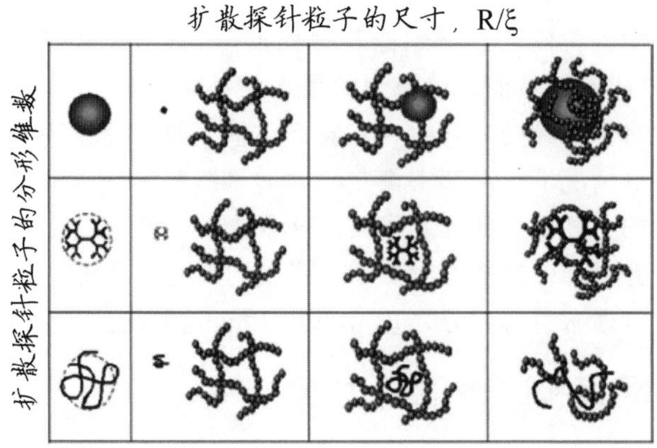

扩散探针粒子的尺寸，R/ξ

扩散探针粒子的分形维数

图 7.19　探针粒子在高分子网络基体中的扩散随下列参数的函数变化：（1）扩散物体尺寸（R）与网络筛网尺寸（ξ）的相对比率；（2）扩散物体的分形维数，后者又与其刚性或柔性有关。图片经 *Macromolecules* 2002，35（21），8111-8121. 许可转载。版权归 2002 美国化学会所有

第 22 讲　选择题

（1）根据渔网状凝胶的定义，未键合的高分子链是什么？

a. 根据定义，高分子渔网状凝胶由交联网络的链、未键合的链和溶剂组成。

b. 凝胶的定义包括所有高分子链，即已进入高分子网络的链和未键合的链。

c. 有一些支化高分子链，它们不属于网络的一部分，但对样品弹性有所贡献，只有这些链才是定义凝胶的一部分。

d. 在凝胶的定义中不包括未键合的链。

（2）溶胶分数和凝胶分数之间的区别是什么？

a. 凝胶分数仅包括跨越体系的网络，而尺寸较小的每个网络都包含在溶胶分数中。未键合的链并不包括在这两者中。

b. 凝胶分数仅包括跨越体系的网络，而尺寸较小的每个网络与当前未键合的链一起包括在溶胶分数中。

c. 凝胶分数包括样品中的每个网络，而溶胶分数仅包括未键合的高分子链。

d. 凝胶分数仅由永久交联的网络组成，而溶胶分数则由可逆交联的网络组成。

（3）高分子科学中的逾渗现象涉及什么？

a. 跨越体系网络的建立

b. 高分子溶液的胶凝部分与仍为液体的部分发生分离

c. 高分子溶液的过滤

d. 在高分子溶液中高分子线团的形成

（4）什么是逾渗阈值？

a. 逾渗完成的点。

b. 逾渗达到临界值的点——形成了第一个跨越体系的网络。

c. 速率最高的逾渗点。

d. 对于足够高的高分子浓度，仍可能进行逾渗的点。

（5）除了键逾渗之外，另一个常见的简单逾渗模型是什么？

a. 串逾渗，其中相邻的格座可以通过线性串联结构连接。

b. 座逾渗，即所有的格座首先都未被占据，网络的形成取决于相邻格座是否被占据。

c. 分支逾渗，从单个逾渗中心开始形成树枝状网络。

d. 团簇逾渗，由于网络结构的不均匀性转换而形成不均匀的团簇。

（6）当达到逾渗阈值 p_c 时，以下哪种情形不会发生？

a. 形成跨越体系的网络。

b. 达到凝胶点。

c. 凝胶分数之值达到 1。

d. 黏度发散。

（7）将下列高分子网络的不均匀性按照网络尺寸从大到小排列：

① 松散的悬链、环链和各式各样的筛网尺寸；

② 由凝胶化过程中的气体副产物或由相分离形成的孔隙；

③ 由多官能单体形成的团簇。

a. ②＞①＞③　　　　b. ③＞②＞①　　　　c. ①＞②＞③　　　　d. ②＞③＞①

第 23 讲　固态高分子本体

前一讲介绍了一种重要的高分子固态——凝胶。在此种状态之下，试样的力学外观形状稳定且富有弹性，这意味着复数模量的储能部分大于损耗部分。然而，在这种状态中，样品主要组成是大量低摩尔质量的、失去流动性的溶胀介质。下文中，我们将重点讨论仅由高分子本体组成的固态，因此具有比凝胶更高的模量。根据材料在这些固态中的微观堆积的规则性，我们将讨论玻璃态或结晶态高分子。在这一讲中，我们将学习这些状态的区别和特征、它们是如何形成的，以及它们具有哪些性质。

7.3　玻璃态和结晶态高分子

7.3.1　玻璃化转变

7.3.1.1　基础知识

至此，我们已经广泛讨论了具有柔性构象的高分子，如在熔体、溶液或凝胶状态中实现的就是这种构象。现在我们换个话题，讨论相反的情况：高分子具有固定的、非柔性的构象，如在固态本体中所实现的那种构象。依赖于固定的微观链构象是**无序非晶的**，还是**有序的和规则的**（至少部分如此），我们将高分子区分为**玻璃态**或**结晶态**（确切地说，实际上对高分子是部分结晶态）。若降低温度，对于低摩尔质量的分子，占优势会结晶，形成有序态；与此不同，高分子通常会发生所谓的**玻璃状固化**（glassy solidification），此处不采用其他科学中使用的同义词 vitrification[⑲]。玻璃化的原因是：高分子通常有不规则的初级结构，其链有无规卷曲和潜在的链缠结，这会阻碍许多高分子建立规则的晶体结构。相反，一旦环境能量过低，不允许链段迁移，那些高分子就会"冻结"为非晶结构。这一转变点被称为**玻璃化转变温度**（T_g），但它实际上更像是一个温度范围，而不是确定的单一温度。

在第 5.7.3 小节中，当学习高分子的力学谱时，我们已经见过模量对时间或温度的作图（见图 5.22），现在加以重绘并标明玻璃化转变区域的位置，如图 7.20 所示。在这个转变区域中，高分子按照 Rouse 模式或 Zimm 模式相继依次发生活化，最初是无任何类型主链动力学的完全冻结状态，从而转变到那种动力学被激活的状态。在前一种状态下，链的形变只能在原子尺度上进行，即键被拉伸或键角被扭曲，这伴随着发生能量-弹性响应，其弹性模量值在吉帕范围。相比之下，在后一种状态下，链的形变可以通过更容易的键扭转来适应，这伴随着发生熵-弹性响应，弹性模量在兆帕范围。在这些根本不同的状态之间的过渡区域内，高分子样品既是已经激活的"流体"，也是仍未激活的"固体"，因此复数模量的储能和损耗部分是相当的[⑳]，理想的结果是：其力学性质的特征为 $G' \approx G''$，即有 $\tan\delta = 1$。

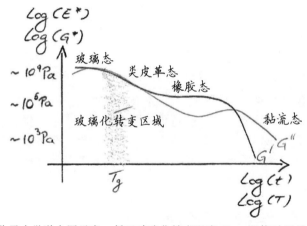

图 7.20　高分子力学谱全图示意。低于玻璃化转变温度 T_g，即使对于只有单个链段的运动，能量也不足，因此非晶高分子结构在时间上被冻结。通常，玻璃化转变在玻璃化转变区域中逐渐发生，而不是在某一特定温度急剧发生

　　[⑲]　vitrification 这个术语是由科学家 Luyet 在 1937 年研究有机胶体时所创造，意指物质在快速急冷下形成透明的玻璃体，中译也为"玻璃化"。这个英语字的词根 vitri 是由希腊文"玻璃"而来。但是，在高分子科学和工程英语文献中通常并不用此术语，更多地采用 glass transition 这个由普通名称构成的术语——译校者注。

　　[⑳]　准确来说，这种思路实际上只适合下列材料：它从类固态弹性玻璃（其 $\tan\delta < 1$）直接转变为类液态黏性熔体（其 $\tan\delta > 1$），所以它的中间点 $\tan\delta = 1$，标志这个转变发生。然而，根据图 7.20，具有缠结或交联链的样品显示了从一种固态到另一种固态的转变，即从能量弹性玻璃到熵弹性橡胶之间的转变。在这些情况下，都存在 $G' > G''$。$\tan\delta$ 在转变点不一定是 1，在这些样品中，对于玻璃态和橡胶态二者，也就是说，在玻璃化转变温度的上下都是如此。然而，在转变中至少会出现 G'' 逼近 G'，如图 7.20 所示。在此种情况下，$\tan\delta$ 总是小于 1，但是，在 G' 和 G'' 最接近的这个点上，至少一个 $\tan\delta$ 是"极小的"（即另一个是极大的），于是这个点标志着玻璃化转变的发生。

由于在玻璃化转变区域中高分子力学特征有根本性变化，玻璃化转变温度实际上是最有价值的材料参数之一。曾出现一个引人注目的悲剧，说明对这一根本性变化的无知会导致材料失效。1986 年 1 月 28 日上午，挑战者号宇宙飞船本应从肯尼迪航天中心发射，执行为期 6 天的太空任务。一月，早晨的温度很低，因此燃料体系中的橡胶垫圈处于玻璃态，而不是橡胶态，从而丧失密封能力。致使燃料泄漏，导致爆炸，起飞后仅 73s，航天飞机在约 15km 的高空解体。当天，机组 7 名宇航员全部丧生，其中包括一名按原计划应在太空授课的小学教师。这场灾难表明：在玻璃态和橡胶态，高分子材料有本质上不同的性质，而且对于二者之间的转变，温度起着无比重要的作用。

十分重要的是应当注意，玻璃化转变**不是相变的现象**，尽管它往往也被称为转变。相变定义为：样品的**微结构发生**变化，还必须导致可观测的**宏观性质发生变化**。然而，在玻璃化转变期间，链段动力学被冻结，**样品的微结构并没有改变**。因此，即使玻璃化有二阶相变所具有的一些唯象学特征，但它实际上并不是相变，而只是严格意义上的动力学现象！换言之，这种现象实际上对所有的物质都可能发生，而不仅只是对高分子，因为所有物质通常都可能受到完全相同原则的制约：当达到动力学冻结的那一点，其结构仍是非晶的，要发生玻璃化转变，在温度下降的过程中，我们必须做到以某种方式阻止结晶的发生，温度最终低到足以冻结所有的动力学，而样品仍然具有非晶结构。假若冷却速度过快，以至于样品没有时间进行结晶，这意味着分子在其动力学冻结前无法在规则晶格上排列，就是这样一种情况。然而，由于典型的分子物质通常由相当小的分子组成，这些分子实际上可以发生许多情况。然而，除非我们真正快速冷却，例如通过在液氮、液氦或液氩中的急速冷冻，才能看到玻璃化转变，否则只是看到正常的结晶。相比之下，在软物质中，构建单元的尺寸大且动力学慢，对于结晶的发生有巨大的阻力，甚至是巨大的障碍；因此，在很多情形中，即使在中等的冷却速率下，也会发生玻璃状固化。这种情况下，我们只是过快通过了潜在结晶点，从而进入冻结动力学的状态，但仍然是非晶结构。这一点对高分子来说尤其明显，因为在这些物质中，在晶格位置上排列的不是整个线团，而只是其中的各个链段，并且由于链段间的相互连通性，通常是不规则的，在晶格位置上那种规则排列要么是相当受限的，要么甚至是完全不可能。在高分子材料中，相当频繁观察到玻璃化转变，但却相当少观察到结晶，其原因正是如此。

7.3.1.2 玻璃化转变的概念基础

我们可以从两个观点对玻璃化转变现象进行概念性的微观理解。第一种观点以动力学和能量为重点，正如我们前面已经部分论证过的那样。高分子链中的链段动力学需要时间；我们已在第 3.6.4 小节中对**弛豫模式**的概念进行量化。模式指数越高，以合作方式移动的链段就越多，使子链位移至少等于自身尺寸的距离所需的时间就越长。当温度较低时，情况更甚，因为动力学通常是**热激活**的。在这个概念中，可以把玻璃化转变温度看作是这样一个温度：当低于这个温度时，即使是链上的单个单体单元想位移到与其自身尺寸相等的距离，也需要无限长的时间。在另一个概念中，我们也可以针对此同一论题进行能量论证：链段运动需要沿高分子主链的键扭转，在室温下，其活化能在 RT（或 $k_B T$）的几倍范围内（参考第 2.1.1 小节中的图 2.2）。虽然这些都是低活化能，但在非常低的温度下，即使这样低的活化能也不能克服，因此任何类型的链动力学都会被冻结——或者根据 Arrhenius 型的公式，将活化能换算为速率常数，则需要无限长的时间。

关于玻璃化转变的第二个观点集中考量样品体积。在高温下，材料的绝大部分体积由**自由体积**构成，也就是说，由其分子之间的真空构成。现在想象一个被冷却的高分子熔体。冷却将减少体积，根据上文所述，这首先主要是由链段之间自由体积的减少造成的。在某一点上，自由体积如此之小，以至链段无法再移动，因为在它们周围已无足够的真空可供移动。此点即为玻璃化转变，发生玻璃化转变时的温度就是玻璃化转变温度。若进一步冷却，样品也会进一步发生收缩，但其原因仅是链材料本身的热收缩，而不再是其间剩余的小自由体积的热收缩，自由体积已经保持恒定。

玻璃化转变的后一个概念如图 7.21 所示，显示了高分子化合物的比体积与温度之间的关系。链本身的体积 V_p 按照热膨胀系数 α 随温度不断增加。在玻璃化转变温度 T_g 以上，存在剩余的自由体积 V_f，它同样也显示出热膨胀，并且这种热膨胀实际上比链材料本身的基础热膨胀要明显得多。然而，在玻璃化转变温度 T_g 以下，自由体积 $V_{f,g}$ 仅是极小值，且是恒定值，此时热膨胀只由链材料本身的贡献 V_p 构成。要处理这一问题，我们可以借助体系中自由体积的分数 $f=V_f/V$，即：

$$f=f_g+(T-T_g)\alpha_f \tag{7.59}$$

式中 f 是刚才引入的自由体积分数，f_g 是在玻璃态中的恒定自由体积分数，α_f 是自由体积的热膨胀系数。

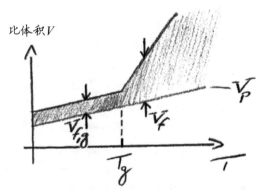

图 7.21　高分子样品有温度依赖性的比体积 V：它是高分子链段材料本身的固有体积 V_p 和链与链段之间的自由体积 V_f 的总和。V_p 通过链材料常见的热膨胀而稳定地增加；在高温下，V_f 使总体积发生大得多的增加。相反，在低于玻璃化转变温度 T_g 的低温下，玻璃态的自由体积 $V_{f,g}$ 保持恒定，使得低温度范围内的热膨胀（加热时）或收缩（冷却时）仅来源于高分子链材料本身的膨胀/收缩。图片源自 B. Tieke：*Makromolekulare Chemie*，Wiley-VCH，1997

利用这些关系，我们可以再次推导出流变学数据的时温等效原理［即 **Williams-Landel-Ferry（WLF）公式**］，此式我们已经在第 5.7.3 小节中从略微不同的另一角度推导过了。在此，我们从样品黏度的 **Doolittle 公式**开始推导：

$$\ln\eta=\ln A+B\left(\frac{V}{V_f}\right) \tag{7.60}$$

该表达式是经验发现的公式，但其解说性极强：V 是指软物质样品中大分子或颗粒的体积，而 V_f 是对应空隙的体积，如果动力学没有冻结，这些大分子或粒子可以在其中移动。如果空隙体积 V_f 大于分子/颗粒的体积 V，则该运动容易发生，此时黏度 η 很低；反之亦然。在这种物理图景中，Doolittle 公式就像 Arrhenius 或者 Eyring 公式一样，可将体系中的热能与克服某个障碍所需的能量联系起来。

使用自由体积分数 $f = V_f/V$，可将式(7.60) 改写为：

$$\ln\eta(T) = \ln A + B(1/f) \tag{7.61a}$$

当达到玻璃化转变温度，我们可以写为：

$$\ln\eta(T_g) = \ln A + B(1/f_g) \tag{7.61b}$$

取上列二式的比值，并根据式(7.59) 代换 f，得到：

$$\ln\frac{\eta(T)}{\eta(T_g)} = B\left[\frac{1}{f_g + \alpha_f(T - T_g)} - \frac{1}{f_g}\right] \tag{7.62}$$

根据 $\tau = \eta/G$，我们可以用弛豫时间 τ 代替黏度 η，由此推导出：

$$\ln\frac{\eta(T)}{\eta(T_g)} = \ln\frac{\tau(T)}{\tau(T_g)} \approx \log\frac{\tau(T)}{\tau(T_g)} = \log a_T = \frac{-(B/2.303 f_g)(T - T_g)}{(f_g/\alpha_f) + (T - T_g)} \tag{7.63}$$

式中 a_T 是时温等效原理的移动因子，已在第 5.7.3 小节中介绍。

经验结果证明，绝大多数高分子有**普适值**：$f_g = 0.025$ 和 $\alpha_f = 4.8 \times 10^{-4} \cdot \text{K}^{-1}$。这意味着，在玻璃态，可利用的自由体积有普适值，为 2.5%，而高分子链材料本身所占据的体积为 97.5%。

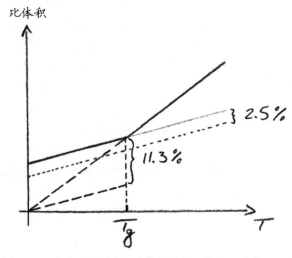

图 7.22 高分子样品有温度依赖性的比体积（实线）；基于 WLF 概念的结果（点线），估算出组成中有 2.5% 自由体积，而按照 Simha-Boyer 的预测有 11.3% 自由体积，由于玻璃和熔体状态都有相同的非晶结构，所以二者的体积在绝对零度必须重合（虚线）

上述发现与 Simha 和 Boyer 的不同方法和预测形成了对比。按他们的预测，玻璃和熔体都是非晶的，因此在绝对零度处应该有相同的体积，这意味着它们的热膨胀曲线应该在那里相交，如图 7.22 中的虚线所示。这种预测意味着在玻璃态中自由体积为 11.3%，如图 7.22 中的几何图线所示，这大约是 WLF 处理中预测值的 5 倍。这种偏差可能有一种解释：WLF 处理方法只过于注重体积的效应，而且在此种观点中，实际上还有一种活化能的贡献被错误归纳于体积效应中；因此，在 WLF 的估算中，玻璃态的体积受限性（volume confinement）被高估了，而事实上，玻璃态的阻滞只是部分由于缺乏自由体积，另一部分则是由于缺乏动力学的热激活。

后一种想法与我们最初的概念性考量一致，对玻璃化转变作出贡献的有两个因子：第一个因子是自由体积 V_f 的温度依赖性，正如刚才已讨论；第二个因子是链段运动速率的温度依赖性，而此运动必须克服活化能 E_a，如进一步讨论所述。这两个因子都起作用，因此，玻璃化转变的 Arrhenius 作图可能会偏离线性，如图 7.23 所示。此图表明，在许多不同的温度下，记录测定的 G 和 t，然后按 $G \sim 1/t$ 进行双对数作图，玻璃化转变发生

于 $1/\tau_g = \omega_g$，还有附加潜在的次级转变。在玻璃态进一步冷却时，由于玻璃态链侧基旋转的潜在额外冻结，出现二级转变，表现为斜率平缓的简单 Arrhenius 关系，这是活化能 E_a 的单独贡献。玻璃化转变使这种线性出现偏离，尤其是在低温下，表现出更陡的斜率。出现此现象的原因是：在这一区域，自由体积 V_f 和活化能 E_a 两个因子都发挥了作用。在高温下（$T \to \infty$），这两个因子汇合在一起，但由于自由体积是足够的，因此只有活化能的贡献才至关重要。

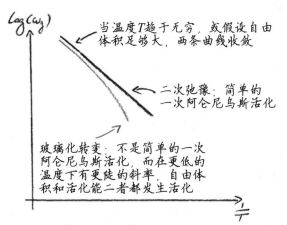

图 7.23　在许多不同的温度下，记录测定的 G 与 t，然后按 $G \sim 1/t$ 进行双对数作图，玻璃化转变发生于 $1/\tau_g = \omega_g$，还有附加潜在的次级转变。次级转变表现为活化能 E_a 的单独贡献，而对玻璃化转变，产生于自由体积 V_f 的第二种贡献作用更大，在低温下（$1/T$ 坐标轴的右端），V_f 非常之小；在高温下（$1/T$ 坐标轴的左端），两条线汇聚，因为 V_f 足够大

玻璃化转变是非平衡的动力学过程。通过图 7.24 中的两个示例，很容易地对此作形象说明。这两幅示意图中的作图表达两种不同的现象，都将比体积作为温度的函数来作图。图 7.24（A）显示了**老化**过程：其中，样品从高于 T_g 的初始温度冷却到低于 T_g 的温度。从图中曲线的弯曲处，可以清楚观察到玻璃化转变。然而，甚至在停止冷却后，样品的比体积仍然会进一步地减少，这种现象称为老化。那种老化现象的出现表明，虽然样品已经达到了玻璃态，但之前却并未处于平衡状态。图 7.24（B）显示了 T_g 对冷却**速率**的依赖性。对于不同的冷却速率，即 q_1 和 q_2，得到了不同的玻璃化转变温度。这种不确定性再次表明，玻璃化转变不是一种平衡转变。因此，图 7.24 所示的两种现象都表明，玻璃化转变具有不同类的时间依赖性；由此证明它是一种**动力学**现象，而不是平衡相变。

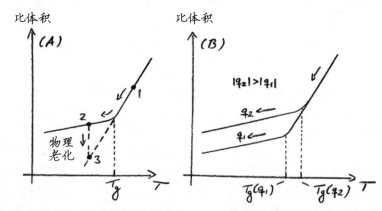

图 7.24　玻璃化转变动力学本性的认知是通过：（A）玻璃态样品的老化过程和（B）玻璃化转变及其发生温度对冷却/加热速率 q 的依赖性。示意图重绘自 J. M. G. Cowie：*Chemie und Physik der synthetischen Polymeren*，Verlag Vieweg，1996

7.3.1.3 T_g 的结构-性质关系

玻璃化转变温度与高分子样品的结构相联系，其间有一套结构-性质关系。例如，体积庞大的或极性的取代基阻碍主链的旋转。因此，相比于更柔性的高分子，此类高分子在运动中更容易被冻结。实际上，聚乙烯（PE）表现出低至 $T_g(PE)=188K$ 的玻璃化转变温度，而通过在每个单体单元上添加一个庞大的苯侧基，所得到的高分子聚苯乙烯（PS）的玻璃化转变温度提高了 2 倍，达到 $T_g(PS)=373K$。聚丙烯（PP）表现出介于两者之间的玻璃化转变温度，即 $T_g(PP)=253K$。用极性的腈基取代非极性的甲基得到聚丙烯腈（PAN），其玻璃化转变温度随之升高到 $T_g(PAN)=378K$。高分子链的交联也能使体系变得更加刚性，从而提高 T_g，而与未支化的样品相比，由于较低的堆积密度和由此产生较大的自由体积，支化使 T_g 降低。人为降低玻璃化转变温度的其他方法，还包括使用所谓的软化剂。这些软化剂既可以是化学性质的，即通过加入柔性共聚单体；也可以是结构性质的，即通过使用其他结构如侧链。

7.3.1.4 T_g 的实验测定

上述所有讨论都向我们证明玻璃化转变温度有多么重要，然而如何在实验中测定此值呢？可能会有很多方法。在本节的开头，基于图 7.20 中高分子样品的力学谱，我们可以评估玻璃化转变的区域，其中玻璃化转变温度实际上也标记在横坐标上。如果所讨论样品在玻璃化转变之后显示出橡胶弹性区域，如图 7.20 所示，参数 tanδ 可作为一个合适的物理量，对此从数值上加以表征；对于低于 T_g 的能量弹性玻璃态和高于 T_g 的熵弹性橡胶态，两种状态中的 tanδ 都很低；而在 T_g 及其附近的玻璃化转变范围内，二者的值则很高，因为在这个区域中，样品中仍然冻结的以及已经激活的两种主链动力学同时存在，这样 G' 和 G'' 二者都是适宜的。因此，它们的比值（tanδ）为极大值的那一点，将可靠地被认定为玻璃化转变温度[⑫] T_g。还有另外一种方法，稍后将在下文讨论，通过样品比体积的温度依赖性变化来评估玻璃化转变，如图 7.21、图 7.22 和图 7.24 所示，其中玻璃化转变温度也标记在横坐标上，此点上因键的扭结或弯曲使体积发生变化。除了这两种方法外，还有其他几种方法来测定玻璃化转变温度。然而，实际的问题是，甚至对于绝对相同的样品，所有这些不同的测定方法也会导致 T_g 认定值不同。这种模糊性再次向我们证明，玻璃化转变并不是一个尖锐的并且定义明确的相变，因此在实践中，给定 T_g 数值的同时，须准确说明如何测定的。

7.3.2 高分子结晶

7.3.2.1 基础知识

高分子通常不结晶，这是一般规则，作为一个例外，对于某些高分子，实际上在玻璃化转变区域之前已显示出**部分**结晶性。其中，我们可以观察到**真正的相变**。然而，高分子

[⑫]　这种认定方法实际上仅适用于处理纯的高分子材料。然而，在实践中，材料经常通过填料进行改性（例如，填料增强）。这类添加剂极大改变 tanδ，从而导致将其作为玻璃化转变标志测定的潜在方法是不实际的。

只有在一定前提条件下才会结晶。第一，它们必须由严格的线形链组成，才能够以规则的方式排列。侧链、支链或其他复杂的一级结构阻碍了高分子链的规整排列。第二，鉴于单体与单体之间的连通性，甚至考虑到其立体化学，需要明确定义的单体序列，这意味着结晶只可能发生于全同立构或间同立构的均聚物中。第三，分子间的相互作用可以使高分子链稳定，避免晶体中对熵不利的堆积，从而有利于结晶过程。

高分子结晶度最好用 X 射线衍射表征。实验中干燥的样品受到 X 射线的照射，当 X 射线击中晶体散射中心时会被反射。如果这些中心以间距 d 对称排列，则入射束的一部分会偏转 2θ 的角度，从而在衍射图中产生反射斑。X 射线衍射实验的示意图如第 6.1 节中的图 6.1 所示。**布拉格公式**量化了晶格常数 d、散射角 θ 和波长 λ 之间的关系：

$$2d\sin\theta = n\lambda，式中\ n = 1,2,3,\cdots \tag{7.64}$$

高分子样品的典型结果显示了两种类型的 X 射线折射：漫射晕圈和顶部的离散反射点。这意味着样品是由非晶态和晶态组成的，这种现象被称为**部分结晶度**。

7.3.2.2 部分结晶的微结构

对高分子部分结晶微结构的最早描述是**缨状微束结构**。在这种图景中，假想结晶微区随机分布在整个样品中，并通过其间的非晶区连接，如图 7.25 所示。然而，人们很快意识到，情况往往并非如此。有一个显而易见的实例是天然纤维素，其部分结晶度与缨状微束的结构相匹配；然而，大多数其他结晶高分子的结构与此不同。

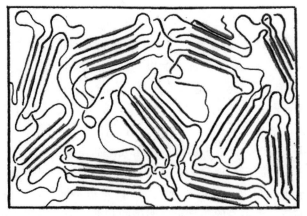

图 7.25　部分结晶高分子形态最早的概念示意图，称为缨状微束；然而，此种图景通常并不符合实际情况。示意图源自 B. Tieke：*Makromolekulare Chemie*，Wiley-VCH，1997

那么，我们应该怎样想象高分子的结晶结构呢？为了回答这个问题，让我们继续讨论一种相关的物质：长链烷烃低聚物。该类物质是如何结晶的？它们的结晶形式为不折叠的全反式的链，彼此紧靠在一起，形成**片晶**以使低聚物链的端基位于正面。通过简单的类比，可以想象如 PE 等长链高分子也有类似的结晶结构。然而，在这种情况下，要将高分子完全展开为全反式构象，以便将其排列成这样一个假设的片晶组装，我们需要克服极高的熵垒。此外，沿主链的不规则性，还有其他链的缠结，均阻碍按整个链轮廓而形成这种完美的片晶排列。因此，我们可以假设主链只有一部分以片晶组装的形式排列，而其他部分则位于正面，正如烷烃低聚物的端基在片晶相中的行为一样。在实验中，普遍发现：多种高分子的**折叠链片晶**厚度约为 10nm。其原因是自由能的平衡，如图 7.26 所示。在高分子熔体中，高分子链从无规线团拉直时，需要克服熵损失 $T\Delta S$。相比之下，将拉直的链段与结晶区连接具有能量增益 ΔH，这与低摩尔质量分子结晶时获得的晶格能相当。只要后一种能量的增益超过前一种能量的消耗，就有可能结晶。然而，假若生长的高分子晶体太厚，熵损失将大于随后的能量增益，从而不利于总自由能平衡，结晶就不会发生。另一方面，若晶体太薄，在第二步中的能量增益过低，从而再次对自由能平衡产生不利的影响。结果是，对总自由能平衡有利的晶体最佳尺寸约为 10nm。这对应于大约 50 个全反式单体单元。

折叠链片晶是基本构建单元，可进一步组成更高阶的晶体形态。最简单的结构类型是宽度约为 $10\sim20\mu m$ 的**片晶**，由于上述利于自由能平衡的原因，其厚度为 10nm。当晶体从稀溶液中生长出来时，通常形成这些结构，它们可看作是最接近匹配假设的高分子"单晶"的。图 7.27(A) 为这种高分子片晶的示意图。

在这样的片晶中，链片彼此相邻排列，这需要高分子链在表面上的**反向折叠**。为此，需要大约 5 个**左右式** C-C 键，形成一个小的非晶微区。依赖于 50 个全反式和 5 个**左右式**键序列的规则性，晶片具有或多或少的有序结构，如图 7.27(B) 所示。十分规则

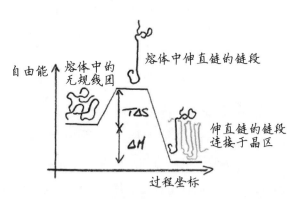

图 7.26　高分子晶体生长的概念机理。首先，在第一步中，高分子链段必须从无规线团中拉直和伸长，这会带来熵损失 $T\Delta S$；在第二步中，拉直的链段可以附着到结晶微区上，从而得到能量增益 ΔH。总自由能平衡最有利的是片晶厚度为 10nm。示意图源自 R. A. L. Jones：*Soft Condensed Matter*，Oxford University Press，2002

的序列会导致强的近邻反向折叠，而不太规则的序列则会产生弱的近邻反向折叠。如果与 50∶5 的比例相去甚远，那么一条链可能不折叠回相邻的另一条链，而是折叠回更远的随机的另一条链，这被称为**插线板模型**。这种排列仍然可以得到片晶，但在该情况下，非晶微区要大得多。

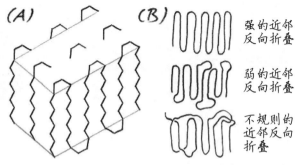

图 7.27　链折叠片晶可形成晶片。(A) 此结构的示意图。(B) 每 50 个全反式单体单元在晶片表面上折叠大约需要 5 个左右式 C-C 键。根据这种交替序列的规整性，可以出现强的、弱的或不规则的近邻反向折叠。示意图源自 B. Tieke：*Makromolekulare Chemie*，Wiley-VCH，1997

当多个晶片彼此堆叠在一起并被非晶区分开时，它们构成了**组合晶片**（stapled lamellae），如图 7.28 所示。这种结构通常是在浓溶液或熔体结晶时获得的。它们的形成可以用 Fischer 和 Stamm 的**固化模型**加以解释，该模型假定线团的一段部分排直发生结晶，从而形成相互紧密和规则排列的晶片，其间有非晶的链段桥接和连接。这种固化机理的优点是它不依赖于材料中的远距离扩散运动。

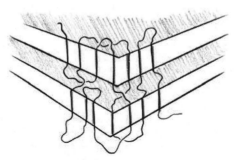

图 7.28　折叠链片晶进一步更高有序的组装：片晶子单元组装为组合晶片。示意图源自 J. M. G. Cowie：*Chemie und Physik der synthetischen Polymeren*，Verlag Vieweg，1996

或者还有另一种情况，折叠链片晶也可以径向纤维状方式排列。由此产生的结构称为**球晶**，其原微纤同样由折叠链片晶构成，被非晶微区层所分隔，如图 7.29 所示。此结构通过浓溶液或熔体结晶得到，其生长机理如图 7.30 所示。

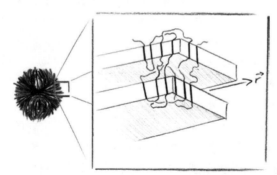

图 7.29　折叠链片晶子单元进一步更高秩序的组装为原微纤球晶形式。示意图源自 J. M. G. Cowie：*Chemie und Physik der synthetischen Polymeren*，Verlag Vieweg，1996

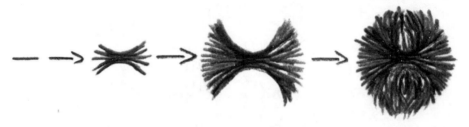

图 7.30　原微纤球晶的生长示意图

上述所有例子均已证明，高分子晶体只是部分结晶的，所有的结晶样品都仍然含有大量的非晶部分。在固体高分子中，总结晶度在很大程度上依赖于**结晶速率**，这在实验上对应于样品的冷却速率。我们已经知道，玻璃化转变温度的出现位置也受到这种方式的影响

（见图 7.24）。在结晶过程中，高分子链需要大量的时间将其自身排列成片状，还需要甚至更长的时间来完成反向折叠。当冷却速度过快时，在这种排列出现之前，已经强行通过玻璃化转变温度。这样一来，线团的形状在动力学上受限于玻璃态中，没有或只有少量的结晶微区，如图 7.31（A）所示。低于 T_g 时，即使对单个链段运动也没有足够的能量，从而阻止进一步有序结构的形成。只有缓慢冷却至玻璃化转变温度，但不要低于此温度，才有可能生成假设的高分子单晶的片层。按这样的方式，高分子链才有足够的时间以及足够的能量，可将自己排列成折叠链片晶和/或更高秩序的晶体形态，如图 7.31（B）所示。一般而言，高分子结晶动力学的特征是如此重要，以至于占优势的晶体结构不是最有利的热力学特征（即最低自由能）决定的结构，而是具有最有利动力学特征（即最高形成速率）决定的结构。

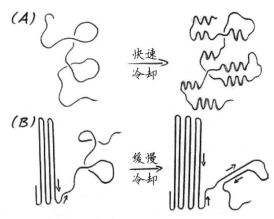

图 7.31 （A）快速的冷却速率导致动力学上受限高分子线团无法再重新排列。这种效应极大地破坏了高结晶度。（B）缓慢的冷却速率使高分子链有足够的时间排列成有序结构，从而出现较高的结晶度。示意图源自 B. Vollmert：*Grundriss der Makromolekularen Chemie*，Springer，1962

7.3.2.3 结晶度的实验测定

除了概念上的理解，我们如何从实验上来实际测定结晶度呢？有两种常见的方法。第一种方法基于这种观念：在部分结晶高分子中，紧密堆积结晶部分的密度与松散堆积非晶部分的密度不同，从而我们可以写为：

$$V = V_{cryst} + V_{amorph} \text{ 和 } m = m_{cryst} + m_{amorph} \tag{7.65}$$

于是有：

$$V\rho = V_{cryst}\rho_{cryst} + V_{amorph}\rho_{amorph} \tag{7.66}$$

进一步得出体积结晶度：

$$\phi_{cryst} = \frac{V_{cryst}}{V} = \frac{\rho - \rho_{amorph}}{\rho_{cryst} - \rho_{amorph}} \tag{7.67}$$

和质量结晶度

$$w_{cryst} = \frac{m_{cryst}}{m} = \frac{V_{cryst}\rho_{cryst}}{V\rho} = \frac{\rho_{cryst}}{\rho} \cdot \frac{V_{cryst}}{V} = \frac{\rho_{cryst}}{\rho} \cdot \phi_{cryst} = \frac{\rho_{cryst}}{\rho} \cdot \frac{\rho - \rho_{amorph}}{\rho_{cryst} - \rho_{amorph}} \tag{7.68}$$

上述最后两个公式使我们能够通过测量样品密度，再加上纯晶体和纯非晶体参照物的密度数据，从而计算出结晶度。假若我们知道晶胞基本单元，从规则晶体部分化学初级结构的知识就可以确定，再通过晶体学方法计算，可以计算出上述第一个参数 ρ_{cryst}。通过测量玻璃状参考样品的密度，例如通过急速冷冻抑制结晶从而制出样品，所测得的密度可认定为第二个参数 ρ_{amorph}。

实验评估的第二个方法是 X 射线衍射法。部分结晶高分子样品的散射曲线由扩散晕圈（由非晶区造成）和顶部的两个离散的峰（由晶区引起）组成。于是，根据衍射曲线的这两部分下方的面积，可以十分简单地测定结晶度：

$$w_{cryst} = \frac{A_{cryst}}{A_{cryst} + A_{amorph}} \tag{7.69}$$

7.3.2.4　T_m 的结构-性质关系

除了上述的冷却速率外，结晶度和结晶发生的温度也受化学因素的影响，即受高分子主链的类型和结构的影响。通常说来，一方面，主链若带有发生强烈相互作用的侧基，则有利于结晶，并需要高的 T_m；但另一方面，如果该主链柔性不够（如果侧基相互作用太强，即可能如此），结晶会受到阻碍，因为高分子很难将自身排列成上述链的片晶。然而，还有一方面，如果主链偏柔性，在熔体状态下可能会有许多不同的构象，而在结晶时必须放弃这些自由度，造成高的熵损失，从而阻碍结晶，但最终可能在非常低的温度下实施结晶。因此，链有特定的中等柔性（既不太低，也不太高）是良好结晶性的最佳选择。影响高分子结晶能力进一步的一些因素，同样还有发生结晶温度点的这种影响因素，与对于玻璃化转变有同样效应的那些影响因素是相似的，后者在 7.3.1.3 部分已经讨论过了。这可能归因于共聚单体单元的存在，或特别是支化的存在，因为支化的作用就像一种"化学上连接于高分子的溶剂"一样。事实上，玻璃化转变温度和结晶温度同样受到这些（以及更多）因素的影响，它们实际上是耦合的，正如经验性的 **Beaman-Bayer 规则**所表达的那样：$T_g \approx 2/3 T_m$。

7.3.3　玻璃化和结晶转变的比较

在本章的最后，让我们比较一下高分子的玻璃化转变和晶体-熔体转变的热力学特征，如图 7.32 所示。最上面一排的示意图显示：在这两个过程中，中心状态函数吉布斯自由能 G 的温度变化过程。我们可以看出，晶体-熔体转变过程中在熔点 T_m 自由能表现出一个转折点，从而表明它是真正的一级相变，但在玻璃化转变温度 T_g 下曲线是平滑的，类似于二级相变的表现。对于这两种情况，如中间和最下一排示意图所显示，自由能的一阶和/或二阶导数可以看到实际的不连续性，分别认定为温度依赖性的比体积 $V(\sim \partial G/\partial p)$ 和热容量 $c_p (\sim \partial^2 G/\partial T^2)$。我们在本章中讨论最多的曲线（也是最容易通过实验确定的）是中间一排的 $V(T)$ 作图表示，它实际上最突出表现了晶体-熔体转变和玻璃化转变之间的差异。在晶体-熔体转变中，体系从温度低于 T_m 时的完全有序堆积状态转变为温度高于 T_m 时的松散无序堆积状态，从而导致 V 的明显跃升。因此，热力学势 G 的一阶导数 $V \sim \partial G/\partial p$ 存在不连续性，从而表明存在一级相变。相比之下，在玻璃化转变期间，该体系从温度低于 T_g 时的有冻结动力学状态过渡到温度高于 T_g 时的激活动力学状态，这伴随着两种状态出现不同的热膨胀系数，从而只在 $V(T)$ 的变化中出现转折。在这种情况下，实际的跃变只出现在 G 的二阶导数中，如热容量[120] c_p $(\sim\partial^2 G/\partial T^2)$。由于这种特征对于二级相变十分典型，因此可能说明这里存在这种相变，但玻璃化转变并没有显示有任何微结构的变化，这是任何相变的基本原则；因此，玻璃化转变并不是一种实在的相变，而只是一种动力学现象。

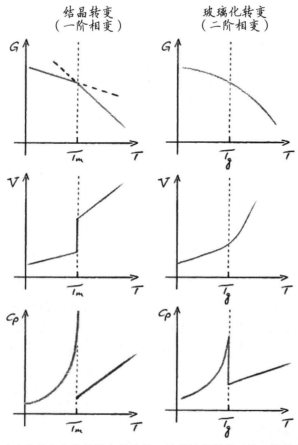

图 7.32　高分子的玻璃化转变和结晶转变的特征。结晶过程是真正的一级相变，伴随着相应热力学势 G 导数的不连续，如体积 $V(\sim\partial G/\partial p)$ 和比热容 c_p $(\sim\partial^2 G/\partial T^2)$；而玻璃化转变只是一个"伪"二级相变。它表现出二级相变具有的某些特征，但实际上只是一种纯粹的动力学现象

　　为了进一步比较，对于纯玻璃态、部分结晶态和假设的纯结晶态的高分子，当加热时样品体积（也可以通过其比体积来评估）的特征变化总结于图 7.33。玻璃态高分子表现出从玻璃态到熔融态的转变，我们在 7.3.1.2 中已经讨论过了。假想纯的结晶高分子会显示出急剧的一级熔化相转变，如图 7.32 中排左图所示；此类高分子也不会出现低于熔点

---

[120]　实际上，像图 7.32 中最下一排图所示的数据点可以通过差示扫描量热法（DSC）进行测定。当然，与任何技术一样，此方法有实际分辨率的限制，在真实操作的实验中，我们同样也受到实践的约束，比如需要在有限的时间内进行实验，若仅有非常缓慢的加热或冷却的梯度，则实验不可能完成，从而使样品在整个过程中保持长时间的热平衡。因此，图 7.32 中最下一排左图的数据点实际上更像希腊字母 λ 的形状，而右图的数据点实际上看起来只像是一个阶跃函数。

的玻璃化转变，因为在此微区中假想的完美结晶有序性不允许残留任何可能发生玻璃化转变的非晶材料。实际的样品同时含有结晶和非晶两个部分，首先显示其非晶部分的玻璃-熔体转变，然后是其结晶部分的熔化。

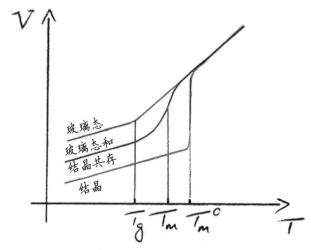

图 7.33　在冷却中完全非晶高分子仅表现出玻璃态（最上一条曲线），假想完全规则高分子表现出完全结晶态（最下一条曲线）；在冷却中，实际高分子表现出部分结晶，随后若进一步冷却，剩余的非晶部分将进一步玻璃化（中间一条曲线）

　　这种熔化转变并不尖锐，而是跨越一个范围，因为样品中结晶微区在尺寸和形态上都是分散不同的，每个结晶微区都显示自己固有的熔点，叠加的结果就形成了一个宽的熔化范围。在 T_g 和 T_m 之间的范围，样品表现出特别有趣和有用的性质，因为它既有固体微区（这些是仍然未熔化的结晶微区），也有液体微区（这些都是已经动态激活的非晶微区）。因此，样品像固体一样形状稳定，但也像流体一样具有耗散性，从而表现出良好的抗冲击性。

第 23 讲　选择题

　　(1) 玻璃态和结晶态之间的区别是什么？

a. 玻璃态的样品总是透明的，而结晶态的样品则是不透明的。

b. 玻璃态由非晶态结构组成，而结晶态是有序的。

c. 玻璃态样品通常更脆，而结晶样品具有更好的力学耐久性。

d. 玻璃态样品的熔点低于结晶样品的熔点。

　　(2) 高分子通常是如何固化的？

a. 它们通常以结晶态固化，因为这在能量上是最有利的结构。

b. 它们通常以结晶态固化，因为这允许链段的最紧密堆积。

c. 它们通常以玻璃态固化，因为无序的链在降低温度时"冻结"，这被称为玻璃化作用。

d. 它们通常以玻璃态固化，因为这对于熵是最有利的结构。

（3）具有缠结和交联的样品的玻璃化转变是什么？

a. 玻璃化转变是从具有弹性的玻璃态到黏性熔体的转变。

b. 玻璃化转变是从具有能量-弹性性质的玻璃态到熵-弹性橡胶态的转变。

c. 玻璃化转变是从低有序玻璃态到高有序结晶态的转变。

d. 玻璃化转变不会发生在缠结的高分子中。

（4）关于玻璃化转变温度的哪种说法是正确的？玻璃化转变温度_____。

a. 在大多数情况下实际上是一个温度范围。

b. 标志着从非晶玻璃态到有序结晶态的过渡点。

c. 只有在测量过程中维持缓慢的冷却过程时，才能在力学谱中显现。

d. 仅存在于高度交联的高分子样品中。

（5）玻璃化转变是一种相变吗？

a. 是的，它是一级相变。

b. 是的，它是二级相变。

c. 不是，但它具有类似于二级相变的特征。

d. 上述说法均不合适。

（6）在论及玻璃化转变的概念时，下列哪个参数不重要？

a. 对样品体积的不同贡献。

b. 链及其链段的弛豫动力学。

c. 链段位移的活化能。

d. 缠结摩尔质量。

（7）随温度的升高自由体积如何变化？

a. 对于 $T<T_g$，自由体积恒定；对于 $T>T_g$，自由体积呈线性增大。

b. 对于 $T<T_g$，自由体积恒定；对于 $T>T_g$，自由体积呈指数增大。

c. 对于 $T<T_g$，自由体积呈指数减小；对于 $T>T_g$，自由体积恒定。

d. 对于 $T<T_g$，自由体积呈线性减小；对于 $T>T_g$，自由体积恒定。

（8）下列说法中，哪个表明了玻璃化转变是一种远离平衡的动力学过程？

a. 即使超过了玻璃化转变，甚至没有进一步的冷却，样品的比体积也会随时间进一步减小；这是所谓老化。

b. 玻璃化转变温度与冷却速率无关，仅依赖于高分子的类型。

c. 一旦达到玻璃化转变温度，样品就保持玻璃态，除非温度发生变化。

d. 玻璃化从高于玻璃化转变温度的温度实际上已经开始，但在达到玻璃化转变温度时才完成。

（岳豪、杜晓声、杜宗良　译）

结束语

本书的目标是提供**对高分子结构和性质之间关系的理解**，从而建造一座**跨越高分子化学和高分子工程**两个领域的桥梁，前者侧重于单个高分子链分子尺度的初级结构，后者侧重于高分子材料的宏观性质。通过这座桥梁，**分子参数**就与**宏观性质函数**合理地联系起来。作为这座桥梁的基础，在本书的前几章中，使用**虚幻链模型**和 **Kuhn 模型**等模型讨论理想高分子单个线团的形状。由此，我们认识到理想链的统计学就是**无规行走**的统计学，于是，对于那样的理想链，可利用这一概念来量化形变时的**自由能**和力学性质。然后，我们进一步将链-链和链-溶剂相互作用引入上述模型中，从而集中讨论**高分子真实链**；这样一来，依照溶剂对高分子溶解和溶胀的能力，我们可对其进行分类。我们已经明了：当所有的相互作用精确平衡时，真实链就像是理想链，且称这种准理想状态为 θ 状态。在下一步中，基于平均场方法我们发展了高分子溶液热力学理论，即 **Flory-Huggins 理论**。利用这种理论，对于高分子溶液或高分子混合物，我们可以构建出完整相图。此外，我们还学到两种概念性的方法，可用于模拟高分子链的动力学和运动，即 Rouse 模型和 Zimm 模型。

在上述所有内容教学工作中，我们总能发现所采用的概念与初等物理化学中已知的概念有惊人的相似性。这些相似之处表现在两个方面：概念论证和数学论证。例如，从概念上讲，理想高分子链和理想气体的描述是基于相同的假设。高分子真实链和真实气体也保持了同样的相似之处，在这两种物料中都有彼此的相互作用和与环境的相互作用。因此，这两种物料在某一特定的温度下都显示出准理想状态，即高分子链的 Flory 温度（θ 温度）和气体的波义耳温度。从数学上讲，我们已经学到：在高分子高斯线团内链的末端距分布、气体粒子动力学的玻尔兹曼分布和麦克斯韦-玻尔兹曼分布，以及 s 轨道中的电子云密度分布之间，确实有一些相似性。我们同样也已经学到：无规行走统计学怎样可用于描述粒子或分子的扩散运动，同样还可应用于高分子理想链形状的统计处理。

从方法论上来说，我们已经讨论了高分子物理化学中使用的两种基本方法。第一，我们了解了如何通过只考虑平均值来简化一个复杂的多体体系。这就是**平均场**方法。第二，我们现在已经熟悉了标度律的概念。意识到高分子是自相似物体，因此我们可以将高分子的概念按照不同的长度标尺重新加以标度，而无须改变它们的数学描述，如在链滴概念中所做的处理。

本书以发展概念为目标，即建立**高分子化学与高分子工程**之间的桥梁，当我们对此加以重新审视时，可以得出结论，本书的前四章已经为此座桥梁奠定了支柱。在此基础上，本书的第 5 章概述了这座桥梁的实际建设。在这一中心章节中，我们可以理性和定量地加以理解：为什么在日常生活中遇到的众多高分子材料都会以它们那样的方式表现。在这种讨论中，我们首要关注点是：过去几十年以来，对我们的生活冲击最大的高分子的那些性质，即它们的**力学**性质，从黏性流动到弹性断裂，以及它们对时间和温度的依赖性。为了完成我们全面的图景，本书随后增加了第 6 章，介绍**衍射方法**作为主要的实验平台，以表征高分子体系的纳米结构和微结构。在本书最后的第 7 章中，最终向我们证明，前面各章节的概念基础怎样应用于相关外观状态的高分子样品和体系。至此，我们想在高分子体系的结构与其最相关的许多性质之间，推导出一些关系，笔者尽力画出一个完美的句号。

（岳豪、杜宗良　译）

主题词索引